Python 开发从入门到精通系列

Python Web 开发从入门到精通

张洪朋　编著

机械工业出版社

本书循序渐进地讲解了 Python Web 开发的核心知识，并通过具体实例的实现过程演示了 Web 开发程序的流程。全书共 15 章，内容包括 Python 语言基础、Tornado Web 开发基础、开发动态 Tornado Web 程序、开发异步 Web 程序、构建安全的 Tornado Web、Django Web 开发基础、Django 数据库操作、Django 典型应用开发实战、Django 高级开发实战、Flask Web 开发基础、使用 Flask 模板、实现表单操作、Flask 数据库操作、Flask 高级实战和在线博客+商城系统。全书简洁而不失技术深度，内容丰富全面。不仅易于阅读，同时涵盖了其他同类图书中很少涉及的参考资料，是学习 Python Web 开发的实用教程。

本书适用于已了解 Python 语言基础语法，希望进一步提高自己 Python 开发水平的读者，还可作为大中专院校和培训学校相关专业师生的学习参考用书。

图书在版编目（CIP）数据

Python Web 开发从入门到精通 / 张洪朋编著. —北京：机械工业出版社，2020.4（2025.1 重印）

（Python 开发从入门到精通系列）

ISBN 978-7-111-64523-8

Ⅰ. ①P… Ⅱ. ①张… Ⅲ. ①软件工具-程序设计 Ⅳ. ①TP311.561

中国版本图书馆 CIP 数据核字（2020）第 031296 号

机械工业出版社（北京市百万庄大街 22 号 邮政编码 100037）

策划编辑：李晓波 责任编辑：李晓波 李培培

责任校对：张艳霞 责任印制：张 博

北京建宏印刷有限公司印刷

2025 年 1 月第 1 版 · 第 4 次印刷

184mm×260mm · 25.5 印张 · 633 千字

标准书号：ISBN 978-7-111-64523-8

定价：109.00 元

电话服务

客服电话：010-88361066

010-88379833

010-68326294

封底无防伪标均为盗版

网络服务

机 工 官 网：www.cmpbook.com

机 工 官 博：weibo.com/cmp1952

金 书 网：www.golden-book.com

机工教育服务网：www.cmpedu.com

前言

从开始学习编程的那一刻起，就注定了以后所要走的路：从编程学习者开始，依次要经历实习生、程序员、软件工程师、架构师、CTO 等职位的磨砺。当站在职位顶峰蓦然回首，会发现自己的成功并不是偶然，在程序员的成长之路上会有不断修改代码、寻找并解决 Bug、不停测试程序和修改项目的经历。不可否认的是，只要在自己的开发生涯中稳扎稳打，并且善于总结和学习，最终将会有可喜的收获。

选择一本合适的书

对于一名程序开发初学者来说，究竟应该如何学习并提高自己的开发技术呢？一种方法是买一本合适的程序开发书籍进行学习。但是，市面上许多面向初学者的编程书籍中，大多数篇幅都是基础知识讲解，多偏向于理论，读者学习之后面对实战项目时还是无从下手。如何实现从理论到项目实战的平滑过渡是初学者迫切需要解决的。为此，作者特意编写了本书。

本书面向有一定 Python 基础的读者，传授使用 Python 语言开发 Web 程序的知识，本书的内容是对初学者开发水平的提高。本书主要讲解了 Tornado、Django 和 Flask 这 3 个主流 Web 框架的使用知识和技巧，每个框架都能够帮助开发者迅速开发出需要的 Web 项目，提高开发者的开发效率。这些功能强大的 Web 框架吸引广大的程序爱好者纷纷加入到 Python Web 开发者的行列中。

本书的特色

1．内容全面

本书讲解了市面上主流的 3 个 Python Web 框架，循序渐进地讲解了它们的使用知识，帮助读者快速步入 Python Web 开发高手之列。

2．实例驱动教学

本书采用理论加实例的教学方式，通过这些实例，实现了对知识点的横向切入和纵向比较，让读者有更多的实践演练机会，并且可以从不同的方位展现一个知识点的用法，真正实现了提升的教学效果。

3．二维码布局全书，扫码后可以观看讲解视频

本书正文的每一个二级目录都有一个二维码，通过扫描二维码可以观看讲解视频，视频包括实例讲解和教程讲解，有助于提升读者的开发水平。

4．本书售后帮助读者快速解决学习问题 QQ 群营造互帮互助的圈子

本书作者为了方便给读者答疑，特提供了 QQ 群技术支持，随时在线与读者互动。无论

对书中内容有疑惑，还是在学习中遇到问题，群主和管理员将在第一时间为读者解答。让大家在互学互帮中形成一个良好的学习编程的氛围。

5．贴心提示和注意事项提醒

本书根据需要在各章安排了很多"注意""说明"和"技巧"等小板块，让读者可以在学习过程中更轻松地理解相关知识点及概念，更快地掌握个别技术的应用技巧。

6．QQ 群+网站论坛实现教学互动，形成互帮互学的朋友圈

本书的 QQ 群号是：683761238。

本书的内容

全书共计 15 章，分别讲解了 Python 语言基础、Tornado Web 开发基础、开发动态 Tornado Web 程序、开发异步 Web 程序、构建安全的 Tornado Web、Django Web 开发基础、Django 数据库操作、Django 典型应用开发实战、Django 高级开发实战、Flask Web 开发基础、使用 Flask 模板、实现表单操作、Flask 数据库操作、Flask 高级实战和在线博客+商城系统。全书内容丰富全面，以极简的文字介绍了复杂的案例，同时涵盖了其他同类图书中很少涉及的历史参考资料，是学习 Python Web 开发的完美教程。

本书的读者对象

软件工程师。

网站开发和设计人员。

Web 项目管理人员。

Web 内容管理人员。

数据库工程师和管理员。

大学及中学教育工作者。

致谢

本书在编写过程中，得到了机械工业出版社编辑的大力支持，正是各位编辑的求实、耐心和效率，才使得本书能够顺利出版。另外，也十分感谢我的家人给予的巨大支持。本人水平毕竟有限，书中纰漏在所难免，诚请读者提出宝贵的意见或建议，以便修订并使之更臻完善。我的 QQ：150649826。

最后感谢您购买本书，希望本书能成为您编程路上的领航者，祝您阅读快乐！

编　者

目录

第1章
Python 语言基础

Python 是一门面向对象的程序开发语言（Object-Oriented Language，OOL），其功能比较强大，能够开发桌面程序、Web 程序、爬虫程序、大数据程序和人工智能程序等。在本章将详细介绍 Python 语言的特点，并介绍搭建 Python 开发环境的知识，为读者学习的后面知识打下基础。

1.1　Python 语言介绍

在本章的开始，首先看一下 TIOBE 编程语言社区排行榜的数据。TIOBE 排行榜是编程语言流行趋势的一个重要指标，可以帮助大家及时了解主流编程语言的受欢迎程度。TIOBE 排行榜每月更新一次，是编程界公认的比较权威的统计数据。

1.1.1　Python 语言的地位

最近几年的 TIOBE 榜单中，程序员们早已习惯了 C 语言和 Java 语言的"二人转"局面。2018 年 7 月～2019 年 7 月编程语言使用率统计见表 1-1。

表 1-1　2018 年 7 月～2019 年 7 月编程语言使用率统计表

2019 年 7 月排名	2018 年 7 月排名	语言	2019 年 7 月占有率/%	和 2018 年 7 月相比/%
1	2	Java	15.058	-1.08
2	1	C	14.211	-0.45
3	4	Python	9.260	+2.90
4	3	C++	6.705	-0.91

注意：读者需要注意，TIOBE 排行榜只是反映某编程语言在当前时间段内的热门程度，并不能说明一门编程语言先进还是落后。读者可以将 TIOBE 排行榜作为考查自己编程技能是否与时俱进的一个参考对象。

1.1.2　Python 语言的优点

Python 语言的优点主要有如下几个方面：

（1）简单易学

对于初学 Python、程序开发零基础的读者来说，Python 的语法非常简单，非常适合初学者理解并掌握。虽然 Python 是用 C 语言写的，但是它摈弃了 C 中非常复杂的指针，简化了 Python 的语法。只需编写很少的代码，就可以实现其他编程语言用很多行代码才能实现的功能。

（2）开源免费

Python 是自由/开放源码软件（Free/Libre and Open Source Software，FLOSS）的成员之一。简单地说，开发者可以自由地发布这个软件的副本、阅读它的源代码，并且可以改动或者把它的一部分用于新的自由软件中。这一切都是允许的、免费的，Python 希望看到一个更加优秀的开发者来创造并改进它本身。

（3）跨平台

由于开源这一特点，Python 已经被移植在许多平台上，大多数 Python 程序无须修改就可以在多个平台上面运行，这些平台包括 Linux、Windows、FreeBSD、Macintosh、Solaris、OS/2、Windows CE 以及 Google 基于 Linux 开发的 Android 平台等。

（4）便于移植

在计算机内部，Python 语言的解释器把源代码转换成中间形式的字节码，再把字节码翻译成计算机使用的机器语言并运行。开发者不再需要担心如何编译程序，如何确保链接转载正确的库等。开发者只需要把自己的 Python 程序复制到另外一台计算机上就可以工作了，这使得 Python 程序更加易于移植。

（5）面向对象

Python 是一门面向对象的编程语言，程序是由数据和功能组合而成的对象构建起来的。与其他面向对象语言（例如 C++、Java）相比，Python 以一种非常强大而又简单的方式实现面向对象编程。

（6）胶水语言，支持混合开发

Python 语言具有可扩展性和可嵌入性的特点，可以在 Python 程序中直接调用 C/C++程序。并且也可以把 Python 语言嵌入到 C/C++程序中，整个编程过程非常灵活。

（7）丰富的第三方库

Python 语言不但具有功能强大的内置标准库，而且可以使用第三方库。市面上有种类丰富且功能强大的第三方库，可以帮助开发者处理各种工作，包括正则表达式、文档生成、单元测试、线程、数据库、网页浏览器、CGI、FTP、GUI（图形用户界面）、Tk 和其他与系统有关的操作。利用这些现成的库，开发者只需编写很少的代码，大大提高了开发效率。

1.2　安装 Python

　　Python 语言可以运行在 Windows、macOS、Linux 等主流操作系统中，开发者可以将 Python 安装在这些操作系统中。Python 程序还可以跨平台，也就是说，在 Windows 中编写的 Python 程序，可以运行在 Linux 系统中。在本书中将详细讲解在 Windows、macOS、Linux 系统中安装 Python 的方法，接下来将首先讲解在 Windows 系统中下载并安装 Python 的过程。

1.2.1　在 Windows 系统中下载并安装 Python

下面以 Windows 10 系统为例，介绍下载并安装 Python 的具体过程。

1）登录 Python 语言的官方网站 https://www.python.org，如图 1-1 所示。

图 1-1　Python 下载页面

　　2）因为当前的计算机系统是 Windows 系统，所以首先单击顶部导航中的链接"Downloads"，然后单击下面的"Windows"链接，进入 Windows 版的下载界面，如图 1-2 所示。

Stable Releases

- Python 3.7.4 - July 8, 2019

  Note that Python 3.7.4 *cannot* be used on Windows XP or earlier.

  - Download Windows help file
  - Download Windows x86-64 embeddable zip file
  - Download Windows x86-64 executable installer
  - Download Windows x86-64 web-based installer
  - Download Windows x86 embeddable zip file
  - Download Windows x86 executable installer
  - Download Windows x86 web-based installer

图 1-2　Windows 版下载界面

图 1-2 所示的都是 Windows 系统平台的安装包，其中 x86 适合 32 位操作系统，x86-64
适合 64 位操作系统。可以通过如下 3 种途径获取 Python。
- web-based installer：需要通过联网完成安装。
- executable installer：通过可执行文件(*.exe)的方式安装。
- embeddable zip file：这是嵌入式版本，可以集成到其他应用程序中。

3）因为笔者的计算机是 64 位操作系统，所以需要选择一个 64 位的安装包，当前（笔
者写稿时）最新版本是"Windows x86-64 executable installer"。弹出下载对话框，单击"立
即下载"按钮后开始下载，如图 1-3 所示。

图 1-3　下载对话框界面

4）下载成功后会得到一个.exe 格式的可执行文件，双击此文件开始安装。在安装对话
框的下方勾选如下两个复选框。
- Install launcher for all users(recommended)
- Add Python 3.7 to PATH

安装对话框如图 1-4 所示。

图 1-4　安装对话框

注意： 勾选 Add Python ×× to Path 复选框的目的是把 Python 的安装路径添加到系统路径下面，勾选这个选项后，以后执行 cmd 命令时，输入 python 后系统就会去调用 python.exe。如果不勾选此选项，在 cmd 命令行中输入 python 时会报错。

5）单击 Install Now 按钮，弹出安装进度对话框进行安装，如图 1-5 所示。

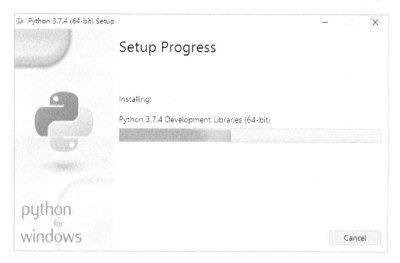

图 1-5　安装进度对话框

6）安装完成后的对话框效果如图 1-6 所示，单击 Close 按钮完成安装。

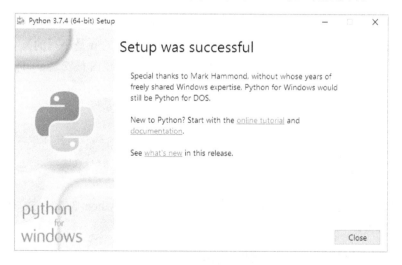

图 1-6　安装完成对话框

7）鼠标右键单击（以下简称右击）Windows 桌面左下角的▦按钮，在弹出的命令菜单中单击"运行"，在"运行"中输入字母 cmd 后打开命令行界面，然后输入 python（注意，p 是小写的）验证是否安装成功。整个过程如图 1-7 所示。

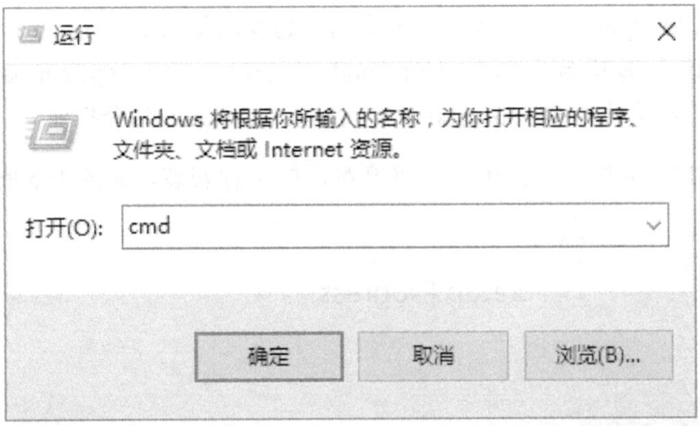

a)

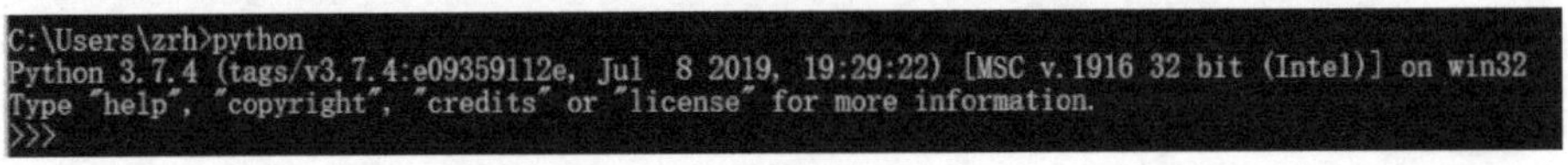

```
C:\Users\zrh>python
Python 3.7.4 (tags/v3.7.4:e09359112e, Jul  8 2019, 19:29:22) [MSC v.1916 32 bit (Intel)] on win32
Type "help", "copyright", "credits" or "license" for more information.
>>>
```

b)

图 1-7   测试是否安装成功

a) 输入 cmd   b) 表示安装成功

1.2.2   在 macOS 系统中下载并安装 Python

在苹果系统 macOS 中已经默认安装了 Python，要想检查当前使用的苹果系统是否安装了 Python，可以通过如下所述的步骤实现。

1）打开 Applications/Utilities 文件夹，打开文件夹中的 Terminal 终端窗口程序。

2）在 Terminal 终端窗口程序中输入 python（注意，其中的 p 是小写的）。如果输出了类似于下面的内容，显示出了安装的 Python 版本，则表示已经内置安装了 Python。最后的"＞＞＞"是一个提示符，让开发者能够进一步输入 Python 命令。

```
$ python
Python 3.7.4 (default, Mar 9 2019, 22:15:05)
[GCC 4.2.1 Compatible Apple LLVM 5.0 (clang-500.0.68)] on darwin
Type "help", "copyright", "credits", or "license" for more information.
>>>
```

上述输出表明，当前计算机默认使用的 Python 版本为 Python 3.7.4。按〈Ctrl+D〉组合键或执行命令 exit()，可以退出 Python 并返回到终端窗口。

1.2.3   在 Linux 系统中下载并安装 Python

在绝大多数 Linux 系统中，都已经默认安装了 Python。要想检查当前使用的 Linux 系统是否安装了 Python，可以通过如下所述的步骤实现。

1）在系统中运行应用程序 Terminal（如果使用的是 Ubuntu，可以按〈Ctrl+Alt+T〉组合键），打开一个终端窗口。

2）为了确定是否安装了 Python，需要执行 python 命令（请注意，其中的 p 是小写的）。如果输出类似下面这样安装版本的结果，则表示已经安装了 Python；最后的 ">>>" 是一个提示符，让开发者能够继续输入 Python 命令。

```
$ python
Python 3.7.4 (default, Mar 22 2019, 22:59:38)
[GCC 4.8.2] on linux2
Type "help", "copyright", "credits" or "license" for more information.
>>>
```

上述输出结果表明，当前计算机默认使用的 Python 版本为 Python 3.7.4。如果要退出 Python 并返回到终端窗口，可按〈Ctrl+D〉组合键或执行命令 exit()。要想检查系统是否安装了 Python3，需要指定相应的版本，例如，尝试执行命令 python3。

```
$ python3
Python 3.7.4 (default, Sep 17 2019, 13:05:18)
[GCC 4.8.4] on linux
Type "help", "copyright", "credits" or "license" for more information.
>>>
```

上述输出结果表明，在当前 Linux 系统中也安装了 Python3，所以开发者可以使用这两个版本中的任何一个。在这种情况下，需要将本书中的命令 python 都替换为 python3。大多数情况下，Linux 系统都默认安装了 Python。

1.3　Python 开发工具介绍

在计算机中安装 Python 后，接下来需要选择一款开发工具来编写 Python 程序代码。目前，在市面上有很多种支持 Python 的开发工具，下面将简要介绍几种主流的开发工具。

1.3.1　使用 Python 自带的开发工具 IDLE

IDLE 是 Python 自带的开发工具，是使用 Python 的图形接口库 Tkinter 实现的一个图形界面开发工具。在 Windows 系统中安装 Python 时会自动安装 IDLE，但是在 Linux 系统中需要使用 yum 或 apt-get 命令单独安装 IDLE。在 Windows 系统的开始菜单中的 Python3.7 子菜单中可以找到 IDLE。如图 1-8 所示。

在 Windows 系统下，IDLE 的界面效果如图 1-9 所示，标题栏与普通的 Windows 应用程序相同，而其中所写的代码是自动着色的。

图 1-8　开始菜单中的 IDLE　　　　　　　　　　图 1-9　IDLE 的界面效果

1.3.2　本书的建议：使用最流行工具 PyCharm

PyCharm 是一款著名的第三方 Python IDE（集成开发环境）开发工具，具备基本的调试、语法高亮、Project 管理、代码跳转、智能提示、自动完成、单元测试、版本控制等功能。此外，PyCharm 还提供了一些高级功能，用于支持使用 Django、Flask 框架开发 Web 程序。如果读者具有 Java 开发经验，会发现 PyCharm 和 IntelliJ IDEA 十分相似。如果读者具有 Android 开发经验，会发现 PyCharm 和 Android Studio 十分相似。事实也正是如此，PyCharm 跟 IntelliJ IDEA 和 Android Studio 不但外表相似，而且用法也相似。有 Java 和 Android 开发经验的读者可以迅速上手 PyCharm，几乎不用额外的学习。

在安装 PyCharm 之前需要先安装 Python。下载、安装并设置 PyCharm 的具体流程如下所述。

1）登录 PyCharm 官方页面 http://www.jetbrains.com/pycharm/，单击顶部中间的 DOWNLOAD NOW 按钮，如图 1-10 所示。

图 1-10　PyCharm 官方页面

2）在打开的新界面中显示了可以下载如下 PyCharm 的两个版本，如图 1-11 所示。

● Professional：专业版，可以使用 PyCharm 的全部功能，但是收费。

● Community：社区版，可以满足 Python 开发的大多数功能，完全免费。

并且在上方可以选择操作系统，PyCharm 分别提供了 Windows、macOS 和 Linux 三大主流操作系统的下载版本，并且每种操作系统都分为专业版和社区版两种。

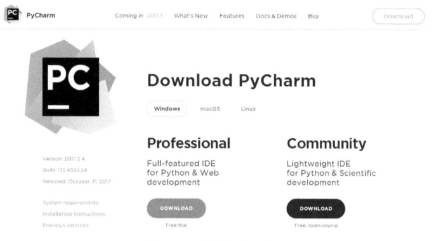

图 1-11　专业版和社区版

3）笔者使用的是 Windows 系统专业版，单击 Windows 选项中 Professional 下面的 DOWNLOAD 按钮，在弹出的"下载对话框"中单击"下载"按钮开始下载 PyCharm。如图 1-12 所示。

图 1-12　下载 PyCharm

4）下载成功后将会得到一个形似 pycharm-professional-201x.x.x.exe 的可执行文件，双击这个可执行文件，弹出 PyCharm 的欢迎安装对话框，单击 Next 按钮，如图 1-13 所示。

5）在弹出的安装目录对话框设置 PyCharm 的安装位置，单击 Next 按钮，如图 1-14 所示。

6）在弹出的安装选项对话框，根据自己计算机的配置勾选对应的选项，因为笔者使用的是 64 位系统，所以此处勾选 64-bit launcher 复选框。然后分别勾选 Create associations（创建关联 Python 源代码文件）中的.py 及 Download and install JRE x86 by JetBrains 前面的复选框，单击 Next 按钮，如图 1-15 所示。

图 1-13 欢迎安装对话框

7）在弹出的创建启动菜单对话框单击 Install 按钮，如图 1-16 所示。

8）弹出安装进度对话框，这一步的过程需要耐心等待一会儿。如图 1-17 所示。

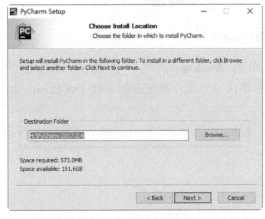

图 1-14 安装目录对话框

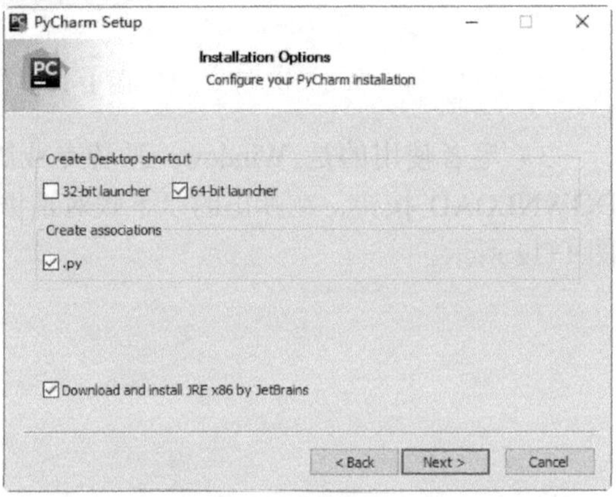

图 1-15 安装选项对话框

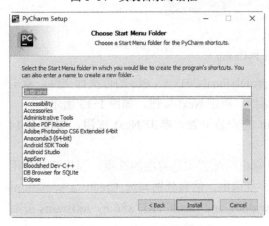

图 1-16 创建启动菜单对话框

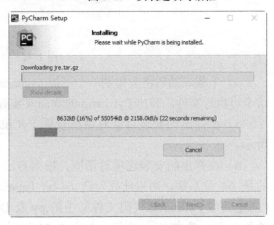

图 1-17 安装进度对话框

9）安装进度条完成后弹出完成安装对话框，如图 1-18 所示。单击 Finish 按钮完成 PyCharm 的全部安装工作。

图 1-18　完成安装对话框

10）单击桌面上的快捷方式或开始菜单中对应的选项启动 PyCharm，因为是第一次打开 PyCharm，会询问用户是否要导入先前的设置（默认为不导入）。因为这里是全新安装，所以直接单击 OK 按钮即可。接着 PyCharm 会让用户设置主题和代码编辑器的样式，用户可以根据自己的喜好进行设置，例如，有 Visual Studio 开发经验的用户可以选择 Visual Studio 风格。完全启动 PyCharm 后的界面效果如图 1-19 所示。

图 1-19　完全启动 PyCharm 后的界面效果

● 左侧区域面板：列表显示过去创建或使用过的项目工程，因为这里是第一安装，所以暂时显示为空白。

- 中间 Create New Project 按钮：单击此按钮将弹出新建工程对话框，开始新建项目。
- 中间 Open 按钮：单击此按钮将弹出打开对话框，用于打开已经创建的工程项目。
- 中间 Check out from Version Control 下拉按钮：单击此按钮弹出项目的地址来源列表，里面有 CVS、Github、Git 等常见的版本控制分支渠道。
- 右下角 Configure 下拉按钮：单击此按钮弹出和设置相关的列表，可以实现基本的设置功能。
- 右下角 Get Help 下拉按钮：单击此按钮弹出和使用帮助相关的列表，可以帮助使用者快速入门。

1.4 认识第一段 Python 程序：人生苦短，我用 Python！

经过本章前面内容的学习，已经了解了安装并搭建 Python 开发环境的知识。在下面的内容中，将通过一段具体代码初步了解 Python 程序的基本知识。

1.4.1 使用 IDLE 编码并运行

使用 IDLE 编码并运行的步骤如下所述。

1）打开 IDLE，单击 File→New File，在弹出的新建文件中输入如下所示的代码。

源码路径：daima\1\1-1

```
print('这位帅哥同学，请问你为什么学习 Python？')
print('因为人生苦短，我用 Python！')
```

在 Python 语言中，print 是一个打印函数，功能是在界面中打印输出指定的内容，和 C 语言中的 printf 函数、Java 语言中的 println 函数类似。本实例在 IDLE 编辑器中的效果如图 1-20 所示。

```
File  Edit  Format  Run  Options  Window  Help
print('这位帅哥同学，请问你为什么学习Python？')
print('因为人生苦短，我用Python！')
```

图 1-20 输入代码

2）依次单击 File→Save 命令，将其保存为文件 first.py，如图 1-21 所示。

3）按下键盘中的〈F5〉键，或单击 Run→Run Module 命令运行当前代码，如图 1-22 所示。

4）本实例执行后会使用函数 print()打印输出两行文本，效果如图 1-23 所示。

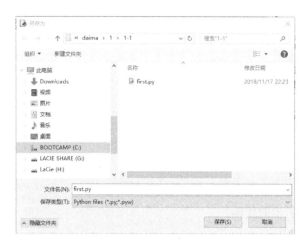

图 1-21　保存为文件 first.py

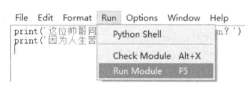

图 1-22　运行当前代码   图 1-23　执行效果

1.4.2　使用命令行方式运行 Python 程序

在 Windows 系统中，还可以使用命令行的方式运行 Python 程序。如果双击运行上面编写的程序文件 first.py，可以看到出现一个命令行窗口，然后又迅速关闭。由于速度很快，肉眼看不到输出内容，因为程序运行结束后立即退出了。为了能看到程序输出的内容，可以按以下步骤进行操作。

1）单击"开始"菜单，在"搜索程序和文件"文本框中输入 cmd，并按下〈Enter〉键，打开 Windows 的命令行窗口。

2）输入文件 first.py 的绝对路径及文件名，再按〈Enter〉键运行程序。也可以使用 cd 命令，进入文件 first.py 所在的目录，如 D:\lx，然后在命令行提示符下输入 first.py 或 python first.py，然后按〈Enter〉键即可运行。

注意： 在 Linux 系统的 Terminal 终端命令提示符下可以使用 "python Python 文件名" 命令来运行 Python 程序，例如，下面的 hello.py 就是一个 Python 文件名：

```
Python hello.py
```

1.4.3　使用交互式方式运行 Python 程序

这里的交互式运行方式是指一边输入 Python 程序，一边运行程序。具体操作步骤如下所述。

1）打开 IDLE，在命令行中输入如下所示的代码：

```
print('同学们好,我的名字是——Python!')
```

按下〈Enter〉键即可立即运行上述代码，执行效果如图 1-24 所示。

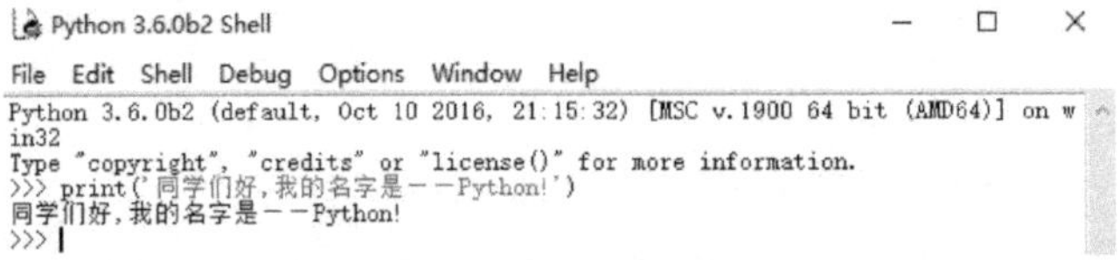

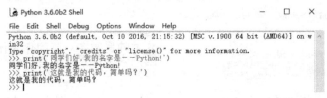

图 1-24　运行上述代码（1）

2）继续输入如下所示的代码：

```
print('这就是我的代码,简单吗?')
```

按下〈Enter〉键即可立即运行上述代码，执行结果如图 1-25 所示。

图 1-25　运行上述代码（2）

注意：在 Linux 系统的 Terminal 终端命令提示符下，输入运行命令 python 可以启动 Python 的交互式运行环境，这样也可以实现一边输入 Python 程序一边运行 Python 程序的功能。

1.4.4　使用 PyCharm 实现第一个 Python 程序

使用 PyCharm 实现第一个 Python 程序的步骤如下所述。

1）打开 PyCharm，单击图 1-19 中的 Create New Project 按钮，弹出"New Project"对话框，单击左侧列表中的 Pure Python 选项，如图 1-26 所示。

图 1-26　New Project 对话框

- Location：Python 项目工程的保存路径。
- Interpreter：选择 Python 的版本，很多开发者在电脑中安装了多个版本，如 Python 2.7、Python 3.5、Python 3.6、Python 3.7.4 等。这一功能十分人性化，因为不同版本切换十分方便。

2）单击 Create 按钮，将再创建一个 Python 工程，如图 1-27 所示。在图 1-27 所示的 PyCharm 工程界面中，单击菜单栏中的 File→New Project 命令也可以实现创建 Python 工程的功能。

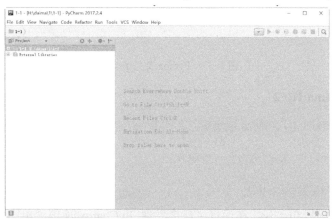

图 1-27　创建的 Python 工程

3）右击左侧工程名，在弹出选项中依次选择 New→Python File。如图 1-28 所示。

4）弹出 New Python file 对话框界面，在 Name 选项中给将要创建的 Python 文件起一个名字，如 first，如图 1-29 所示。

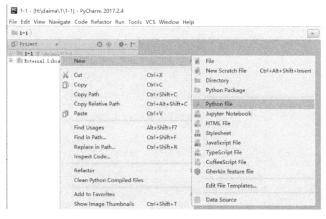

图 1-28　单击 Python File　　　　　　　　图 1-29　新建 Python 文件

5）单击 OK 按钮，将会创建一个名为 first.py 的 Python 文件，选择左侧列表中的 first.py 文件名，在 PyCharm 右侧代码编辑界面编写 Python 代码，如编写，如图 1-30 所示的代码。

图 1-30 Python 文件 first.py

源码路径：daima\1\1-2

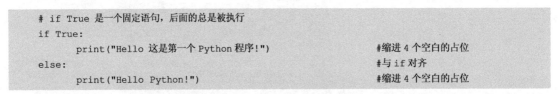

```
# if True 是一个固定语句，后面的总是被执行
if True:
        print("Hello 这是第一个 Python 程序!")          #缩进 4 个空白的占位
else:                                                #与 if 对齐
        print("Hello Python!")                       #缩进 4 个空白的占位
```

6）开始运行文件 first.py，在运行之前会发现 PyCharm 顶部菜单中的运行和调试按钮都是灰色的，处于不可用状态。这时需要对控制台进行配置，方法是单击运行按钮旁边的黑色倒三角，然后单击下面的 Edit Configurations 选项（或单击 PyCharm 菜单栏中的 Run →Edit Configurations 选项），弹出 Run/Debug Configurations 配置对话框，如图 1-31 所示。

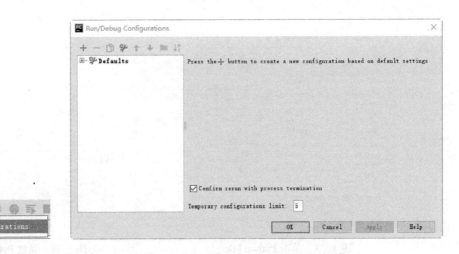

图 1-31 单击 Edit Configurations 选项弹出 Run/Debug 配置对话框

7）单击左上角的绿色加号，在弹出的列表中选择 Python 选项，设置右侧界面中的 Script 选项为前面刚刚编写的文件 first.py 设置路径，如图 1-32 所示。

8）单击 OK 按钮返回 PyCharm 代码编辑界面，此时会发现运行和调试按钮全部变成可用状态，单击可以运行文件 first.py。也可以右击选中左侧列表中的文件名 first.py，在弹出的菜单中选择 Run 'first' 来运行文件 first.py，如图 1-33 所示。

图 1-32　设置"Script"选项　　　　　　图 1-33　选择 Run 'first' 运行文件 first.py

9）在 PyCharm 底部的调试面板中将会显示文件 first.py 的执行效果，如图 1-34 所示。

图 1-34　文件 first.py 的执行效果

17

第2章
Tornado Web 开发基础

Tornado 是一个著名的 Python Web 开发框架，能够帮助 Python 开发者迅速开发出功能强大的 Web 程序。Tornado 充分利用了非阻塞式服务器环境，并且提供了一些常用的 Web 开发工具和优化策略，为高效开发 Web 程序创造了良好的条件。本章将详细讲解使用 Tornado 框架开发 Web 应用程序的基础知识，为读者学习本书后面的知识打下基础。

2.1 Tornado 框架基础

 Tornado 是一种目前比较流行的 Python Web 开发框架，能够帮助开发者快速编写 Python Web 应用程序。本节将详细讲解 Tornado 框架的基础知识。

2.1.1 Tornado 框架介绍

Tornado 框架的诞生和发展历程要从 FriendFeed 说起。FriendFeed 是一个著名的社交聚合网站，其创始人是保罗·布克海特（Paul Buchheit）。2009 年，FriendFeed 被 Facebook 收购。2009 年 9 月，Facebook 发布了开源网络服务器框架 Tornado，Tornado 由 Facebook 收购的社交聚合网站 FriendFeed 的实时信息服务演变而来。

Tornado 十分追求 Web 程序的性能，Facebook 的目标是将 Tornado 打造成一个高性能的 Web 服务器框架。Tornado 还拥有处理安全性、用户验证、社交网络以及与外部服务（如数据库和网站 API）进行异步交互的工具。具体来说，Tornado 框架的主要特点如下所述。

- 非阻塞式服务器：非阻塞式的最大特点是不管程序是否执行成功，都会立即向客户端返回结果，这样做的好处是提高用户体验。
- 运行速度快：因为 Tornado 框架支持多线程操作，所以运行速度和响应速度极快。
- 支持并发操作：能够在不影响用户体验的前提下，同时打开上千甚至上万条连接。
- 支持 WebSocket 连接：因为 Tornado 和市面上的大多数 Web 服务器和操作系统一样，都支持 WebSocket 功能，所以 Tornado 框架可以跟大多数操作系统实现无缝对接。

在现实应用中，通常将 Tornado 框架分为如下所述的 4 个部分。

- tornado.Web：创建 Web 应用程序的 Web 框架。
- HTTPServer 和 AsyncHTTPClient：处理 HTTP 请求，实现 HTTP 服务器与异步客户端功能。
- IOLoop 和 IOStream：在里面保存了实现异步网络功能的类库，这是 Tornado 实现高并发的基础。
- tornado.gen：一个基于 Generator（生成器）实现的异步开发接口库，可以使用同步方式编写异步处理代码，大大提高了开发效率。

2.1.2　安装 Tornado

在使用 Tornado 开发 Python Web 程序之前，需要先通过 pip 或 easy_install 命令在线安装 Tornado。pip 是 easy_install 的改进版，可以提供更好的提示信息。使用 pip 在线安装 Tornado 的格式如下所示。

```
pip install tornado
```

easy_install 安装命令如下所示。

```
easy_install tornado
```

例如，笔者在控制台使用 easy_install 命令的安装界面如图 2-1 所示。

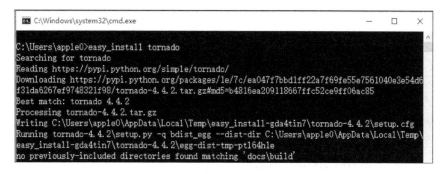

图 2-1　使用 easy_install 命令安装 Tornado 框架

2.2 编写第一个 Tornado 程序

在自己的计算机中成功安装 Tornado 后，会发现在安装压缩包中提供了很多 demo 演示例子，这些例子包括博客、整合 Facebook、运行聊天服务等，这些例子是学习 Tornado 框架的第一手资料。下面将编写第一个 Tornado 程序以了解 Tornado 框架的基本用法。

2.2.1 一个基本的 Tornado 框架程序

在 Tornado 框架中，通过继承类 tornado.Web.RequestHandler 的方式编写 Web 服务器端程序，在这个过程中需要编写业务方法 get() 和 post()，通过这两个业务方法可以对客户端 URL 中传递来的 GET 请求和 POST 请求做出回应。下面的实例文件 app.py 演示了使用 Python 编写一个简易 Tornado 框架程序的过程。

源码路径：daima\2\2-2\app.py

```
import tornado.ioloop              #导入 Tornado 框架中的相关模块
① import tornado.web               #导入 Tornado 框架中的相关模块
#定义子类 MainHandler
class MainHandler(tornado.web.RequestHandler):
② def get(self):                   #定义请求业务函数 get()
    self.write("这是第一个 Tornado 程序")    #输出文本

  def make_app():                  #定义应用配置函数
③ return tornado.web.Application([  #定义 URL 映射列表
    (r"/", MainHandler),
  ])

if __name__ == "__main__":
    app = make_app()
④ app.listen(8888)                 #设置监听服务器 8888 端口
    tornado.ioloop.IOLoop.current().start()   #启动服务器
```

上述实例代码的具体说明如下所述。

① 导入 Tornado 框架中的相关模块 tornado.ioloop 和 tornado.web。

② 自定义响应 URL 请求的业务方法 get(self)。

③ 在方法 make_app() 中实例化 Tornado 模块中提供的 Application 类，并定义 URL 映射列表及有关参数。

④ 设置 Tornado 的端口为 8888，然后使用方法 start() 启动 Tornado 服务器。

在命令提示符下的对应子目录中执行：

```
python app.py
```

在浏览器地址栏中输入 http://localhost:8888，就可以访问 Tornado 服务器，查看这个网页默认的执行效果。在浏览器中的执行效果如图 2-2 所示。

通过上述实例可以看出，在使用 Tornado 框架编写服务器端程序时，首先需要编写业务处理类，并将它们和某一特定的 URL 映射起来，Tornado 框架服务器收到对应的 URL 请求后可以调用业务处理类。在此建议读者，如果是比较简单的网站项目，可以把所有的代码放入同一个模块中。但是为了提高项目开发的规范性，可以按照功能将其划分到不同的模块中。在现实应用中，Tornado Web 项目的通用目录结构如下所示。

这是第一个Tornado程序

图 2-2　执行效果

```
proj\
    manage.py                   #服务器启动入口
    settings.py                 #服务器配置文件
    url.py                      #服务器 URL 配置文件
    handler\
xxx.py                          #相关 URL 业务请求处理类
    db\                         #数据库操作模块目录
    static\                     #静态文件存放目录
            js\                 #JS 文件存放目录
            css\                #CSS 样式表文件目录
            img\                #图片资源文件目录
    templates\                  #网页模板文件目录
            xxx.html
```

2.2.2　获取请求参数

在 Web 应用程序中，客户端的浏览用户通常需要获取 3 种参数，分别是 URL 中的参数、GET 中的参数和 POST 中的参数。在接下来的内容中，将详细讲解获取上述 3 种参数的知识。

（1）获取 URL 中的参数

在 TornadoWeb 程序中，要想获取 URL 中包含的参数，需要定位到 URL 定义中的参数，并根据这个参数在对应的业务方法中找出相应的参数名。也就是说，URL 中的参数和业务方法中的参数是对应的。在 Tornado 框架中，使用正则表达式来匹配业务方法参数和 URL 中的参数，比如：

```
(r"uid/([0-9]+)",Useridl)
```

通过上述代码，URL 字符串定义可以接受形如 id/后跟一位或多位数字的客户端 URL 请求。针对上面的 URL 定义，可以通过如下代码定义对应的方法 get()：

```
def get(self,id):
  pass
```

如果此时传递过来匹配的 URL 请求，会截取跟正则表达式匹配的 URL 部分并传递给方法 get()，这样可以把数据传递给 id 变量，以便可以在方法 get() 中获取并使用。

下面的实例文件 can.py 演示了在方法 get()中获取 URL 中参数的过程。

源码路径：daima\2\2-2\can.py

```
import tornado.ioloop                              #导入 Tornado 框架中的相关模块
import tornado.web                                 #导入 Tornado 框架中的相关模块
class zi(tornado.web.RequestHandler):              #定义子类 zi
  def get(self,uid):                               #获取 URL 参数
      self.write('你的 ID 号是: %s!' % id)          #打印显示 ID，来源于下面的正则表达式

app = tornado.web.Application([                     #使用正则表达式获取参数
  (r'/([0-9]+)',zi),
  ],debug=True)

if __name__ == '__main__':
    app.listen(8888)                               #设置监听服务器 8888 端口
    tornado.ioloop.IOLoop.instance().start()       #启动服务器
```

在上述代码中，使用正则表达式定义了 URL 和类成员 zi 的关系，使用方法 get()获取了 URL 参数中的 id。例如，在浏览器中输入 http://localhost:8888/0001 的执行效果如图 2-3 所示。

你的ID号是：0001!

图 2-3　执行效果

（2）获取 GET 和 POST 中的参数

Tornado 框架中，在获取 GET 或 POST 请求中的参数时，需要调用从类 RequestHandler 中继承来的方法 get_argument()。方法 get_argument()的原型如下所示。

```
get_argument('name', default='',strip=False)
```

方法 get_argument()中各个参数的具体说明如下所述。

● name：在 URL 请求中的参数名称。

● default：当没有参数时设置一个默认值。

● strip：设置是否删除获取的参数中首尾两头的空格。

下面的实例文件 po.py 演示了获取 POST 请求中的参数的过程。

源码路径：daima\2\2-2\po.py

```
import tornado.ioloop                              #导入 Tornado 框架中的相关模块
import tornado.web                                 #导入 Tornado 框架中的相关模块
html_txt = """                                     #变量 html_txt 初始化赋值
<!DOCTYPE html>                                    #下面是一段普通的 HTML 的代码
<html>
    <body>
        <h2>收到 GET 请求</h2>
        <form method='post'>
        <input type='text' name='name' placeholder='请输入你的工作单位' />
        <input type='submit' value='发送 POST 请求' />
        </form>
    </body>
```

```
</html>
"""
class zi(tornado.web.RequestHandler):                    #定义子类 zi
    def get(self):                                       #定义方法 get()处理 GET 请求
        self.write(html_txt)                             #处理为页面内容
    def post(self):                                      #定义方法 post()处理 POST 请求
        name = self.get_argument('name',default='匿名',strip=True)   #获取上面表单中的姓名 name
        self.write("你的工作单位是:%s" % name)             #打印显示姓名
app = tornado.web.Application([                          #实例化 Application 对象
    (r'/get',zi),
    ],debug=True)


if __name__ == '__main__':
    app.listen(8888)                                    #设置监听服务器 8888 端口
    tornado.ioloop.IOLoop.instance().start()            #启动服务器
```

对上述代码的具体说明如下所述。
- 当服务器收到 GET 请求时，返回在 html_txt 中定义的表单页面。
- 当用户在表单中输入自己的工作单位并单击"发送 POST 请求"按钮时，通过方法 post()将用户输入的表单数据以 POST 参数的形式发送到服务器端。
- 在服务器端通过方法 get_argument()获取打印输出的内容，通过方法 write()显示提示信息。

在浏览器中输入 http://localhost:8888/get 的执行效果如图 2-4 所示。在表单中输入工作单位"玄武纪"，然后单击"发送 POST 请求"按钮，执行效果如图 2-5 所示。

图 2-4　执行效果（1）　　　　　　　　　　　　　　　　图 2-5　执行效果（2）

2.2.3　使用 Cookie

Cookie，有时经常使用其复数形式 Cookies，是在计算机 Web 应用中的一个常见概念，用于在客户端通过单独的文件来保存用户的信息。在现实应用中，很多网站服务器使用 Cookie 来保存会员的账号信息，然后通过保存的 Cookie 信息来判断当前用户是否登录 Web。例如，京东、天猫、当当等网站，都是使用 Cookie 来保存会员的账号信息。除此之外，Cookie 的另一个重要应用场合是"购物车"，用户可能会在一段时间内在同一家网站的不同页面中选择不同的商品，这些信息都会写入 Cookie，以便在最后付款时提取信息。

在计算机系统中，Cookie 以键值对的形式保存，如 key=value。在 Tornado 框架中，提供了直接操纵 Cookie 和实现安全 Cookie 的方法。安全的 Cookie 是指存储在客户端的 Cookie 是经过加密的，在客户端只能看到加密后的数据。在 Tornado 框架中，使用 Cookie 和安全

Cookie 的常用方法原型如下所述。

- set_cookie('name',value)：设置一个新的 Cookie 值，name 表示名字，value 表示值。
- get_cookie('name')：获取名字为 name 的 Cookie 值。
- set_secure_cookie ('name',value)：设置一个安全的 Cookie 值，name 表示名字，value 表示值。
- get_secure_cookie('name')：获取名字为 name 的一个安全的 Cookie 值。
- clear_cookie('name')：删除名字为 name 的 Cookie 值。
- clear_all_cookies()：清除所有 Cookie。

下面的实例文件 cookie.py 演示了在不同页面设置与获取 Cookie 值的方法。

源码路径：daima\2\2-2\co.py

```
import tornado.ioloop                          #导入 Tornado 框架中的相关模块
import tornado.web                             #导入 Tornado 框架中的相关模块
import tornado.escape                          #导入 Tornado 框架中的相关模块
#定义处理类 aaaa,用于设置 Cookie 的值
class aaaa(tornado.web.RequestHandler):
    def get(self):                             #处理 GET 请求
        #URL 编码处理
        self.set_cookie('odn_cookie',tornado.escape.url_escape("未加密 COOKIE"))
        #设置普通 Cookie
        self.set_secure_cookie('scr_cookie',"加密 SCURE_COOKIE")
        #设置加密 Cookie
        self.write("<a href='/sccook'>点击查看 COOKIE</a>")
#定义处理类 shcookHdl,用于获取 Cookie 的值
class shcookHdl(tornado.web.RequestHandler):
    def get(self):                             #处理 GET 请求
      #获取普通 Cookie
      odn_Cookie = tornado.escape.url_unescape(self.get_cookie('odn_cookie'))
      #进行 URL 解码
      scr_Cookie = self.get_secure_cookie('scr_cookie').decode('utf-8')
      #获取加密 Cookie
 self.write("普通的 COOKIE:%s,<br/>安全的 COOKIE:%s" % (odn_cookie,scr_cookie))

app = tornado.web.Application([
    (r'/sscook',aaaa),
    (r'/sccook',shcookHdl),
    ],cookie_secret='aaaaaaaaa')
if __name__ == '__main__':
    app.listen(8888)                           #设置监听服务器 8888 端口
    tornado.ioloop.IOLoop.instance().start()   #启动服务器
```

在上述实例代码中定义了两个类，分别用于设置 Cookie 的值和获取 Cookie 的值。当在浏览器中输入 http://localhost:8888/cook 时开始设置 Cookie，执行效果如图 2-6 所示。

当单击页面中的"点击查看 COOKIE"链接时，会访问 sccook 并显示刚刚设置的 Cookie 的值，执行效果如图 2-7 所示。

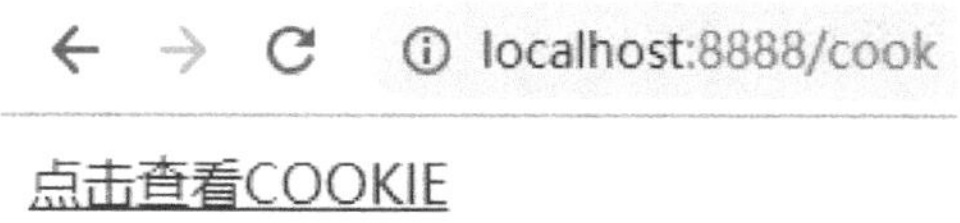

点击查看COOKIE

图 2-6　执行效果

普通的COOKIE:未加密COOKIE,
安全的COOKIE:加密SCURE_COOKIE

图 2-7　显示设置的 Cookie 值

2.2.4　实现 URL 转向

在 Web 程序中，URL 转向是指通过服务器的特殊设置，将访问当前域名的用户引导到设置的另一个 URL 页面。例如，有一个复杂 IP 地址的页面不利于人们快速访问，此时可以考虑申请一个简洁并且易于记住的域名，然后将域名和整个页面的 IP 地址进行绑定。这样访问者只需输入简洁的域名即可访问这个具有 IP 地址的页面。上面介绍的绑定过程就是 URL 转向，有时也被称为跳转。

在 Tornado 框架中，可以通过如下所述的两个方法实现 URL 转向功能。

● redirect(url)：跳转到参数 url 所指向的 URL。

● RedirectHandler：直接跳转到某个 URL 地址的页面。

其中使用类 RedirectHandler 的语法格式如下所示：

```
(r'/aaa', tornado.Web.RedirectHandler, dict (url='/abc'))
```

通过上述代码，将 URL 地址由/aaa 转向到/abc。

下面的实例文件 zh.py 演示了实现两种 URL 转向功能的过程。

源码路径：daima\2\2-2\zh.py

```
import tornado.ioloop                              #导入 Tornado 框架中的相关模块
import tornado.web                                 #导入 Tornado 框架中的相关模块
#定义类 ZhuanA，作为转向的目标 URL 请求处理器
class ZhuanA(tornado.web.RequestHandler):
    def get(self):                                 #获取 GET 请求
        self.write("被转向的目标页面！")            #显示输出一个字符串
#定义转向处理器类 DizhiA
class DizhiA(tornado.web.RequestHandler):
    def get(self):                                 #获取 GET 请求
        self.redirect('/dist')                     #业务逻辑转向，指向一个 URL

app = tornado.web.Application([
    (r'/dist',ZhuanA),                             #指向 ZhuanA 类
    (r'/src',DizhiA),                              #指向 DizhiA 类
    (r'/rdrt',tornado.web.RedirectHandler,{'url':'/src'})   #定义一个直接转向 URL
    ])

if __name__ == '__main__':
    app.listen(8888)                               #设置监听服务器 8888 端口
    tornado.ioloop.IOLoop.instance().start()       #启动服务器
```

在上述实例代码中定义了两个类，其中类 **ZhuanA** 作为转向的目标 URL 请求处理器，

类 DizhiA 是转向处理器。当访问指向这个业务类时，会
被转向到 '/dist'。最后，在类 Application 中定义一个直
接转向，只要访问 '/rdrt' 就会直接转向到 '/src'。执行
后如果试图访问 '/rdrt' 的 URL，会转向 '/src'，再最终
转向 '/dist'。也就是说，无论是访问 '/rdrt'，还是访问
'/src'。在浏览器中输入 http://localhost:8888/dist 的效果都如图 2-8 所示。

← → C ⓘ localhost:8888/dist

被转向的目标页面！

图 2-8 执行效果

2.3 使用表单收集数据

在 Web 程序中，通常使用表单来收集客户端的信息，如常见的会员
注册表单和会员登录验证表单。在 Tornado Web 程序中，也可以使用表
单实现动态 Web 数据的收集功能。本节将详细讲解在 Tornado Web 程序
中使用表单收集数据的知识。

在下面的实例文件 biao.py 中，使用 HTML 文件实现了一个基本的表单界面，当用户在
表单中输入信息并单击"提交"按钮后，会在新的界面中显示在表单中输入的信息。

源码路径：**daima\2\2-3\biao.py**

```python
import tornado.ioloop
import tornado.web

#handler request 请求
class MainHandler(tornado.web.RequestHandler):
    def get(self):
            self.write('<html><body>'+
                '<form action="/" method="post">'+
                '<input type="text" name="message">'+
                '<input type="submit" value"提交">'+
                '</form>'+
                '</body></html>')


    def post(self):
            #获取参数
            message = self.get_argument("message", None)
            self.write('你在表单中输入的是: <h1>'+message+'</h1>')



#url router
application = tornado.web.Application([
    (r'/', MainHandler),
])
```

```
#web server
if __name__=='__main__':
        application.listen(8888)
        tornado.ioloop.IOLoop.instance().start()
```

执行后会显示一个表单，如图 2-9 所示。输入"Python 第一，谁与争锋！"并单击"提交"按钮后的效果如图 2-10 所示。

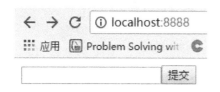

你在表单中输入的是：

Python第一，谁与争锋！

图 2-9　表单界面 　　　　　　　　　　图 2-10　显示在表单中输入的信息

2.4　使用模板让 Web 更加美观

和大多数 Web 框架一样，Tornado 的一个重要目标是帮助开发者更快地编写项目程序，并且尽可能整洁地复用更多的代码。为了提高 Web 程序的美观性，Tornado 框架提供了一个轻量级、可以灵活使用的模板。通过使用模板，可以设计出更加整洁美观的 Web 页面。

2.4.1　会员注册和登录验证系统

下面将通过一个简单的会员注册和登录验证模块的实现过程，详细讲解在动态 Tornado Web 程序中使用模板技术的方法。

1）在下面的实例文件 001.py 中，实现了一个让用户填写注册信息的 HTML 表单，然后显示表单处理结果。实例文件 001.py 的具体实现代码如下所示。

源码路径：**daima\2\2-4\001.py**

```
import os.path
import tornado.httpserver
import tornado.ioloop
import tornado.options
import tornado.web

from tornado.options import define, options
define("port", default=8001, help="运行在指定端口", type=int)

class IndexHandler(tornado.web.RequestHandler):
```

```
    def get(self):
        self.render('index.html')

class PoemPageHandler(tornado.web.RequestHandler):
    def post(self):
        noun1 = self.get_argument('noun1')
        noun2 = self.get_argument('noun2')
        verb = self.get_argument('verb')
        noun3 = self.get_argument('noun3')
        self.render('poem.html', roads=noun1, wood=noun2, made=verb,
            difference=noun3)

if __name__ == '__main__':
    tornado.options.parse_command_line()
    app = tornado.web.Application(
        handlers=[(r'/', IndexHandler), (r'/poem', PoemPageHandler)],
        template_path=os.path.join(os.path.dirname(__file__), "templates")
    )
    http_server = tornado.httpserver.HTTPServer(app)
    http_server.listen(options.port)
    tornado.ioloop.IOLoop.instance().start()
```

2）为了提高 Web 程序界面的美观性和整洁性，接下来使用模板技术。在 Tornado 框架中提供了一个内置的模板模块 tornado.template，通过这个模块可以方便快捷地创建模板。接下来将模板文件保存在项目工程的"templates"文件夹中，将文件 index.html 作为会员注册表单界面，具体实现代码如下所示。

源码路径：daima\2\2-4\templates\index.html

```
<!DOCTYPE html>
<html>
  <head><title>会员登录</title></head>
  <body>
        <h1>输入注册信息.</h1>
        <form method="post" action="/poem">
        <p>用户名<br><input type="text" name="noun1"></p>
        <p>密码<br><input type="text" name="noun2"></p>
        <p>确认密码<br><input type="text" name="verb"></p>
        <p>性别<br><input type="text" name="noun3"></p>
        <input type="submit">
        </form>
  </body>
</html>
```

新建一个模板文件 poem.html，功能是当用户单击表单中的"提交查询内容"按钮后，显示在表单中填写的数据信息。文件 poem.html 的具体实现代码如下所示。

源码路径：daima\2\2-4\templates\poem.html

```
<!DOCTYPE html>
<html>
  <head><title>注册结果</title></head>
  <body>
        <h1>下面是你的注册信息</h1>
        <p>用户名: {{roads}}<br>密码: {{wood}}<br>确认密码: {{made}}<br>性别: {{difference}}.</p>
  </body>
</html>
```

3）在前面的实例文件 001.py 中，定义了 RequestHandler 子类并把它们传给 tornado.web. Application 对象。通过如下代码向 Application 对象中的方法 __init__() 传递了一个 template_path 参数。

```
template_path=os.path.join(os.path.dirname(__file__), "templates")
```

在上述代码中，参数 template_path 表示 Tornado 模板文件所在的位置，这样 Python 可以在 Tornado 程序文件同目录下的 templates 文件夹中寻找这个模板文件。接下来使用类 RequestHandler 中的方法 render() 传递模板文件，将模板代码的执行结果返回给浏览器用户。例如，在 IndexHandler 中通过如下代码，可以在 templates 目录中找到一个名为 index.html 的文件，然后读取其中的内容，并且将解析结果发送给浏览器用户。

```
self.render('index.html')
```

4）开始调试运行本实例，首先运行前面的 Python 文件 001.py，然后在浏览器中输入 http://localhost:8001/，显示注册表单界面，这是由模板文件 index.html 实现的。执行效果如图 2-11 所示。在表单中输入注册信息并单击"提交查询内容"按钮，显示注册结果界面，这是由模板文件 poem.html 实现的。执行效果如图 2-12 所示。

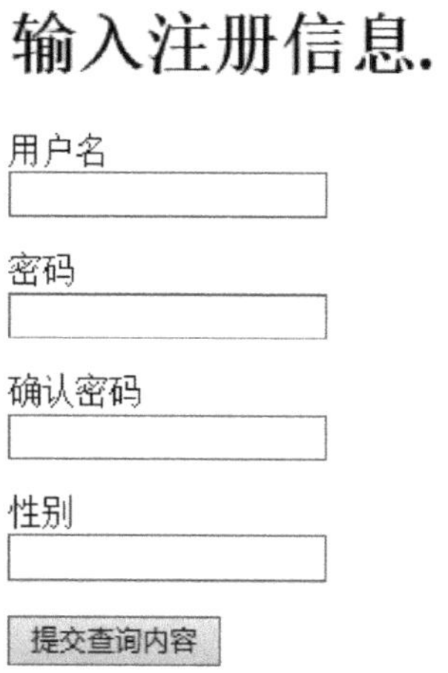

输入注册信息.

用户名

密码

确认密码

性别

提交查询内容

图 2-11　注册表单界面

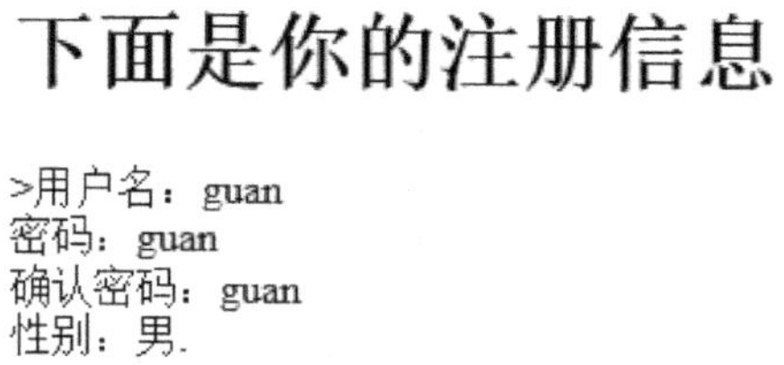

下面是你的注册信息

>用户名：guan
密码：guan
确认密码：guan
性别：男.

图 2-12　注册结果界面

2.4.2　使用模板函数和 CSS

在框架 Tornado 的模板中，可以使用如下所述的内置函数。

- escape(s)：替换参数 s 中的 HTML 字符，如&、<、>，其中参数 s 是一个字符串。
- url_escape(s)：使用 urllib.quote_plus 把参数 s 中的字符替换为 RL 编码形式，其中参数 s 是一个字符串。
- json_encode(val)：将 val 的内容转换为成 JSON 格式。
- squeeze(s)：过滤字符串 s，把连续的多个空白字符替换成一个空格。

在模板中可以使用自己编写的函数，这时需要将函数名作为模板的参数进行传递，就像使用其他变量一样。

1）在 Python 文件 002.py 中，定义了两个请求处理类：IndexHandler 和 MungedPageHandler，具体实现代码如下所示。

源码路径：daima\2\2-4\moban2\002.py

```python
from tornado.options import define, options
define("port", default=8001, help="运行给定的端口", type=int)

class IndexHandler(tornado.web.RequestHandler):
  def get(self):
        self.render('index.html')

class MungedPageHandler(tornado.web.RequestHandler):
  def map_by_first_letter(self, text):
        mapped = dict()
        for line in text.split('\r\n'):
                for word in [x for x in line.split(' ') if len(x) > 0]:
                        if word[0] not in mapped: mapped[word[0]] = []
                        mapped[word[0]].append(word)
        return mapped

  def post(self):
        source_text = self.get_argument('source')
        text_to_change = self.get_argument('change')
        source_map = self.map_by_first_letter(source_text)
        change_lines = text_to_change.split('\r\n')
        self.render('munged.html', source_map=source_map, change_lines=change_lines,
                choice=random.choice)

if __name__ == '__main__':
  tornado.options.parse_command_line()
  app = tornado.web.Application(
        handlers=[(r'/', IndexHandler), (r'/poem', MungedPageHandler)],
        template_path=os.path.join(os.path.dirname(__file__), "templates"),
        static_path=os.path.join(os.path.dirname(__file__), "static"),
        debug=True
  )
```

```
http_server = tornado.httpserver.HTTPServer(app)
http_server.listen(options.port)
tornado.ioloop.IOLoop.instance().start()
```

- 类 IndexHandler：功能是渲染模板文件 index.html，在文件 index.html 中分别定义了一个目标文本（在 source 域中）和一个替换文本（在 change 域中）表单。
- 类 MungedPageHandler：用于处理 POST 请求/poem。方法 map_by_first_letter()将传入的文本（从 source 域）分割成单词，然后创建一个字典，其中每个字母表中的字母对应文本中所有以其开头的单词。再把这个字典和用户在替代文本（表单的change 域）中指定的内容一起传给模板文件 munged.html。此外，将 Python 标准库的 random.choice 函数传入模板，这个函数以一个列表作为输入，返回列表中的任一元素。
- 参数 static_path：设置保存图片、CSS 文件、JavaScript 文件等静态资源的目录，在本项目设置的静态资源的目录是 static。在下面的代码中，向类 Application 中传递了一个名为 static_path 的参数，这样可以告诉 Tornado 从文件系统的哪个位置提供静态文件。

```
app = tornado.web.Application(
    handlers=[(r'/', IndexHandler), (r'/poem', MungedPageHandler)],
    template_path=os.path.join(os.path.dirname(__file__), "templates"),
    static_path=os.path.join(os.path.dirname(__file__), "static"),
    debug=True
)
```

通过上述代码，可以设置将当前程序目录下的 static 子目录作为 static_path 的参数，在这个目录下可以保存图像、CSS 文件、JavaScript 文件等静态资源。

2）模板文件 index.html 用于显示主表单界面，分别显示目标表单域和替换表单域。文件 index.html 的具体实现代码如下所示。

　　源码路径：daima\2\2-4\moban2\templates\index.html

```
<!DOCTYPE html>
<html>
  <head>
        <link rel="stylesheet" href="{{ static_url("style.css") }}">
        <title>操作</title>
  </head>
  <body>
        <h1>替换操作</h1>
        <p>在下面输入两个文本，将其中每个单词替成源文本中首字母相同的某个单词。</p>
        <form method="post" action="/poem">
        <p>Source text<br>
            <textarea rows=4 cols=55 name="source"></textarea></p>
        <p>Text for replacement<br>
            <textarea rows=4 cols=55 name="change"></textarea></p>
        <input type="submit">
```

```
        </form>
    </body>
</html>
```

在 Tornado 模板中，通过 static_url()函数生成 static 目录下文件的 URL。在文件 index.html 中，使用 static_url 调用样式文件的代码如下所示。

```
<link rel="stylesheet" href="{{ static_url("style.css") }}">
```

通过上述代码可以渲染输出类似下面的代码：

```
<link rel="stylesheet" href="/static/style.css?v=ab12">
```

此处使用 static_url 的好处有如下两点。

- 函数 static_url()创建了一个基于文件内容的 hash 值，并将这个 hash 值添加到 URL 的末尾。这个 hash 能够保证浏览器总是加载一个文件的最新版本，而不是加载之前的某个缓存版本。
- 在使用 URL 时可以改变 URL 的结构，而不需要改变模板中的代码，这样可以提高维护效率。

3）模板文件 munged.html 用于显示替换结果界面，具体实现代码如下所示。

源码路径：daima\2\2-4\moban2\templates\munged.html

```
<!DOCTYPE html>
<html>
  <head>
        <link rel="stylesheet" href="{{ static_url("style.css") }}">
        <title>结果</title>
  </head>
  <body>
        <h1>现在的文本是</h1>
        <p>
{% for line in change_lines %}
  {% for word in line.split(' ') %}
        {% if len(word) > 0 and word[0] in source_map %}
            <span class="replaced"
                        title="{{word}}">{{ choice(source_map[word[0]]) }}</span>
        {% else %}
            <span class="unchanged" title="unchanged">{{word}}</span>
        {% end %}
  {% end %}
            <br>
{% end %}
        </p>
  </body>
</html>
```

在上述代码中循环遍历文本中的每行，然后再迭代每行中的每个单词。如果当前单词的第一个字母是字典 source_map 中的一个键，则使用方法 random.choice()从字典的值中随机选择一个单词并展示。如果在字典的键中没有这个单词，则展示源文本中的原始单词。每个单词都包括一个 span 标签，并且使用 CSS 属性 class 设置这个单词是替换后的（对应 class 的值为"replaced"）还是原始的（对应 class 的值为"unchanged"）样式。另外，还将目标单词放在了标签 span 中的 title 属性中，这样当用户鼠标经过这个单词时，可以显示替换了哪些单词。

4）样式文件 style.css 用于设置模板文件的样式，具体实现代码如下所示。

源码路径：daima\2\2-4\moban2\static\style.css

```
body {
  font-family: Helvetica,Arial,sans-serif;
  width: 600px;
  margin: 0 auto;
}
.replaced:hover { color: #00f; }
```

下面是本实例的执行效果，假设在表单中分别输入 from tornado.template import Template 和 print Template("my name is {{d('mortimer')}}").generate(d=disemvowel)，如图 2-13 所示。

图 2-13　输入表单界面

单击"提交查询内容"按钮，执行替换操作，并显示替换后的结果，如图 2-14 所示。

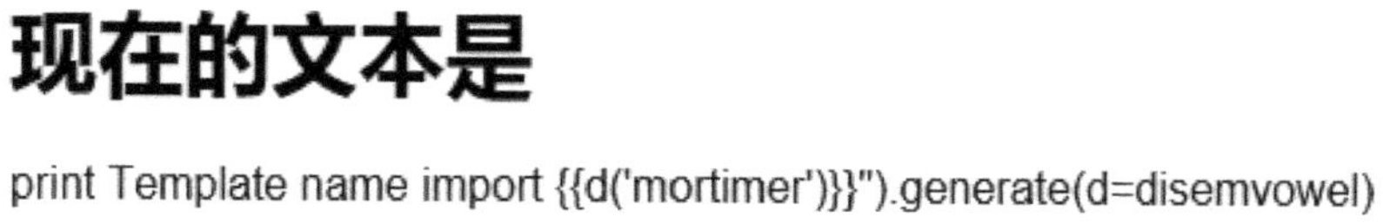

图 2-14　替换后的结果界面

2.4.3　会员登录和退出系统

在下面的实例中，使用 Tornado 框架实现了一个简单的会员登录和退出系统。

33

源码路径：daima\2\2-4\user-authentication

1）编写主程序文件 app.py，具体实现流程如下所述。

● 设置服务器端口是 8888，对应的实现代码如下所示。

```
define("port", default=8888, help="端口", type=int)
```

● 使用方法 get_secure_cookie()获取用户的安全 Cookie 信息，对应的实现代码如下所示。

```
class BaseHandler(tornado.web.RequestHandler):
    def get_current_user(self):
        return self.get_secure_cookie("user")
```

● 调用 Tornado 框架的 authenticated 验证功能，确保用户只有通过身份验证后才会加载显示渲染的模板文件 index.html。对应的实现代码如下所示。

```
class MainHandler(BaseHandler):
    @tornado.web.authenticated
    def get(self):
        self.render('index.html')
```

● 编写方法 get(self)，如果用户输入登录信息错误的次数超过 20 次，则会锁住这个用户，然后重定向到模板文件 login.html。对应的实现代码如下所示。

```
class LoginHandler(BaseHandler):
    @tornado.gen.coroutine
    def get(self):
        incorrect = self.get_secure_cookie("incorrect")
        if incorrect and int(incorrect) > 20:
            self.write('<center>错误次数过多,你被锁住了!</center>')
            return
        self.render('login.html')
```

● 编写方法 post(self)实现登录信息的验证功能，分别获取登录模板页面 login.html 中的用户名和密码信息，验证登录信息是否合法。在本项目中设置的合法用户名和密码都是 demo。如果登录信息合法，则会将登录信息保存在 Cookie 中，然后重定向到模板页面 index.html 中并显示欢迎信息。如果登录信息不合法，则会显示当前用户的错误登录次数，如果超过 20 次则锁住当前用户。对应的实现代码如下所示。

```
@tornado.gen.coroutine
def post(self):
    incorrect = self.get_secure_cookie("incorrect")
    if incorrect and int(incorrect) > 20:
        self.write('<center>错误次数过多,你被锁住了!</center>')
        return

    getusername = tornado.escape.xhtml_escape(self.get_argument("username"))
    getpassword = tornado.escape.xhtml_escape(self.get_argument("password"))
    if "demo" == getusername and "demo" == getpassword:
```

```
        self.set_secure_cookie("user", self.get_argument("username"))
        self.set_secure_cookie("incorrect", "0")
        self.redirect(self.reverse_url("main"))
    else:
        incorrect = self.get_secure_cookie("incorrect") or 0
        increased = str(int(incorrect)+1)
        self.set_secure_cookie("incorrect", increased)
        self.write("""<center>
第 (%s)次错误! <br />
<a href="/">返回主页</a>
</center>""" % increased)
```

- 在类 LogoutHandler 中编写方法 get(self)，功能是清空在 Cookie 中保存的登录信息并退出系统主页，对应的实现代码如下所示。

```
class LogoutHandler(BaseHandler):
    def get(self):
        self.clear_cookie("user")
        self.redirect(self.get_argument("next", self.reverse_url("main")))
```

- 编写函数__init__(self)设置本项目的配置信息，分别设置模板文件的目录、Cookie 密钥、主页 URL、登录页面 URL 和退出页面 URL，对应的实现代码如下所示。

```
class Application(tornado.web.Application):
    def __init__(self):
        base_dir = os.path.dirname(__file__)
        settings = {
            "cookie_secret": "bZJc2sWbQLKos6GkHn/VB9oXwQt8S0R0kRvJ5/xJ89E=",
            "login_url": "/login",
            'template_path': os.path.join(base_dir, "templates"),
            'static_path': os.path.join(base_dir, "static"),
            'debug':True,
            "xsrf_cookies": True,
        }

        tornado.web.Application.__init__(self, [
            tornado.web.url(r"/", MainHandler, name="main"),
            tornado.web.url(r'/login', LoginHandler, name="login"),
            tornado.web.url(r'/logout', LogoutHandler, name="logout"),
        ], **settings)
```

- 启动 Tornado 服务器运行主程序，对应的实现代码如下所示。

```
def main():
    tornado.options.parse_command_line()
    Application().listen(options.port)
    tornado.ioloop.IOLoop.instance().start()

if __name__ == "__main__":
    main()
```

35

2）模板文件 index.html 显示登录成功后的界面效果，具体实现代码如下所示。

```html
<html>
<head>
<title>Welcome Back!</title>
</head>
<body>
<h1>欢迎 {{ current_user }}登录本网站</h1>
<a href="/logout">退出</a>
</body>
</html>
```

3）模板文件 login.html 显示用户登录表单界面效果，具体实现代码如下所示。

```html
<html>
<head>
<title>Please Log In</title>
</head>

<body>
<form action="/login" method="POST">

<p>用户名: <input type="text" name="username" /><p>
<p>密码: <input type="password" name="password" /><p>
<p><input type="submit" value="登录" /></p>
    {% module xsrf_form_html() %}

</form>
</body>
</html>
```

执行后首先显示登录表单，如图 2-15 所示。如果输入的登录信息错误则会显示提示信息，如图 2-16 所示。登录成功后会显示欢迎信息，如图 2-17 所示。

用户名:
密码:
登录

图 2-15　登录表单

第 (1)次错误！
返回主页

图 2-16　登录信息错误

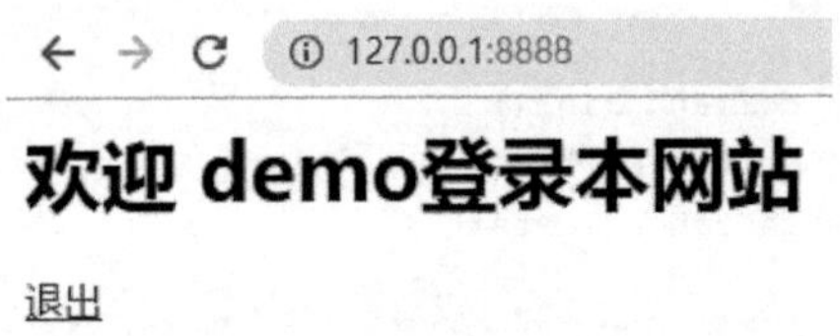

← → C　① 127.0.0.1:8888

欢迎 demo登录本网站

退出

图 2-17　登录成功页面

2.5　使用静态资源文件

在 Web 应用程序中，将轻易不发生变化和做改动的文件存储为静态网页格式，这些内容在应用程序运行时不会发生变化。这些静态内容可以是图片、CSS、JavaScript 和 HTML 等格式的文件。在 Python Web 应用中，将这些不发生变化的文件称为静态资源文件。本节将详细讲解在 Tornado Web 程序中使用静态资源文件的知识。

2.5.1　照片展示

在 TornadoWeb 程序中，可以直接在页面中使用图片文件。下面的实例演示了直接使用图片文件的过程。实例文件 tu.py 的具体实现代码如下所示。

源码路径：daima\2\2-5\tu.py

```
import tornado.ioloop                              #导入 Tornado 框架中的相关模块
import tornado.web                                 #导入 Tornado 框架中的相关模块
#定义类 AAA，用于访问输出静态图片文件
class AAA(tornado.web.RequestHandler):
  def get(self):                                   #获取 GET 请求
    self.write("<img src='/static/ttt.jpg' />")    #使用一幅本地图片
app = tornado.web.Application([
  (r'/stt',AAA),                                   #参数/stt 请求
  ],static_path='./static')                        #调用本网站中的图片 static/ttt.jpg
if __name__ == '__main__':
    app.listen(8888)                               #设置监听服务器 8888 端口
    tornado.ioloop.IOLoop.instance().start()       #启动服务器
```

在上述实例代码中，通过参数/stt 请求返回的 HTML 代码是一个 img 标签，调用显示图片的文件 static/ttt.jpg。在初始化类 Application 时提供了 static_path 参数，用于设置静态资源的目录为 static。最终的执行效果如图 2-18 所示。

图 2-18　执行效果

2.5.2　时钟系统

在 Tornado Web 程序中，也可以在 Web 页面中使用 JS 脚本文件。下面的实例演示了使

用 JS 脚本文件实现一个时钟系统的过程。

源码路径：daima\2\2-5\clock-web

1）编写文件 timedb.py，功能是将当前时间生成指定格式的时间字符串数据，并将数据写入到本地记事本文件 timedb.txt 中。文件 timedb.py 的具体实现代码如下所示。

```python
class TimeDB:
    _format = "%Y-%m-%d %H:%M:%S"

    def __init__(self):
        self.curtime = None
        self.db = None

    def get_last_time(self):
        return self.curtime

    def push_time(self, tt):
        tt=time.strftime("%Y-%m-%d %H:%M:%S")
        self.curtime = tt
        self.db.write(tt + "\n")
        self.db.flush()

    @staticmethod
    def load(path):
        instance = TimeDB()
        instance.db = open(path, "a",encoding='utf-8')
        return instance
```

2）编写文件 clock.py，功能是使用方法 render()渲染模板文件 index.html，在网页中显示当前的时间。文件 clock.py 的具体实现代码如下所示。

```python
import tornado.web

class ClockHandler(tornado.web.RequestHandler):
    def get(self):
        self.render("index.html", title="clock-web")
```

3）编写文件 settings.py，功能是设置本项目的模板文件目录为 templates，设置静态文件目录为 static。文件 settings.py 的具体实现代码如下所示。

```python
import os

dirname = os.path.dirname(__file__)

STATIC_PATH = os.path.join(dirname, 'static')
TEMPLATE_PATH = os.path.join(dirname, 'templates')
```

4）编写程序文件 app.py，功能是设置 Tornado 服务器的端口和各个页面的 URL 链接，启动运行 Tornado 服务器。文件 app.py 的主要实现代码如下所示。

```
tornado.options.define("port", default=8888,
                 help="port to listen on")
tornado.options.define("timedbpath", default="timedb.txt",
                 help="path to timedb")


def make_clock_web_app(timedbpath):
    timedb = database.timedb.TimeDB.load(timedbpath)

    fake_acticity = database.emulator.TimeDBActivityEmulator(timedb)
    fake_acticity.start()

    handlers_ = [
        (r"/api/(.+)", handlers.api.ApiHandler, dict(timedb=timedb)),
        (r"/clock", handlers.clock.ClockHandler),
    ]

    application = tornado.web.Application(
        handlers=handlers_,
        template_path=settings.TEMPLATE_PATH,
        static_path=settings.STATIC_PATH
    )

    return application, fake_acticity


def main():
    tornado.options.parse_command_line()
    app, fa = make_clock_web_app(tornado.options.options.timedbpath)
    http_server = tornado.httpserver.HTTPServer(app)
    http_server.listen(tornado.options.options.port)
    try:
        tornado.ioloop.IOLoop.instance().start()
    except KeyboardInterrupt:
        tornado.ioloop.IOLoop.instance().stop()
        fa.stop()


if __name__ == "__main__":
    main()
```

5）编写模板文件 index.html，功能是调用 JavaScript 文件 jquery-3.4.1.min.js 和 gettime.js，在网页中显示当前时间。文件 index.html 的具体实现代码如下所示。

```
<html>
<head>
<title>{{ title }}</title>
</head>
<body>
<script src="{{ static_url("js/jquery-3.4.1.min.js") }}"></script>
<script src="{{ static_url("js/gettime.js") }}"></script>
```

```
<div id="time"></div>
</body>
</html>
```

运行程序，在浏览器中输入 http://localhost:8888/clock 会显示当前的时间，并且在网页中会动态显示日期和时间，执行效果如图 2-19 所示。

← → C ① localhost:8888/clock

2019-07-17 11:34:17

图 2-19　执行效果

2.6　使用块扩展模板

在 Web 应用程序中创建模板时，有时希望后端 Python 程序可以重用前端代码。Tornado 框架支持重用前端代码的功能，通过 extends 和 block 语句可以实现模板继承功能，即可以编写能够在合适的地方重复使用的模板。

2.6.1　块

在 Tornado Web 程序中，为了扩展一个已有模板的功能，需要在新的模板文件的顶部添加如下所示的代码行。

```
{% extends "filename.html" %}
```

为了在新模板中扩展一个父模板（在这里假设为 main.html），可以通过如下代码进行调用。

```
{% extends "main.html" %}
```

通过上述代码，使得新文件能够继承使用文件 main.html 中的所有标签，并且可以重写代码实现希望得到的功能。

通过扩展一个模板操作，既可以复用之前写过的代码，也可以使用 block（块）语句。通过使用块语句，可以将模板中的某一部分设置为可以重用的内容。下面的实例演示了在 HTML 中使用块实现扩展的方法。

1）为了将模板中的 header 内容作为 block（块），可以在父模板文件 main.html 中添加如下所示的代码。

源码路径：daima\2\2-6\main.html

```
<header>
```

```
    {% block header %}{% end %}
</header>
```

2）为了在子模板文件 index.html 中重写上面的{% block header %}{% end %}块，使用块的名字进行引用，可以把任何想要显示的内容放到里面。文件 index.html 的具体实现代码如下所示。

源码路径：**daima\2\2-6\index.html**

```
{% block header %}{% end %}
{% block header %}
<h1>人生苦短</h1>
{% end %}
```

任何继承这个模板的文件都可以包含它自己的块{% block header %}和{% end %}，并且可以在里面添加自定义的内容。

3）为了在 Web 应用中调用这个子模板，可以在 Python 程序中很轻松地渲染它，就像前面渲染模板文件那样。实例文件 app.py 的具体实现代码如下所示。

源码路径：**daima\2\2-6\app.py**

```
class MainHandler(tornado.web.RequestHandler):
    def get(self):
        self.render("index.html")


if __name__ == "__main__":
    app = make_app()
    app.listen(8888)
    tornado.ioloop.IOLoop.current().start()
```

图 2-20　显示扩展内容

此时在加载文件 main.html 中的 body 块时，会显示扩展文件 index.html 中的内容"人生苦短"，执行效果如图 2-20 所示。

2.6.2　模板中的块

同样道理，可以使用块 block 来扩展模板文件的内容。下面的实例在每个模板页面中使用了多个块，将 header 和 footer 之类的动态元素包含在同一个模板中。

1）在父模板文件 main.html 中使用多个块，具体实现代码如下所示。

源码路径：**daima\2\2-6\mo\templates\main.html**

```
<html>
<body>
<header>
    {% block header %}{% end %}
</header>
<content>
    {% block body %}{% end %}
```

```
</content>
<footer>
        {% block footer %}{% end %}
</footer>
</body>
</html>
```

2）当扩展父模板文件 main.html 时，可以在子模板文件 index.html 中引用上面的这些块。文件 main.html 的具体实现代码如下所示。

源码路径：daima\2\2-6\mo\templates\index.html

```
{% extends "main.html" %}

{% block header %}
<h1>{{ header_text }}</h1>
{% end %}

{% block body %}
<p>这里是来自子模板的内容：人生苦短，我用 Python!</p>
{% end %}

{% block footer %}
<p>{{ footer_text }}</p>
{% end %}
```

3）编写 Python 文件 main.py 来加载上面编写的模板文件，在里面传递了两个字符串变量 header_text 和 footer_text 给模板使用，文件 main.py 的主要实现代码如下所示。

源码路径：daima\2\2-6\mo\main.py

```
from tornado.options import define, options
define("port", default=8000, help="运行端口是 8000", type=int)

class Application(tornado.web.Application):
  def __init__(self):
        handlers = [
            (r"/", MainHandler),
        ]
        settings = dict(
            template_path=os.path.join(os.path.dirname(__file__), "templates"),
            debug=True,
            autoescape=None
            )
        tornado.web.Application.__init__(self, handlers, **settings)

class MainHandler(tornado.web.RequestHandler):
  def get(self):
        self.render(
            "index.html",
            header_text = "这是 Header",
```

```
            footer_text = "这是 Footer"
        )

def main():
  tornado.options.parse_command_line()
  http_server = tornado.httpserver.HTTPServer(Application())
  http_server.listen(options.port)
  tornado.ioloop.IOLoop.instance().start()

if __name__ == "__main__":
  main()
```

在上述代码中，传递了如下所述的两个字符串变量给模板使用：

● header_text = "这是 Header"。

● footer_text = "这是 Footer"。

执行效果如图 2-21 所示。

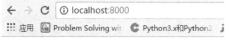

图 2-21　模板扩展

2.7　使用 UI 模块

通过前面的学习可知，在 Tornado Web 程序中，通过使用模板可以快速实现开发者想要的功能。有时为了消除项目中冗余的代码，可以使模板部分的内容实现模块化处理。本节将详细讲解使用 UI 模块进一步处理模板文件的知识，为读者学习本书后面的知识打下基础。

2.7.1　UI 模块介绍

在 Tornado 框架中，UI 模块封装了模板中包含的 HTML、CSS 和 JS 的可复用组件。通过使用 UI 模块定义的元素，可以处理在多个模板交叉复用或在同一个模板中重复使用的内容。在 Tornado 中，模块是一个继承自类 Tornado.UIModule 的 Python 类，使用方法 render() 搭建模板和 Python 类之间的桥梁。当在模板中使用如下标签引用一个模块时，Tornado 的模板引擎会调用模块的方法 render() 进行 URL 导航，然后将处理结果返回为一个字符串来替换模板中的模块标签。

```
{% module xxx(...) %}
```

当在 Tornado 模板中引用 UI 模块时，必须在应用程序的配置模块中进行声明，其中参数 ui_modules 是一个字典，字典的键表示模块名，字典的值表示对应的类。

下面的实例演示了使用 UI 模块的最简单用法。

1）在实例文件 hello_module.py 中，字典参数 ui_module 的功能是把对名为 Hello 的模块的引用和定义的 Python 类 HelloModule 关联起来。文件 hello_module.py 的具体实现代码如下所示。

源码路径：daima\2\2-7\2-7-1\hello_module.py

```python
import tornado.web
import tornado.httpserver
import tornado.ioloop
import tornado.options
import os.path

from tornado.options import define, options
define("port", default=8000, help="run on the given port", type=int)

class HelloHandler(tornado.web.RequestHandler):
    def get(self):
        self.render('hello.html')

class HelloModule(tornado.web.UIModule):
    def render(self):
        return '<h1>人生苦短，我用 Python!</h1>'

if __name__ == '__main__':
    tornado.options.parse_command_line()
    app = tornado.web.Application(
        handlers=[(r'/', HelloHandler)],
        template_path=os.path.join(os.path.dirname(__file__), 'templates'),
        ui_modules={'Hello': HelloModule}
    )
    server = tornado.httpserver.HTTPServer(app)
    server.listen(options.port)
    tornado.ioloop.IOLoop.instance().start()
```

2）编写模板文件 hello.html，当调用 HelloHandler 并渲染文件 hello.html 时，可以使用 {% module Hello() %}模板标签来包含类 HelloModule 中方法 render()返回的字符串。文件 hello.html 的具体实现代码如下所示。

源码路径：daima\2\2-7\2-7-1\templates\hello.html

```html
<html>
<head><title>UI Module Example</title></head>
```

```
<body>
        {% module Hello() %}
</body>
</html>
```

在模板文件 hello.html 中，通过在模块标签自身的位置调用 HelloModule 返回的字符串进行填充。执行效果如图 2-22 所示。

图 2-22　执行效果

2.7.2　嵌入 JavaScript 和 CSS

在使用 UI 模块的过程中，可以在渲染后的页面中使用自己编写的 JavaScript 和 CSS 文件，或调用外部包含的 JavaScript 或 CSS 文件。在 TornadoWeb 程序中，可以使用方法 embedded_css()和 embedded_javascript()调用 CSS 和 JavaScript 代码或文件。

下面的实例演示了使用代码嵌入和调用外部包含的文件的方法。

1）在程序文件 main.py 中嵌入了 JavaScript 代码，具体实现代码如下所示。

源码路径：daima\2\2-7\2-7-2\main.py

```python
import os.path

import tornado.escape
import tornado.httpserver
import tornado.ioloop
import tornado.options
import tornado.web

from tornado.options import define, options
define("port", default=8000, type=int)

class Application(tornado.web.Application):
  def __init__(self):
        handlers = [
                (r"/", MainHandler),
        ]
        settings = dict(
                template_path=os.path.join(os.path.dirname(__file__), "templates"),
                static_path=os.path.join(os.path.dirname(__file__), "static"),
                ui_modules={"Sample": SampleModule},
                debug=True,
                autoescape=None
                )
        tornado.web.Application.__init__(self, handlers, **settings)


class MainHandler(tornado.web.RequestHandler):
  def get(self):
```

45

```
        self.render(
            "index.html",
            samples=[
                {
                    "title":"第 1 条格言",
                    "description":"人生苦短，我用 Python！"
                },
                {
                    "title":"第 2 条格言",
                    "description":"人生苦短，Python 是岸！"
                },
                {
                    "title":"第 3 条格言",
                    "description":"Python 第一，谁敢不服！"
                }
            ]
        )


class SampleModule(tornado.web.UIModule):
    def render(self, sample):
        return self.render_string(
            "modules/sample.html",
            sample=sample
        )

    def html_body(self):
        return "<div class=\"addition\"><p>html_body()</p></div>"

    def embedded_javascript(self):
        return "document.write(\"<p>embedded_javascript()，这是嵌入的 JavaScript 代码的内容！</p>\")"

    def embedded_css(self):
        return ".addition {color: #A1CAF1}"

    def css_files(self):
        return "css/sample.css"

    def javascript_files(self):
        return "js/sample.js"

def main():
    tornado.options.parse_command_line()
    http_server = tornado.httpserver.HTTPServer(Application())
    http_server.listen(options.port)
    tornado.ioloop.IOLoop.instance().start()


if __name__ == "__main__":
    main()
```

上述代码的实现流程如下所述。

● 首先编写方法 html_body()，它后面是</body>标签。

● 然后编写 embedded_javascript()，功能是调用嵌入的 JavaScript 代码。

● 最后编写方法 javascript_files()，功能是调用外部包含的 JavaScript 文件 js/sample.js。

注意：在 Java 脚本中不能包括一个需要其他位置程序的方法（比如，依赖其他文件的 JavaScript 函数，包括代码嵌入和外部调用的函数），因为此时他们可能会按照和你期望不同的顺序进行渲染。

2）外部 JavaScript 文件是 sample.js，功能是使用 document.write()函数输出要显示的文本，具体实现代码如下所示。

源码路径：daima\2\2-7\2-7-2\static\js

```
document.write("<p>这是嵌入的 JS 文件的内容</p>");
```

执行后的效果如图 2-23 所示。

图 2-23　执行效果

2.8　自动转义和模板格式化

在 Tornado 框架中，会默认自动转义模板中的内容，把里面的标签代码转换为对应的 HTML 标记的内容，这样可以防止后端数据库被恶意脚本攻击。另外，有时可以格式化某个模板页面的内容，如设置只显示页面中的某个部分。本节将详细讲解自动转义和模板格式化的知识。

2.8.1　自动转义

举个例子，假如在网站中有一个评论页面，用户可以在这个页面中发布文字。虽然在很多情况下 HTML 标签在标记和样式冲突时不会构成重大威胁（如评论中没有<h1>标签），但是<script>标签会成为黑客们的最爱：因为它允许攻击者加载其他的 JavaScript 文件，有可能会打开通向跨站脚本攻击、XSS 或漏洞之门。假如一名攻击者在评论里提交了如下所示的文字。

```
开始攻击你的网站<script>alert('我是提醒框, 烦死你...')</script>
```

在没有使用转义功能时，上述评论内容中的<script></script>部分会被浏览器当作脚本代码执行，执行后会显示一个提醒对话框。上面只是设置了一个提醒对话框，如果黑客用脚本编写了攻击程序，那么对网站来说是非常危险的。幸运的是，Tornado 会自动使用转义将<script></script>脚本标记显示出来，而不是直接运行脚本。也就是说上面输入的评论文本不会执行<script></script>之间的脚本，而是被完整显示出来，会显示如下所示的字符串。

```
开始攻击你的网站&lt;script&gt;alert('我是提醒框, 烦死你......')&lt;/script&gt;
```

当然，有时需要在页面中保留 HTML、JavaScript 代码不被转义，如页面尾部的联系人信息。例如，联系人邮件信息如下所示。

```
{% set mailLink = "<a href="mailto:150649826@qq.com">Contact Us</a>" %}
{{ mailLink }}'
```

上述代码会在页面源代码中渲染成如下所示的代码。

```
&lt;a href=&quot;mailto:150649826@qq.com &quot;&gt;Contact Us&lt;/a&gt;
```

此时会被自动转义运行，这样会让人们无法联系上这个邮箱。为了处理这种情况，可以禁用自动转义，主要有如下两种禁用方法。

● 在 Application 构造函数中传递 autoescape=None，如下所示。

```
{% autoescape None %}
```

● 在每页的基础上修改自动转义行为，如下所示。

```
{{ mailLink }}
```

上述 autoescape 块不需要结束标签，并且可以设置 xhtml_escape 来开启自动转义（默认行为），或 None 来关闭。

在理想的情况下，希望保持自动转义开启以便继续防护网站。因此可以使用{% raw %}指令来输出没有被转义的内容，如下面的代码所示。

```
{% raw mailLink %}
```

2.8.2 在线留言板系统

下面的实例演示了在用户评论系统中自动转义脚本标记的过程。

1）在模板文件 main.html 的底部显示联系信息，这部分信息中的 HTML 标记将不被自动转义，文件 main.html 的主要实现代码如下所示。

源码路径：daima\2\2-8\templates\main.html

```html
<html>
<head>
   <title>{{ page_title }}</title>
   <link rel="stylesheet" href="{{ static_url("css/style.css") }}" />
</head>
<body>
   <div id="container">
      <header>
       {% block header %}<h1>Burt's Books</h1>{% end %}
      </header>
<div id="main">
<div id="content">
         {% block body %}{% end %}
</div>
</div>
<footer>
      {% block footer %}
<p>For more information about our selection, hours or events, please email us at <a
href="mailto:contact@burtsbooks.com">150649826@qq.com</a>.</p>
   <p class="small">Follow us on Facebook at {% raw linkify("https://www.toppr.net/burtsbooks",
 extra_params='ref=website') %}.</p>
      {% end %}
</footer>
</div>
<script src="{{ static_url("js/script.js") }}"></script>
</body>
</html>
```

　　读者需要注意的是，当使用诸如 Tornado 的 linkify()和 xsrf_form_html()函数时，自动转义的设置会被改变。所以如果希望在上述代码的 footer 中使用 linkify()来包含链接，可以使用一个{% raw %}块来取消转义。这样，既可以利用 linkify()标记，又可以保持在其他地方自动转义。

　　2）在主程序文件 main.py 中设置用户发布的评论内容被自动转义，主要实现代码如下所示。

源码路径：daima\2\2-8\main.py

```python
import os.path

import tornado.auth
import tornado.escape
import tornado.httpserver
import tornado.ioloop
import tornado.options
import tornado.web
from tornado.options import define, options
```

```
        define("port", default=8000, help="run on the given port", type=int)

    class Application(tornado.web.Application):
      def __init__(self):
            handlers = [
                    (r"/", MainHandler),
                    (r"/discussion/", DiscussionHandler),
            ]
            settings = dict(
                    template_path=os.path.join(os.path.dirname(__file__), "templates"),
                    static_path=os.path.join(os.path.dirname(__file__), "static"),
                    ui_modules={"Book": BookModule},
                    debug=True,
                    )
            tornado.web.Application.__init__(self, handlers, **settings)


    class DiscussionHandler(tornado.web.RequestHandler):
      def get(self):

            self.render(
                    "discussion.html",
                    page_title = "图书 | 评论",
                    header_text = "在线留言系统",
                    comments=[
                            {
                                    "user":"西门吹雪",
                                    "text": "一剑西来天外飞仙！"
                            },
                            {
                                    "user":"陆小凤",
                                    "text": "心有灵犀一点通！"
                            },
                            {
                                    "user":"Python大神",
                                    "text": "我是黑客<script src=\"http://melvins-web-sploits.
com/evil_sploit.js\"></script><script>alert('我是提醒框，烦死你......');</script>"
                            }
                    ]
            )


    class BookModule(tornado.web.UIModule):
      def render(self, book):
            return self.render_string(
                    "modules/book.html",
                    book=book,
                    )

      def css_files(self):
```

```
        return "css/recommended.css"

def main():
  tornado.options.parse_command_line()
  http_server = tornado.httpserver.HTTPServer(Application())
  http_server.listen(options.port)
  tornado.ioloop.IOLoop.instance().start()


if __name__ == "__main__":
  main()
```

执行后如果在表单中发布如下所示的留言：

```
我是黑客<script src="http://melvins-web-sploits.com/evil_sploit.js"></script><script>
alert('我是提醒框，烦死你......');</script>
```

上述留言内容会自动被转义，不会因脚本执行而带来风险。而底部的联系人信息则被禁止转义，最终执行效果如图 2-24 所示。

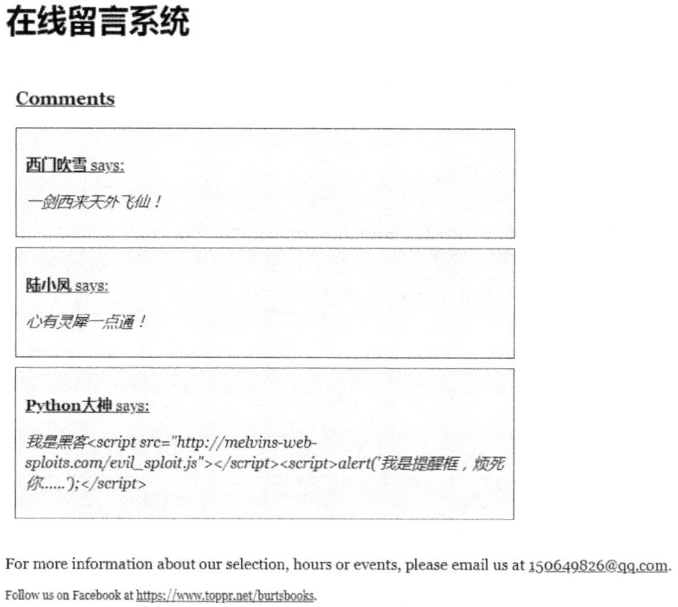

图 2-24　执行效果

2.8.3　图书展示系统

通过使用 UI 模块的模板格式化功能，可以遍历数据库中的数据并显示查询结果，并且可以渲染每个独立项目中的数据信息。模板格式化功能非常好用，例如，一个大型新闻展示系统的主页模板通常会显示各类新闻信息。通过模板格式化，可以在其他模板页面中只显示某类信息，如体育新闻、财经新闻等。这样整个程序架构会更美观，更加有条理。

下面的实例演示了为一个图书展示系统创建推荐图书页面的过程，对图书的基本信息实现了模板格式化处理。

1）目的是在一个图书展示系统中创建一个推荐阅读页面，假设已经创建了一个名为 recommended.html 的模板文件，在里面使用 {% module Book(book) %} 标签调用模板文件。其代码如下所示。

源码路径：daima\2\2-8\templates\recommended.html

```
{% extends "main.html" %}

{% block body %}
<h2>阅读使人进步</h2>
    {% for book in books %}
        {% module Book(book) %}
    {% end %}
{% end %}
```

2）创建一个图书模板文件 book.html，通过模板格式化功能实现，并把它放到 templates/modules 目录下。这是一个简单的图书模板，用于显示图书的基本信息。文件 book.html 的具体实现代码如下所示。

源码路径：daima\2\2-8\templates\modules\book.html

```
<div class="book">
<h3 class="book_title">{{ book["title"] }}</h3>
  {% if book["subtitle"] != "" %}
        <h4 class="book_subtitle">{{ book["subtitle"] }}</h4>
  {% end %}
<img src="{{ book["image"] }}" class="book_image"/>
  <div class="book_details">
  <div class="book_date_released">Released: {{ book["date_released"]}}</div>
  <div class="book_date_added">Added: {{ locale.format_date(book["date_added"], relative=
False) }}</div>
  <h5>Description:</h5>
        <div class="book_body">{% raw book["description"] %}</div>
  </div>
</div>
```

这样将使用上面的模板文件来格式化每本推荐书籍的所有属性，代替前面的模板文件 book.html。使用上述格式化文件，当向模板文件 recommended.html 传递参数 books 的所有项时都将会调用这个模板文件。每当使用一个新的 book 参数调用 Book 模板文件时，模板文件（以及 book.html 模板文件）可以引用参数 book 字典中的项，并以适合的方式格式化数据。

3）编写主程序文件 main.py，此时在定义类 BookModule 时会调用继承自 UIModule 的方法 render_string()，显式地渲染模板文件。当返回渲染结果给调用者时，会将其关键字参数作为一个字符串进行处理。另外，在文件 main.py 中还引用了静态 CSS 文件和 JavaScript 文件。文件 main.py 的主要实现代码如下所示。

源码路径：daima\2\2-8\main.py

```
define("port", default=8000, help="run on the given port", type=int)

class Application(tornado.web.Application):
  def __init__(self):
        handlers = [
                (r"/", MainHandler),
                (r"/recommended/", RecommendedHandler),
                (r"/discussion/", DiscussionHandler),
        ]
        settings = dict(
                template_path=os.path.join(os.path.dirname(__file__), "templates"),
                static_path=os.path.join(os.path.dirname(__file__), "static"),
                ui_modules={"Book": BookModule},
                debug=True,
                )
        tornado.web.Application.__init__(self, handlers, **settings)


class MainHandler(tornado.web.RequestHandler):
  def get(self):

        self.render(
            "index.html",
            page_title = "书店 | 讨论",
            header_text = "欢迎光临!",
        )


class RecommendedHandler(tornado.web.RequestHandler):
  def get(self):

        self.render(
            "recommended.html",
            page_title = "书店 | 讨论",
            header_text = "留言",
            books=[
                {
                    "title":"Python 网络爬虫从入门到精通",
                    "subtitle": "Python 网络爬虫从入门到精通",
                    "image":"/static/images/book01.jpg",
                    "author": "吕云翔 / 张扬 / 韩延刚",
                    "date_added":1576565548,
                    "date_released": "2019",
                    "isbn":"9787111625933",
                    "description":"<p>一本好书，一本好书，一本好书，一本好书，一
本好书，一本好书，一本好书，一本好书，一本好书，一本好书，一本好书，一本好书，一本好书，一本
好书，一本好书! </p>"
                },
                {
```

53

```
                         "title":"iOS 程序员面试笔试真题库",
                         "subtitle": "iOS 程序员面试笔试真题库",
                         "image":"/static/images/book02.jpg",
                         "author": "信厚 汪小发 楚秦 等",
                         "date_added":1576565548,
                         "date_released": "2019 年",
                         "isbn":"9787111626176",
                         "description":"<p>一本好书, 一本好书, 一本好书, 一本好书, 一本好书, 一
本好书, 一本好书, 一本好书, 一本好书, 一本好书, 一本好书, 一本好书, 一本好书, 一本好书, 一本好书, 一本
好书, 一本好书! </p>"
                     },
                     {
                         "title":"zzz",
                         "subtitle": "",
                         "image":"/static/images/book03.jpg",
                         "author": "xxx",
                         "date_added":1311348056,
                         "date_released": "2019 年 10 月",
                         "isbn":"zzz",
                         "description":"<p>一本好书, 一本好书, 一本好书, 一本好书, 一本好书, 一
本好书, 一本好书, 一本好书, 一本好书, 一本好书, 一本好书, 一本好书, 一本好书, 一本好书, 一本好书, 一本
好书, 一本好书! </p>"
                     }
                 ]
             )


    class DiscussionHandler(tornado.web.RequestHandler):
      def get(self):

           self.render(
                 "discussion.html",
                 page_title = "图书 | 评论",
                 header_text = "在线留言系统",
                 comments=[
                     {
                         "user":"西门吹雪",
                         "text": "一剑西来天外飞仙! "
                     },
                     {
                         "user":"陆小凤",
                         "text": "心有灵犀一点通! "
                     },
                     {
                         "user":"Python 大神",
                         "text": "我是黑客<script src=\"http://melvins-web-sploits.com/
evil_sploit.js\"></script><script>alert('我是提醒框, 烦死你......');</script>"
                     }
                 ]
             )
```

```
class BookModule(tornado.web.UIModule):
  def render(self, book):
        return self.render_string(
            "modules/book.html",
            book=book,
        )

    def css_files(self):
        return "css/recommended.css"

    def javascript_files(self):
        return "js/recommended.js"
```

执行后会在 recommended 页面中显示格式化的图书信息，如图 2-25 所示。

图 2-25　执行效果

第 3 章
开发动态 **Tornado Web** 程序

在本书第 2 章中讲解的 Tornado 实例都是静态的，并没有实现动态 Web 功能。Tornado 作为一款著名的 Python Web 框架，能够和数据库技术相结合，高效地开发出动态 Web 程序。本章将详细讲解使用 Tornado 框架开发动态 Web 应用程序的知识，为读者学习本书后面的知识打下基础。

3.1　使用 **MongoDB** 数据库实现持久化 **Web** 服务

要想实现持久化 Web 服务，需要和数据库技术相结合。本节将介绍使用 Tornado 框架结合 MongoDB 数据库实现持久化 Web 服务的知识。

3.1.1　搭建 **MongoDB** 数据库环境

MongoDB 是一个基于分布式文件存储的数据库工具，因为是采用 C++语言编写，所以 MongoDB 存储数据的速度快。当前市面上，主流的数据库产品分为关系数据库和非关系数据库两类，而 MongoDB 是一个介于关系数据库和非关系数据库之间的产品，是非关系数据库中功能丰富的关系数据库。

下载并安装 MongoDB 的流程如下所述。

1）在 MongoDB 官网中提供了可用于 32 位和 64 位系统的预编译二进制包，读者可以登录 MongoDB 官网下载安装包，如图 3-1 所示。

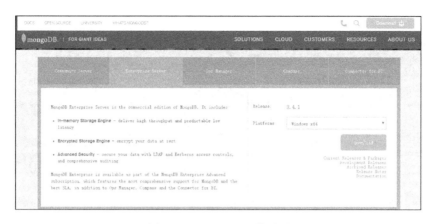

图 3-1 MongoDB 下载页面

2）根据当前计算机的操作系统选择下载安装包，因为笔者使用的是 64 位的 Windows 系统，所以选择“Windows x64”，然后单击“Download”按钮。在弹出的界面中选择 msi，如图 3-2 所示。

3）下载完成后得到一个.msi 格式的文件，双击这个文件，然后按照操作提示进行安装即可。安装对话框如图 3-3 所示。

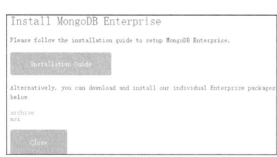

图 3-2 选择 msi　　　　　　　　　　　　　图 3-3 安装对话框

在 Python 程序中使用 MongoDB 时，必须首先确保安装了 pymongo 这个第三方库。如果下载的是.exe 格式的安装文件，则可以直接运行安装。如果是压缩的安装文件，可以使用以下命令进行安装。

```
pip install pymongo
```

如果没有下载安装文件，可以通过如下命令进行在线安装。

```
easy_install pymongo
```

安装完成后的效果如图 3-4 所示。

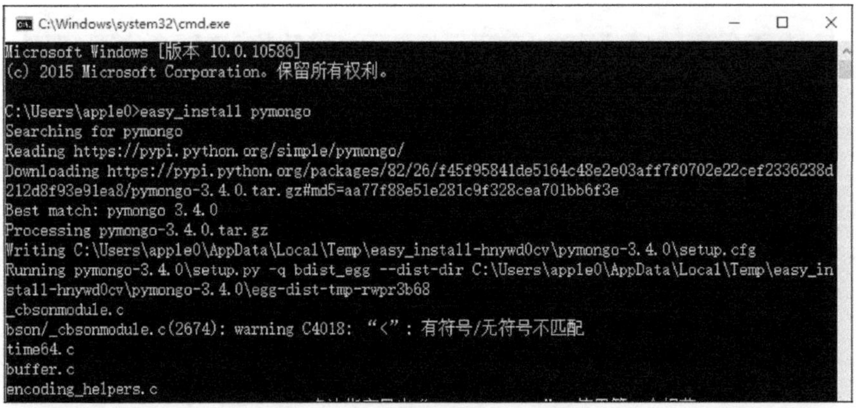

图 3-4　安装完成后的界面效果

3.1.2　使用 Tornado 操作 MongoDB 数据库

假设需要编写一个可以读取 MongoDB 数据的 Tornado Web 程序，如创建一个基于 Web 服务的英文字典系统，能够在发送一个查询某个单词的请求后返回这个单词的含义。下面是一个典型的交互过程，

```
$ curl http://localhost:8000/zidian
{definition: "连接到一个设备",
"word": "hello"}
```

通过上述代码，可以从 MongoDB 数据库中读取数据，可以根据属性 word 查询文档。接下来开始实现这个学习字典程序，具体实现流程如下所述。

1）编写文件 001.py，可以向 MongoDB 数据库中添加指定的英文单词。

源码路径：daima\3\3-1\001.py

```
import pymongo
conn = pymongo.MongoClient("localhost", 27017)
db = conn.example
db.words.insert({"word": "do", "take": "You take your time"})
db.words.insert({"word": "get", "post": "Don't get me wrong"})
db.words.insert({"word": "give", "hello": "Don't give me that"})
```

2）通过如下命令开启 MongoDB 服务。

```
mongod --dbpath "h:\data"
```

在上述命令中，h:\data 是一个保存 MongoDB 数据库数据的目录，读者可以随意在本地计算机硬盘中创建，还可以自定义目录的名字。然后运行上述文件 001.py，执行后会向 MongoDB 数据库中添加指定的单词。

3）编写文件 definitions_readonly.py，验证上面向 MongoDB 数据库中添加的英文单词，在 Tornado 框架中实现对 MongoDB 数据库数据的访问功能。文件 definitions_readonly.py 的具体实现流程如下所述。

源码路径：daima\3\3-1\readonly.py

● 使用 import 导入 pymongo 库模块，对应的实现代码如下所示。

```
import tornado.httpserver
import tornado.ioloop
import tornado.options
import tornado.web

import pymongo
```

● 设置 Tornado Web 的连接端口，对应的实现代码如下所示。

```
from tornado.options import define, options
define("port", default=8000, help="run on the given port", type=int)
```

● 在 TornadoApplication 对象的方法__init__()中实例化 pymongo 连接对象，其中 localhost
和 27017 分别表示 MongoDB 数据库的服务器名和端口。然后在 Application 对象中
创建属性 db，这个属性指向 MongoDB 中名为 example 的数据库。对应的实现代码
如下所示。

```
class Application(tornado.web.Application):
def __init__(self):
    handlers = [(r"/(\w+)", WordHandler)]
    conn = pymongo.MongoClient("localhost", 27017)
    self.db = conn["example"]
    tornado.web.Application.__init__(self, handlers, debug=True)
```

● 在 Application 对象中添加属性 db 后，可以在所有的 RequestHandler 对象中使用
self.application.db 访问它。将集合对象设置给变量 coll 后，使用方法 find_one()查询
数据库中是否有这个单词，如果有则从字典中删除_id 键，然后将其传递给
RequestHandler 的方法 write()。方法 write()将会自动序列化字典为 JSON 格式。如果
方法 find_one()在数据库中没有发现匹配的单词，会返回 None，并将响应状态设置为
404，输出"没有发现这个单词"的提示，对应的实现代码如下所示。

```
class WordHandler(tornado.web.RequestHandler):
    def get(self, word):
        coll = self.application.db.words
        word_doc = coll.find_one({"word": word})
        if word_doc:
            del word_doc["_id"]
            self.write(word_doc)
        else:
            self.set_status(404)
            self.write({"error": "没有发现这个单词"})
```

```
if __name__ == "__main__":
    tornado.options.parse_command_line()
    http_server = tornado.httpserver.HTTPServer(Application())
    http_server.listen(options.port)
    tornado.ioloop.IOLoop.instance().start()
```

4）运行上述实例文件 readonly.py，然后在浏览器中输入"http://localhost:8000/take"，会显示数据库中保存的数据。

```
{"definition": "You take your time", "word": "do"}
```

这说明在 Tornado 框架中成功实现了对 MongoDB 数据库数据的访问功能。如果查询一个数据库中没有的单词，会得到如下所示的 404 错误信息。

```
{"error": "没有发现这个单词"}
```

3.1.3 动态图书管理系统

接下来将通过一个图书管理系统实例的实现过程，介绍在 Tornado 框架中使用 MongoDB 数据库实现动态 Web 的过程。

1）首先在 MongoDB 服务器中创建一个数据库和集合，然后用图书内容进行填充。具体实现代码如下所示。

```
>>> import pymongo
>>> conn = pymongo.MongoClient ()
>>>db = conn["bookstore"]
>>>db.books.insert({
...      "title":"Python 开发入门到精通",
...      "subtitle": "Python",
...      "image":"123.gif",
...      "author": "浪潮",
...      "date_added":20171231,
...      "date_released": "August 2007",
...      "isbn":"978-1-596-52932-1",
...      "description":"<p>[...]</p>"
... })
ObjectId('4eb6f1a6136fc42171000000')
>>>db.books.insert({
...      "title":"PHP 入门到精通",
...      "subtitle": "Web 服务",
...      "image":"345.gif",
...      "author": "学习 PHP",
...      "date_added":20181231,
...      "date_released": "May 2018",
...      "isbn":"978-1-534-52926-0",
...      "description":"<p>[...]>/p>"
```

```
... })
ObjectId('4eb6f1cb136fc42171000001')
```

2）编写 Python 程序文件 burts_books_db.py。首先在程序中通过属性 db 连接 MongoDB 服务器，然后使用方法 find()从数据库中获取图书信息列表，在渲染模板文件 recommended.html 时，将这个图书列表传递给 RecommendedHandler 对象中的方法 get()。文件 books_db.py 的具体实现代码如下所示。

源码路径：daima\3\3-1\BookManger\books_db.py

```python
#!/usr/bin/env python
import os.path

import tornado.auth
import tornado.escape
import tornado.httpserver
import tornado.ioloop
import tornado.options
import tornado.web
from tornado.options import define, options

import pymongo

define("port", default=8001, help="请运行在给定的端口", type=int)

class Application(tornado.web.Application):
    def __init__(self):
        handlers = [
            (r"/", MainHandler),
            (r"/recommended/", RecommendedHandler),
        ]
        settings = dict(
            template_path=os.path.join(os.path.dirname(__file__), "templates"),
            static_path=os.path.join(os.path.dirname(__file__), "static"),
            ui_modules={"Book": BookModule},
            debug=True,
            )
        conn = pymongo.MongoClient("localhost", 27017)
        self.db = conn["bookstore"]
        tornado.web.Application.__init__(self, handlers, **settings)


class MainHandler(tornado.web.RequestHandler):
    def get(self):

        self.render(
            "index.html",
            page_title = "图书管理| 主页",
            header_text = "欢迎使用图书管理系统!",
        )
```

```
class RecommendedHandler(tornado.web.RequestHandler):
    def get(self):
        coll = self.application.db.books
        books = coll.find()
        self.render(
            "recommended.html",
            page_title = "图书系统 | 图书信息",
            header_text = "图书信息",
            books = books
        )

class BookModule(tornado.web.UIModule):
    def render(self, book):
        return self.render_string(
            "modules/book.html",
            book=book,
        )

    def css_files(self):
        return "css/recommended.css"

    def javascript_files(self):
        return "js/recommended.js"


def main():
    tornado.options.parse_command_line()
    http_server = tornado.httpserver.HTTPServer(Application())
    http_server.listen(options.port)
    tornado.ioloop.IOLoop.instance().start()


if __name__ == "__main__":
    main()
```

如果此时在浏览器中输入 http://localhost:8001/recommended/，会读取并显示数据库中的图书信息，执行效果如图 3-5 所示。

3）编写 Python 文件 books_rwdb.py，分别实现向数据中添加图书和修改图书两个功能，具体实现流程如下所述。

源码路径：daima\3\3-1\BookManger\books_rwdb.py

● 在方法__init__()中初始化导航链接，对应的实现代码如下所示。

```
define("port", default=8001, help="请运行在给定的端口", type=int)
class Application(tornado.web.Application):
    def __init__(self):
        handlers = [
            (r"/", MainHandler),
```

```
        (r"/recommended/", RecommendedHandler),
        (r"/edit/([0-9Xx\-]+)", BookEditHandler),
        (r"/add", BookEditHandler)
    ]
```

图 3-5　执行效果

● 配置本项目的模板文件路径、静态文件路径和 UI 模块，对应的实现代码如下所示。

```
settings = dict(
    template_path=os.path.join(os.path.dirname(__file__), "templates"),
    static_path=os.path.join(os.path.dirname(__file__), "static"),
    ui_modules={"Book": BookModule},
    debug=True,
    )
```

● 设置连接 MongoDB 数据库的参数，对应的实现代码如下所示。

```
conn = pymongo.MongoClient("localhost", 27017)
self.db = conn["bookstore"]
tornado.web.Application.__init__(self, handlers, **settings)
```

● 在对象 MainHandler 中，使用方法 get()请求渲染主页 index.html，并显示数据库中已
经存在的图书信息，对应的实现代码如下所示。

```
class MainHandler(tornado.web.RequestHandler):
    def get(self):

        self.render(
          "index.html",
```

```
            page_title = "图书管理 | 主页",
            header_text = "欢迎使用图书管理系统!",
        )
```

● 在对象 BookEditHandler 中实现修改图书功能，函数 get()的功能是从数据库中获取图书信息，查询数据库中指定 ISBN 的图书信息，并将查询的信息传递给模板，在表单中显示出这本图书的原始信息。

```
class BookEditHandler(tornado.web.RequestHandler):
    def get(self, isbn=None):
        book = dict()
        if isbn:
            coll = self.application.db.books
            book = coll.find_one({"isbn": isbn})
        self.render("book_edit.html",
            page_title="图书系统",
            header_text="修改图书",
            book=book)
```

● 在对象 BookEditHandler 中，通过方法 post()实现图书修改和添加新书功能。其中添加图书功能对应的链接是/add，可以通过表单向数据库中添加一本新的图书信息；而修改图书是指修改数据库中某本已存在图书信息，此功能对应的链接是/edit/([0-9Xx\-]+)，后面的([0-9Xx\-]+)参数表示这本图书的 ISBN，通过此链接可以修改一本已存在的图书信息，对应的实现代码如下所示。

```
    def post(self, isbn=None):
        import time
        book_fields = ['isbn', 'title', 'subtitle', 'image', 'author',
            'date_released', 'description']
        coll = self.application.db.books
        book = dict()
        if isbn:
            book = coll.find_one({"isbn": isbn})
        for key in book_fields:
            book[key] = self.get_argument(key, None)

        if isbn:
            coll.save(book)
        else:
            book['date_added'] = int(time.time())
            coll.insert(book)
        self.redirect("/recommended/")

class RecommendedHandler(tornado.web.RequestHandler):
    def get(self):
        coll = self.application.db.books
        books = coll.find()
        self.render(
```

```
                "recommended.html",
                page_title = "图书管理 | 主页",
                header_text = "欢迎使用图书管理系统!",
                books = books
            )
```

- 通过 BookModule 对象显示数据库中的图书信息，对应的实现代码如下所示。

```
class BookModule(tornado.web.UIModule):
    def render(self, book):
        return self.render_string(
            "modules/book.html",
            book=book,
        )
```

- 分别调用静态 CSS 文件和 JS 文件，对应的实现代码如下所示。

```
    def css_files(self):
        return "css/recommended.css"

    def javascript_files(self):
        return "js/recommended.js"
```

4）图书修改功能的模板文件是 book_edit.html，具体实现代码如下所示。

源码路径：daima\3\3-1\BookManger\templates\book_edit.html

```
{% extends "main.html" %}
{% autoescape None %}

{% block body %}
<form method="POST">
    ISBN <input type="text" name="isbn"
        value="{{ book.get('isbn', '') }}"><br>
    书名<input type="text" name="title"
        value="{{ book.get('title', '') }}"><br>
    标题<input type="text" name="subtitle"
        value="{{ book.get('subtitle', '') }}"><br>
    图片<input type="text" name="image"
        value="{{ book.get('image', '') }}"><br>
    作者<input type="text" name="author"
        value="{{ book.get('author', '') }}"><br>
    出版时间<input type="text" name="date_released"
        value="{{ book.get('date_released', '') }}"><br>
    内容简介<br>
    <textarea name="description" rows="5"
        cols="40">{% raw book.get('description', '')%}</textarea><br>
    <input type="submit" value="Save">
</form>
{% end %}
```

65

添加新图书界面执行效果如图 3-6 所示。单击图 3-5 中的"编辑"链接后会来到图书修改界面,在此界面中显示修改此图书信息的表单,执行效果如图 3-7 所示。

图 3-6　添加新图书界面效果　　　　　　　图 3-7　图书修改界面

3.2　使用 MySQL 数据库实现持久化 Web 服务

在 Python 2 版本中使用库 mysqldb;在 Python 3.x 版本中,使用内置库 PyMySQL 来连接 MySQL 数据库服务器。PyMySQL 完全遵循 Python 数据库 API v2.0 规范,并包含了 pure-Python MySQL 客户端库。本节将介绍使用 Tornado 框架结合 MySQL 数据库实现持久化 Web 服务的知识。

3.2.1　搭建 PyMySQL 数据库环境

在使用 PyMySQL 数据库之前,必须先安装 PyMySQL。PyMySQL 的下载地址是 https://github.com/PyMySQL/PyMySQL。如果还没有安装,可以使用如下命令安装最新版的 PyMySQL。

```
pip install PyMySQL
```

安装成功后的效果如图 3-8 所示。
如果当前系统不支持 pip 命令,可以使用如下两种方式进行安装。
1)使用 git 命令下载安装包安装。

```
$ git clone https://github.com/PyMySQL/PyMySQL
$ cd PyMySQL/
```

```
$ python3 setup.py install
```

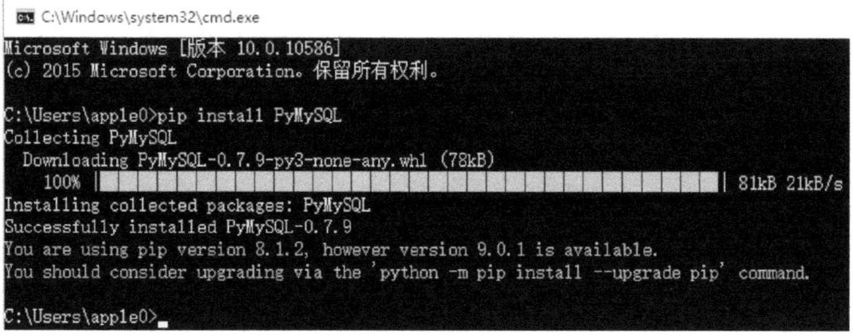

图 3-8　CMD 界面

2）如果需要指定版本号，可以使用 curl 命令进行安装。

```
$ # X.X 为 PyMySQL 的版本号
$ curl -L https://github.com/PyMySQL/PyMySQL/tarball/pymysql-X.X | tar xz
$ cd PyMySQL*
$ python3 setup.py install
$ # 现在可以删除 PyMySQL* 目录
```

注意：必须拥有 root 权限才可以安装上述模块。另外，在安装的过程中可能会出现 ImportError: No module named setuptools 错误提示，这个提示的意思是没有安装 setuptools，可以访问 https://pypi.python.org/pypi/setuptools 找到各个系统的安装方法。例如，在 Linux 系统中的安装实例如下所示。

```
$ wget https://bootstrap.pypa.io/ez_setup.py
$ python3 ez_setup.py
```

3.2.2　简易会员登录系统

下面的实例实现了一个简单的会员登录系统，具体实现流程如下所述。

源码路径：daima\3\3-2\template\login.html

1）在 template 文件夹下编写登录表单文件 login.html，主要实现代码如下所示。

```
<!DOCTYPE html>
<html lang="en">
<head>
    <meta charset="UTF-8">
    <title>Title</title>
</head>
<body>
    <form method="post" action="/login">
        <input type="text" name="username" placeholder="用户名"/>
        <input type="text" name="pwd" placeholder="密码"/>
        <input type="submit" value="提交" />
    </form>
```

67

```
</body>
</html>
```

2）打开 MySQL 数据库，创建数据库 denglu，然后在数据库中新建 userinfo 数据表，表的结构如图 3-9 所示。

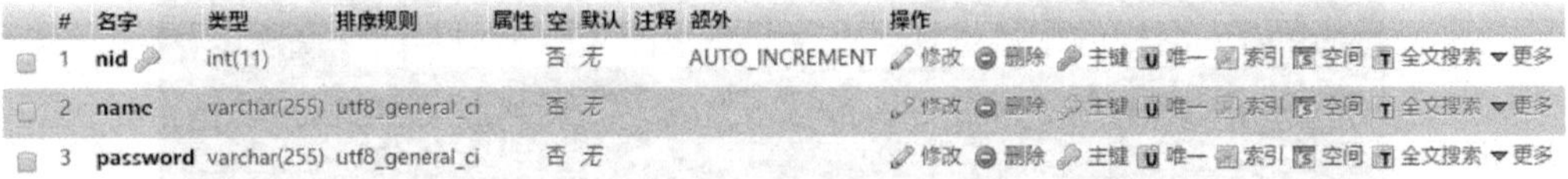

#	名字	类型	排序规则	属性	空	默认	注释	额外	操作
1	nid	int(11)			否	无		AUTO_INCREMENT	修改 删除 主键 唯一 索引 空间 全文搜索 更多
2	name	varchar(255)	utf8_general_ci		否	无			修改 删除 主键 唯一 索引 空间 全文搜索 更多
3	password	varchar(255)	utf8_general_ci		否	无			修改 删除 主键 唯一 索引 空间 全文搜索 更多

图 3-9　表 userinfo 的结构

然后在 MySQL 数据库中添加两条合法的用户数据，如分别输入如下两组用户信息。
- 用户名：123，密码：123。
- 用户名：admin，密码：admin。

3）编写主程序文件 app.py，建立和上述 MySQL 数据库的连接，获取用户在登录表单中的数据。如果登录数据合法则输出"登录成功"的提示，如果非法则输出"登录失败"的提示。文件 app.py 的具体实现代码如下所示。

源码路径：daima\3\3-2\app.py

```python
import tornado.ioloop
import tornado.web
import pymysql

class LoginHandler(tornado.web.RequestHandler):
    def get(self):
        self.render('login.html')

    def post(self, *args, **kwargs):
        username = self.get_argument('username', None)
        pwd = self.get_argument('pwd', None)

        # 创建数据库连接
        conn = pymysql.connect(host='localhost', port=3306, user='root', passwd='66688888',
db='denglu')
        cursor = conn.cursor()

        # %s 要加上'' 否则会出现KeyboardInterrupt 的错误
        temp = "select name from userinfo where name='%s' and password='%s'" % (username, pwd)
        effect_row = cursor.execute(temp)
        result = cursor.fetchone()
        conn.commit()
        cursor.close()
        conn.close()

        if result:
            self.write('登录成功！')
```

```
        else:
            self.write('登录失败！')


settings = {
    'template_path': 'template',
}


application = tornado.web.Application([
    (r"/login", LoginHandler),
], **settings)


if __name__ == "__main__":
    application.listen(8000)
    tornado.ioloop.IOLoop.instance().start()
```

← → C ⓘ localhost:8000/login

⦂⦂⦂ 应用 Problem Solving wit Pyth

登录成功！

图 3-10　执行效果

例如，输入用户名 123 和密码 123 后的执行效果如图 3-10 所示。

注意：在上述代码中，使用字符串拼接的方式会导致 SQL 注入。可以将上面的 SQL 代码行修改为如下所示的代码，这样可以提高程序的安全性。

```
# 防止 SQL 注入
effect_row = cursor.execute("select name from userinfo where name='%s' and password=
'%s'",(username, pwd,))
```

3.3　使用 ORM 实现持久化 Web 服务

对象关系映射（Object Relational Mapping，ORM）用于实现面向对象编程语言中不同类型系统的数据之间的转换。本节将详细讲解在 Python 语言中使用 Tornado+ORM 开发动态 Web 程序的知识。

3.3.1　Python 和 ORM

在现实应用中有很多不同的数据库工具，其中的大部分数据库工具都包含对应的 Python 接口。但是在使用这些数据库工具时，使用者必须掌握 SQL 语言的知识。如果开发者希望不使用 SQL 也可实现数据库操作，一种最常见的替代方案是使用 ORM。

ORM 系统的功能是将纯 SQL 语句进行抽象化处理，处理后和 Python 中的对象一一对应，这样开发者只要操作这些对象就能实现与对应 SQL 语句相同的功能。在 ORM 系统中，传统的数据库表用 Python 类来表示，一个数据表对应一个 Python 类。其中的数据列对应 Python 类的属性，而数据库操作则对应 Python 类中的方法。这样整个程序的数据库操作清晰明了，十分适合开发大型项目。

在开发 Python 程序的过程中，常用的 Python ORM 有 SQLAlchemy（http://www.sqlalchemy.org）和 SQLObject（http://sqlobject.org）。另外，还包括 Storm、PyDO/PyDO2、PDO、Dejavu、Durus、QLime 和 ForgetSQL 等。著名的 Web 框架通常会有它们自己的 ORM 模块，如 Django 框架的数据库 API。读者需要注意的是，并不是所有知名的 ORM 都适合自己的应用程序，需要根据实际情况来选择。

3.3.2 使用 SQLAlchemy

在 Python 程序中，最著名的 Python ORM 是 SQLAlchemy，在使用 SQLAlchemy 之前需要先通过如下命令进行安装。

```
easy_install SQLAlchemy
```

安装成功后的效果如图 3-11 所示。

图 3-11 安装 SQLAlchemy

下面的实例演示了使用 Tornado+SQLAlchemy 开发一个在线留言板系统的过程。

1）打开 MySQL 数据库，创建一个名为 test_database 的数据库。

2）在文件 settings.py 中设置 MySQL 数据库的连接信息和管理员账号信息，主要实现代码如下所示。

源码路径：daima\3\3-3\settings.py

```
SETTINGS = dict(
    cookie_secret=base64.b64encode(uuid.uuid4().bytes + uuid.uuid4().bytes),
    xsrf_cookies=True,
    template_path=os.path.join(os.path.dirname(__file__), "templates"),
debug=True,
    login_url='/login',

    # 数据库相关设置
```

```
database_user="root",
database_password="66688888",
database_name="test_database",

# 管理员账户
admin_user = 'admin',
admin_password = '123456'
)
```

3）编写文件 models.py，功能是在数据库 test_database 中创建指定的数据表，然后建立和数据库的连接，主要实现代码如下所示。

源码路径：daima\3\3-3\models.py

```
class Message(Base):
    __tablename__ = 'messages_board'

    id = Column(Integer(), primary_key=True)
    content = Column(String(200))
    ip_address = Column(String(50))
    created = Column(DateTime(), default=datetime.now)

    def __repr__(self):
        return "{}:{} -- {}".format(self.id, self.ip_address, self.created)


db_connect_string = "mysql://{}:{}@localhost:3306/{}?charset=utf8"\
                .format(SETTINGS['database_user'], SETTINGS['database_password'],
SETTINGS["database_name"])
engine = create_engine(db_connect_string)
SessionType = scoped_session(sessionmaker(bind=engine, expire_on_commit=False))


def get_session():
    return SessionType()


@contextmanager
def session_scope():
    session = get_session()
    try:
        yield session
        session.commit()
    except:
        session.rollback()
        raise
    finally:
        session.close()
```

```
if __name__ == '__main__':
    import sys
    if len(sys.argv) > 1 and sys.argv[1] == 'create':
        Base.metadata.create_all(engine)

    with session_scope() as session:
        m = session.query(Message).filter(Message.id == 7).first()
        print(m)
```

在命令行中输入如下命令后，可以在数据库 test_database 中创建数据表 messages_board。

```
$ python models.py create
```

4）在主程序文件 main.py 中通过 Tornado 框架实现基本的 Web 操作，包括将要在后面学习的 Cookie 操作、留言分页、发布新留言到数据库和管理员登录验证功能。其中和数据库操作相关的功能是通过 ORM 框架中的 SQLAlchemy 技术实现的。文件 main.py 的主要实现代码如下所示。

源码路径：daima\3\3-3\main.py

```
class BaseHandler(tornado.web.RequestHandler):
    def get_current_user(self):
        session_id = self.get_secure_cookie("session_id")
        return dict_sessions.get(session_id)



class MainHandler(BaseHandler):

    def get(self):
        with session_scope() as session:
                messages = session.query(Message).order_by(desc(Message.created)).all()

        # 分页功能
        page_num = len(messages) // 10 + 1
        page = self.get_query_argument("page", 1)
        messages = messages[(page-1) * 10: page * 10]
        next = True if page < page_num else False
        prev = True if page > 1 else False

        self.render('index.html', messages=messages, user=self.get_current_user(),
                next=next, prev=prev, page=page, page_num=page_num)

def post(self):
message = self.get_argument('message')
if message:
with session_scope() as session:
```

```
                m = Message(content=message, ip_address=self.request.remote_ip)
        session.add(m)
        self.redirect('/')


class LoginHandler(BaseHandler):
    def get(self):
        self.render("login.html")

    def post(self):
        user = self.get_argument('username')
        password = self.get_argument('password')
        if (user != SETTINGS['admin_user']) or (password != SETTINGS['admin_password']):
            self.redirect('/login')
        else:
            session_id = str(uuid.uuid1())
            dict_sessions[session_id] = user
            self.set_secure_cookie("session_id", session_id)
            self.redirect('/')


class DeleteHandler(BaseHandler):
    @tornado.web.authenticated
    def get(self):
        id_ = self.get_argument("id")
        with session_scope() as session:
            m = session.query(Message).filter(Message.id == id_).first()
            if m:
                session.delete(m)
        self.redirect('/')


if __name__ == '__main__':
    app = tornado.web.Application([
        (r'/', MainHandler),
        (r'/login', LoginHandler),
        (r'/delete', DeleteHandler),
    ], **SETTINGS,)
    app.listen(8000)
    tornado.ioloop.IOLoop.current().start()
```

通过上述代码调用了 templates 文件夹中的模板文件 index.html 和 login.html。在浏览器中输入 localhost:8000，可以测试程序，新发布的留言信息可以被保存到 MySQL 数据库中。执行效果如图 3-12 所示。

图 3-12 执行效果

3.4 使用 MariaDB 数据库实现持久化 Web 服务

MariaDB 是一种开源数据库，是 MySQL 数据库的一个分支。因为某些历史原因，有不少用户担心 MySQL 数据库会停止开源，所以 MariaDB 逐步发展成为 MySQL 的替代品之一。本节将详细讲解使用 MariaDB 实现持久化 Web 服务的知识。

3.4.1 搭建 MariaDB 数据库环境

MariaDB 是一款经典的关系数据库产品，搭建 MariaDB 数据库环境的基本流程如下所述。

1）登录 MariaDB 官网下载页面 https://downloads.mariadb.org/，单击 Download 10.4.8 Stable Now!按钮如图 3-13 所示。

2）具体下载页面如图 3-14 所示。在此需要根据计算机系统的版本进行下载，例如，笔者的计算机是 64 位的 Windows 10 系统，所以选择 mariadb-10.1.20-winx64.msi 进行下载。

图 3-13　MariaDB 官网下载页面

File Name	Package Type	OS / CPU	Size	Meta
Galera 26.4.2 source and packages		Source		
For best results with RPM and DEB packages, use the Repository Configuration Tool.				
mariadb-10.4.8.tar.gz	source tar gz file	Source	78.3 MB	Checksum Instructions
mariadb-10.4.8-winx64-debugsymbols.zip	ZIP file	Windows x86_64	101.8 MB	Checksum Instructions
mariadb-10.4.8-winx64.msi	MSI Package	Windows x86_64	56.5 MB	Checksum Instructions
mariadb-10.4.8-winx64.zip	ZIP file	Windows x86_64	64.1 MB	Checksum Instructions
mariadb-10.4.8-win32.msi	MSI Package	Windows x86	52.1 MB	Checksum Instructions
mariadb-10.4.8-win32.zip	ZIP file	Windows x86	59.1 MB	Checksum Instructions
mariadb-10.4.8-win32-debugsymbols.zip	ZIP file	Windows x86	76.0 MB	Checksum Instructions
mariadb-10.4.8-linux-glibc_214-x86_64.tar.gz (requires GLIBC_2.14+)	gzipped tar file	Linux x86_64	877.5 MB	Checksum Instructions

图 3-14　具体下载页面

3）下载完成后会得到一个安装文件 mariadb-10.4.8-winx64.msi，双击这个文件后弹出欢迎安装对话框，如图 3-15 所示。

4）单击 Next 按钮在用户协议对话框勾选 I accept the terms in the License Agreement 复选框，单击 Next 按钮，如图 3-16 所示。

5）在典型设置对话框设置程序文件的安装路径，单击 Next 按钮，如图 3-17 所示。

6）在设置密码对话框设置管理员用户 root 的密码，单击 Next 按钮，如图 3-18 所示。

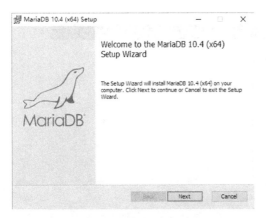

图 3-15　欢迎安装对话框

图 3-16　用户协议对话框

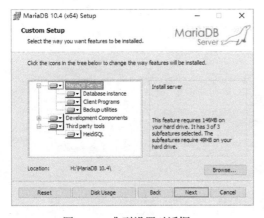

图 3-17　典型设置对话框

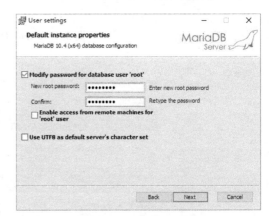

图 3-18　设置密码对话框

7）在默认实例属性对话框设置服务器名字和 TCP 端口号，单击 Next 按钮，如图 3-19 所示。

8）在准备安装对话框，单击 Install 按钮，如图 3-20 所示。

图 3-19　默认实例属性对话框

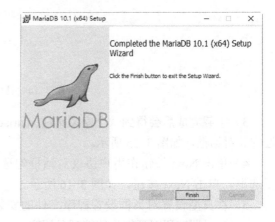

图 3-20　准备安装对话框

9）此时出现安装进度条对话框，开始安装 MariaDB，如图 3-21 所示。

10）安装进度完成后弹出完成安装对话框，单击 Finish 按钮完成安装。如图 3-22 所示。

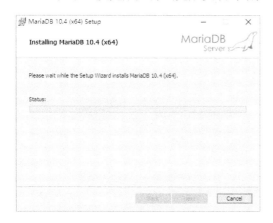
图 3-21　安装进度条对话框

图 3-22　完成安装对话框

3.4.2　在 Python 程序中使用 MariaDB 数据库

当在 Python 程序中使用 MariaDB 数据库时，需要下载、安装并加载 Python 语言的第三方库 MySQL Connector Python。下载并安装的过程非常简单，只需在控制台中执行如下命令即可实现。

```
pip install mysql-connector
```

安装成功时的效果如图 3-23 所示。

图 3-23　第三方库下载并安装成功

3.4.3　使用 Tornado+MariaDB 开发简易博客系统

下面的实例演示了使用 Tornado+MariaDB 开发一个简易版个人博客系统的过程。该博客系统具有发布博客信息、博客列表、浏览博客信息、学习资料上传和学习资料下载的功能。其中发布的博客信息将通过 MariaDB 被存储到 MySQL 数据库，然后通过读取数据库数据的方式显示博客信息。

1）文件 mariadb.sql 中不但包含了创建数据库表的 SQL 语句，还包含了添加几条数据信息的 SQL 代码。

2）在文件 url.py 中设置整个 Web 站点中包含的 URL 页面路径，主要实现代码如下所示。

源码路径：daima\3\3-4\url.py

```
url = [
    (r"/", HtmlHandler),
    (r"/file", FileHandler),
    (r"/createart", CreateHandler),
    (r"/uploadImages", ImageHandler),
    (r"/.+?\.html", HtmlHandler),
    (r".+?", ResourceHandler)
]
```

3）编写程序文件 test.py，具体实现流程如下所述。

● 通过 conn 建立和指定数据库的连接。

● 编写函数 createart()向数据库中添加新发布的博客信息。

● 编写函数 generate_articles_list()获取数据库中的博客信息并以列表分页的样式显示出来。

● 编写函数 generate_article()查询数据库中指定 ID 号的某条博文，并详细显示这条博文的内容。

● 通过函数 getcate_count()统计数据库中保存的博客分类信息。

文件 test.py 的主要实现代码如下所示。

源码路径：daima\3\3-4\mariadb\test.py

```
category_dict = {'Python': '1', 'C': '2', 'Java': '3', 'Android': '4', 'Html': '5',
'Linux': '6', 'Mysql': '7', 'Collection': '8', 'Other': '10', 'recommend': '%'
                }
# 连接数据库
conn = Mysql.connect(host='127.0.0.1', user='root',
                passwd='66688888', db='blog')


def createart(u_id, title, summary='', key_words='', category='10', image_url='b', content=''):
    fin_image_url = image_url
    # 获得一个游标
    cur = conn.cursor()
    # 执行SQL语句   (返回值是查询表中的行数，影响的行数)
    cmd = "Insert into articles values(0,'%s','%s','%s','%s',%s,'%s',0,'%s','%s'); " % (
        Mysql.escape_string(title), Mysql.escape_string(summary), Mysql.escape_string
(content), key_words, category, datetime.now(), fin_image_url,u_id)
    countadd = 'update category set sum=sum+1 where id = ' + category + ';'
    try:
        cur.execute(cmd)
```

```
        cur.execute(countadd)
            # 提交
            conn.commit()
        except Exception as e:
            # 错误回滚
            print(e)
            conn.rollback()
        # finally:
        #     conn.close()
        return True


    def generate_articles_list(category='%', page=0):
        if category == 99:
            category = '%'
        cur = conn.cursor()
        # 执行 SQL 语句 (返回值是查询表中的行数, 影响的行数)
        cmd = 'select image_url,title,summary,Key_words,creatime,read_num,id from articles where
category like "' + \
            str(category) + '" order by id desc limit ' + str(page * 8) + ',8;'
        # print(cmd)
        cur.execute(
            'select image_url,title,summary,Key_words,creatime,read_num,id from articles where
category like "' + str(category) + '" order by id desc limit ' + str(page * 8) + ',8;')
        # 获取数据库的信息
        data = cur.fetchall()
        return data


    def generate_article(id='1'):
        cur = conn.cursor()
        # 执行 SQL 语句 (返回值是查询表中的行数, 影响的行数)
        cur.execute(
            'select title,creatime,read_num,summary,content,category from articles where id=' + id)
        # 获取数据库的信息
        data = cur.fetchone()
        return data


    def getcate_count():
        cur = conn.cursor()
        # 执行 SQL 语句 (返回值是查询表中的行数, 影响的行数)
        cur.execute(
            'select sum from category;')
        # 获取数据库的信息
        data = cur.fetchall()
        return data
```

4）编写文件 resource.py。通过类 ResourceHandler 实现文件资源的管理，通过类 Image
Handler 实现图片上传处理，通过类 CreateHandler 获取博客发布表单中的数据信息，通过类

FileHandler 实现上传文件接收处理。文件 resource.py 的主要实现代码如下所示。

源码路径：daima\3\3-4\handlers\resource.py

```
class ResourceHandler(RequestHandler):
    """文件资源处理"""

    def get(self):
        print('ResourceHandler', self.request.uri)
        try:
            self.write(open('static' + self.request.uri, 'rb').read())
        except FileNotFoundError:
            self.write_error(404)

    def write_error(self, status_code, **kwargs):
        if status_code == 404:
            self.write('404 Not Found')
        else:
            self.write('error:' + str(status_code))


class ImageHandler(RequestHandler):
    """CKeditor 图片上传功能代码"""

    def post(self):
        file_metas = self.request.files.get(
            'upload', None)  # 提取表单中 'name' 为 'file' 的文件元数据
        filename = ''
        for meta in file_metas:
            filename = meta['filename']
            file_path = 'static/blog_img/' + filename

            with open(file_path, 'wb') as up:
                up.write(meta['body'])
            print('save finish')
        print("file")
        json_res = {
            "uploaded": True,
            "url": 'static/blog_img/' + filename
        }
        self.write(json_res)
        self.flush()


class CreateHandler(RequestHandler):
    """添加文章处理"""

    def post(self):
        u_id = str(self.get_argument('u_id'))
        title = str(self.get_argument('title'))
        key_words = str(self.get_argument('key_words'))
```

```
            category = str(self.get_argument('category'))
            image_url = str(self.get_argument('image_url'))
            summary = str(self.get_argument('summary'))
            content = str(self.get_argument('content'))
            if(createart(u_id, title, summary, key_words, category, image_url, content)):
                print("articles insert finish")
            else:
                self.set_status(201)
                self.flush()


class FileHandler(RequestHandler):
    """上传文件接收"""

    def post(self):
        file_metas = self.request.files.get(
            'file', None)  # 提取表单中 'name' 为 'file' 的文件元数据

        if not file_metas:
            self.set_status(201)
            return

        for meta in file_metas:
            filename = meta['filename']
            file_path = 'static/file/' + filename
            if os.path.exists(file_path):
                file_path = file_path + '_' + \
                    time.strftime("%Y-%m-%d %H:%M:%S")
            with open(file_path, 'wb') as up:
                up.write(meta['body'])
        self.set_status(200)
        self.flush()
```

5）编写文件 html.py。首先通过函数 ls_all_file()遍历 filepath 下的所有文件，包括子目录；然后编写类 HtmlHandler 处理和模板文件相关的 HTML 解析，生成指定的静态 HTML 文件的链接参数。文件 html.py 的主要实现代码如下所示。

　　源码路径：daima\3\3-4\handlers\html.py

```
def ls_all_file(filepath, flist):
  # 遍历 filepath 下所有文件，包括子目录
  files = os.listdir(filepath)
  for fi in files:
    fi_d = os.path.join(filepath, fi)
    if os.path.isdir(fi_d):
      ls_all_file(fi_d, flist)
    else:
      flist.append(fi_d[12:])
```

```python
class HtmlHandler(RequestHandler):
  def get(self):
    # print('HtmlHandler:' + self.request.uri)
    if self.request.uri == '/' or self.request.uri == "/index.html":
      al = generate_articles_list()
      self.render('index.html', articles=al)
    elif self.request.uri[:11] == '/blog_list=':
      cate = category_dict[str(self.request.uri[11:13])]
      basecateurl = str(self.request.uri[:13])
      beforpage = "%02d" % (int(self.request.uri[13:15]) - 1)
      if beforpage == '-1':
        beforpage = '00'
      nextpage = "%02d" % (int(self.request.uri[13:15]) + 1)
      count = getcate_count()
      al = generate_articles_list(
          int(self.request.uri[11:13]), int(self.request.uri[13:15]))
      self.render('bloglist.html', articles=al, count=count,
              cate=cate, basecateurl=basecateurl, beforpage=beforpage, nextpage=nextpage)
    elif self.request.uri[:12] == '/article_id=':
      basecateurl = str(self.request.uri[:13])
      count = getcate_count()
      data = generate_article(self.request.uri[12:-5])
      cate = category_dict["%02d" % data[5]]
      self.render('article.html', count=count, data=data, cate=cate,
              basecateurl=basecateurl)
    elif self.request.uri == '/about.html':
      self.render('about.html')
    elif self.request.uri == '/write.html':
      self.render('cke_write.html')
    elif self.request.uri == '/share.html':
      self.render('share.html')
    elif self.request.uri == '/file.html':
      list = []
      ls_all_file('static/file', list)
      self.render('file.html', list=list)
```

6）编写文件 server.py，设置启动整个 Tornado Web 的参数，主要实现代码如下所示。

源码路径：daima\3\3-4\server.py

```python
def main():
    tornado.options.parse_command_line()
    http_server = tornado.httpserver.HTTPServer(
        application, max_buffer_size=1506270927)
    print("Development server is running at http://127.0.0.1:%s" % options.port)
    print("Quit the server with Control-C")
    # -----------修改----------------
    http_server.bind(options.port)
    http_server.start(1)
```

```
# ------------------------------
tornado.ioloop.IOLoop.instance().start()



if __name__ == "__main__":
    main()
```

7）最后查看执行效果，博客列表界面如图 3-24 所示，某条博客详情界面如图 3-25 所示。

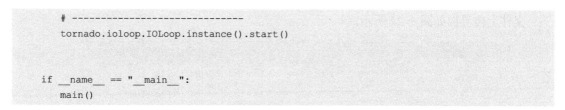

图 3-24　博客列表界面

图 3-25　某条博客详情界面

发表新博客的表单界面如图 3-26 所示。

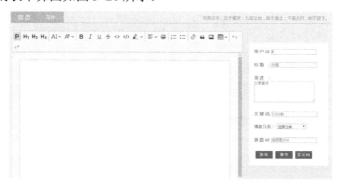

图 3-26　发表新博客的表单界面

文件上传界面如图 3-27 所示。

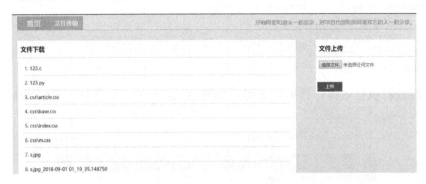

图 3-27　文件上传界面

第4章
开发异步 Web 程序

在开发动态 Web 程序的过程中，人们往往会非常关心整个项目的异步处理功能，毕竟 Web 项目对执行效率的要求非常高，能够直接影响用户的使用体验。作为一款著名的 Web 开发框架，Tornado 通过使用自身的异步处理功能可以更加容易地处理非阻塞请求，并且能够更好地提高 Web 程序的可扩展性。本章将详细讲解 Tornado 实现异步请求的基础知识，并讲解使用 Tornado 推送技术更高效地编写简单 Web 应用程序的过程。

4.1 同步和异步基础

异步和同步是两个相对的概念，因为异步处理的效率更高，所以经常被用在大型 Web 程序中。在现实应用中，最常见的异步处理技术是 Ajax。本节将简要介绍 Python 同步和异步处理的知识。

4.1.1 同步处理

当浏览器向服务器发送请求时，如果使用同步请求，服务器将响应的数据直接传送给浏览器的内存，这样会覆盖浏览器内存中原有的数据。浏览器在接收到响应的数据后，只能向浏览用户显示服务器端返回的数据，无法显示发送请求之前在浏览器中添加的数据。

当使用同步请求与服务器进行数据交互的时候，浏览器和服务器之间是多对一的关系。因为同步方式是直接与服务器进行数据交互的，所以当页面中需要与服务器数据交互的操作较少或者需要回显的数据较少时，推荐使用同步方式处理。

但是同步方式有很大的弊端，在服务器处理用户请求的过程中，浏览器一直处于等待服务器结果的状态，用户无法在页面上进行其他的操作。试想一下，如果在页面中有大量的信息，此时使用同步请求与服务器进行交互，还需要向浏览器端页面显示数据，这需要开发者在后台代码中同时开发处理数据和处理请求的代码，这类代码的编写非常麻烦，极大地降低了开发效率。

4.1.2　异步处理

通过使用异步处理，可以使浏览器给服务器发送请求时，浏览器在服务器处理请求的过程中不用处于等待状态。并且在浏览器接收服务器端发送来的响应数据时，不用再重新加载整个页面。也就是说浏览器不会丢失在发送请求之前的数据，并且可以实现页面中局部内容的刷新功能。

在现实应用中，最常见的异步处理技术是 Ajax 的异步请求模型。在同步请求模型中，浏览器直接向服务器发送请求，并且直接接收和处理服务器发送来的响应数据。这样浏览器在发送完一个请求后，会等待服务器端处理请求，然后响应处理后的请求，在此期间浏览器端不能做其他事情。这好像租房子或买房子的过程，可以自己去找，找合适自己的那一个，然后跟房东谈具体价格。在找房的时候自己可能没时间去工作。还有一种找房子的方式是选择一家房产中介，在中介找房子的过程中自己可以去工作。

异步处理类似于上述房产中介帮忙找房子的模式，例如，在 Ajax 技术中，浏览器把请求工作交给代理对象 XMLHttpRequest 来完成。代理对象负责向服务器发起浏览请求，并接收和解析服务器响应后的数据，然后把响应数据显示到浏览器中的某个局部控件上，从而实现了页面中的局部内容的刷新功能。异步请求使浏览器不用等待服务器处理请求，不用重新加载整个页面来展示服务器响应的数据，在异步请求发送的过程中浏览器还能进行其他的操作。

4.1.3　Python 中的同步和异步处理

Python 语言同时支持同步处理和异步处理，下面的实例文件 tong.py 演示了用两个函数模拟两个客户端请求并依次进行处理的过程。

源码路径：daima\4\4-1\tong.py

```python
def req_a():
    """模拟请求a"""
    print('开始处理请求a')
    print('完成处理请求a')


def req_b():
    """模拟请求b"""
    print('开始处理请求b')
    print('完成处理请求b')


def main():
    req_a()
    req_b()
```

```
if __name__ == "__main__":
main()
```

执行后会输出如下信息。

```
开始处理请求 a
完成处理请求 a
开始处理请求 b
完成处理请求 b
```

通过上述执行效果可知，同步处理会按照程序的编写顺序依次执行，在上一行代码未执行完之前不会执行下一步。在上述实例中，先处理 a 的请求，处理完毕再处理 b 的请求。

假设项目提出了新的要求：在处理请求 a 时必须执行一个耗时的工作（如 I/O 文件读写），其执行过程如下面的实例文件 hao.py 所示。

源码路径：daima\4\4-1\hao.py

```
import time

def long_io():
    """模拟耗时 IO 操作"""
    print("开始执行 IO 操作")
    time.sleep(5)
    print("完成 IO 操作")
    return("IO 操作结束")

def req_a():
    print("开始处理请求 a")
    ret = long_io()
    print("ret: %s" % ret)
    print("完成处理请求 a")

def req_b():
    print("开始处理请求 b")
    print("完成处理请求 b")

def main():
    req_a()
    req_b()

if __name__ =="__main__":
    main()
```

执行后会输出如下信息。

```
开始处理请求 a
开始执行 IO 操作
完成 IO 操作
```

```
ret: IO 操作结束
完成处理请求 a
开始处理请求 b
完成处理请求 b
```

通过上述执行效果可知，比较耗时的操作会阻塞代码的执行，并且在 a 未被处理完之前不会执行 b。在现实应用中，需要使用异步来解决耗时操作阻塞代码执行的问题。将比较耗时的过程交给另外一个线程去执行，而主程序可以继续往下处理，当另外的线程执行完耗时操作后将结果反馈给主程序，这就是异步。在下面的实例文件 xian.py 中，使用线程机制来实现异步处理。

源码路径：daima\4\4-1\xian.py

```python
import time
import threading


def long_io(callback):
    """将耗时的操作交给另一线程来处理"""
    def fun(cb):  # 回调函数作为参数
        """耗时操作"""
        print ("开始执行 IO 操作")
        time.sleep(5)
        print ("完成 IO 操作，并执行回调函数")
        cb("io result")  # 执行回调函数
    threading._start_new_thread(fun, (callback,))  # 开启线程执行耗时操作


defon_huidiao(ret):
    """回调函数"""
    print ("开始执行回调函数 on_huidiao")
    print ("ret: %s" % ret)
    print ("完成执行回调函数 on_huidiao")


def req_a():
    print ("开始处理请求 a" )
    long_io(on_huidiao)
    print ("离开处理请求 a")


def req_b():
    print ("开始处理请求 b")
    time.sleep(2) #突出显示程序执行的过程
    print ("完成处理请求 b")


def main():
    req_a()
    req_b()
    while 1: #防止程序退出，保证可以执行完线程
```

```
    pass

if __name__ == '__main__':
    main()
```

执行后会输出如下信息。

```
开始处理请求 a
离开处理请求 a
开始处理请求 b
开始执行 IO 操作
完成处理请求 b
完成 IO 操作,并执行回调函数
开始执行回调函数 on_huidiao
ret: io result
完成执行回调函数 on_huidiao
```

通过上述执行效果可以看出,异步的特点是原来属于同一个执行过程的代码可能会在不同的线程被同时执行。

在使用回调函数编写异步代码时,与同步程序的代码有很大的差别。在异步模式中需要将原来属于同一个执行逻辑(处理请求 a)的代码拆分成两个函数 req_a 和 on_huidiao。通过对比两段代码,会发现同步程序更加便于理解业务逻辑,这时读者肯定要问,能否用编写同步程序的方式来编写异步程序?当然可以,此时可以考虑用使用 yield 关键字实现。下面的实例文件 huidiao.py 演示了使用 yield 关键字辅助处理异步的过程。

源码路径:daima\4\4-1\huidiao.py

```
import time
import threading

gen = None # 全局生成器,供 long_io 使用

def gen_coroutine(f):
    def wrapper(*args, **kwargs):
        global gen
        gen = f()
        gen.__next__()
    return wrapper

def long_io():
    def fun():
        print ("开始执行 IO 操作")
        global gen
        time.sleep(5)
        try:
            print ("完成 IO 操作,唤醒挂起程序继续执行")
            gen.send("IO 处理完成")    # 使用 send 返回结果并唤醒程序继续执行
        except StopIteration:          # 捕获生成器完成迭代,防止程序退出
```

89

```
        pass
    threading._start_new_thread(fun, ())

@gen_coroutine
def req_a():
    print ("开始处理请求 a")
    ret = yield long_io()
    print ("ret: %s" % ret)
    print ("完成处理请求 a")


def req_b():
    print ("开始处理请求 b")
    time.sleep(2)
    print("完成处理请求 b")


def main():
    req_a()
    req_b()
    while 1:
        pass


if __name__ == '__main__':
    main()
```

在上述代码中，虽然函数 req_a 的编写方式类似于前面的同步代码，但是在主函数 main()中调用函数 req_a 时不能将其视为普通函数，而是需要将其作为生成器来对待。执行后会输出如下信息。

```
开始处理请求 a
开始处理请求 b
开始执行 IO 操作
完成处理请求 b
完成 IO 操作，唤醒挂起程序继续执行
ret: IO 处理完成
完成处理请求 a
```

可以继续对上述代码进行优化。在下面的实例文件 youhua.py 中，使用类似于前面同步程序的方式编写函数 req_a 和函数 main。

源码路径：daima\4\4-1\youhua.py

```
import time
import threading


gen = None # 全局生成器，供 long_io 使用


def gen_coroutine(f):
    def wrapper(*args, **kwargs):
```

```
        global gen
        gen = f()
        gen.__next__()
    return wrapper


def long_io():
    def fun():
        print ("开始执行 IO 操作")
        global gen
        time.sleep(5)
        try:
            print ("完成 IO 操作，唤醒挂起程序继续执行")
            gen.send("IO 执行完毕")    # 使用 send 返回结果并唤醒程序继续执行
        except StopIteration:          # 捕获生成器完成迭代，防止程序退出
            pass
    threading._start_new_thread(fun, ())


@gen_coroutine
def req_a():
    print ("开始处理请求 a")
    ret = yield long_io()
    print ("ret: %s" % ret)
    print ("完成处理请求 a")


def req_b():
    print ("开始处理请求 b")
    time.sleep(2)
    print ("完成处理请求 b")


def main():
    req_a()
    req_b()
    while 1:
        pass


if __name__ == '__main__':
    main()
```

执行后会输出如下信息。

```
开始处理请求 a
开始处理请求 b
开始执行 IO 操作
完成处理请求 b
完成 IO 操作，唤醒挂起程序继续执行
ret: IO 执行完毕
完成处理请求 a
```

4.2 Tornado 的异步 Web 请求

现实应用中，绝大部分 Web 应用程序都是阻塞的。大多数情况下，Tornado 能够以足够快的速度处理 Web 请求，这使得阻塞问题没有引起重视。但是对于那些需要一些时间来完成的操作，如海量的大数据应用、官方站点访问 API，阻塞问题很可能会引起系统崩溃。为了更好地处理海量数据的交互，Tornado 推出了自己的异步处理机制，能够开发出更加高效的 Web 程序。

4.2.1 Tornado 的异步处理机制

上一节的实例文件 youhua.py 中，虽然对异步处理的过程进行了优化，但是依然不够完美，因为存在一个全局变量 gen 供 long_io 使用的问题。接下来继续优化程序，消除全局变量 gen。下面的实例文件 jili.py 演示了消除全局变量 gen 的过程。

源码路径：daima\4\4-2\jili.py

```python
import time
import threading


def gen_coroutine(f):
    def wrapper(*args, **kwargs):
        gen_f = f()  # gen_f 为生成器 req_a
        r = gen_f.__next__()  # r 为生成器 long_io
        def fun(g):
            ret = g.__next__()  # 执行生成器 long_io
            try:
                gen_f.send(ret)  # 将结果返回给 a 并使其继续执行
            except StopIteration:
                pass
        threading._start_new_thread(fun, (r,))
    return wrapper


def long_io():
    print ("开始执行 IO 操作")
    time.sleep(5)
    print ("完成 IO 操作")
    yield "IO 操作结束"


@gen_coroutine
def req_a():
    print ("开始处理请求 a")
    ret = yield long_io()
    print ("ret: %s" % ret)
    print ("完成处理请求 a")


def req_b():
```

```
    print ("开始处理请求 b")
    time.sleep(2)
    print ("完成处理请求 b")

def main():
    req_a()
    req_b()
    while 1:
        pass

if __name__ == '__main__':
    main()
```

执行后会输出如下信息。

```
开始处理请求 a
开始处理请求 b
开始执行 IO 操作
完成处理请求 b
完成 IO 操作
ret: IO 操作结束
完成处理请求 a
```

上述最终优化版本就是理解 Tornado 异步编程原理的最简易模型，只是其实现异步的机制不是线程，而是 epoll。epoll 是目前实现高性能网络服务器的必备技术，Tornado 将异步过程交给 epoll 执行并进行监视回调。因为 epoll 主要用于解决网络 I/O 的并发问题，所以 Tornado 异步也主要体现在网络 I/O 的应用中，即异步 Web 请求。

在 Tornado 框架中，应用程序在等待上一个处理完成的过程中，打开 I/O 循环以便服务于其他客户端，处理完成后启动一个请求并给予反馈，而不再是等待请求处理完成的过程中挂起进程。

在 Tornado 框架中，和异步 Web 处理相关的接口如下所述。

（1）HTTPRequest

HTTPRequest 是 HTTP 的请求类，HTTPRequest 的构造函数可以接收众多构造参数，其中最为常用的如下所述。

- url（string）：表示要访问的 url，这是必传参数，除此之外均为可选参数。
- method（string）：表示 HTTP 的访问方式，如 GET 或 POST，默认为 GET。
- headers（HTTPHeaders or dict）：表示附加的 HTTP 协议头。
- body：表示 HTTP 请求的主体。

（2）HTTPResponse

HTTPResponse 是 HTTP 的响应类，其常用属性如下所述。

- code：表示 HTTP 的状态码，如 200 或 404。
- reason：表示状态码描述的信息。
- body：表示响应体字符串。

● error：表示异常（可有可无）。

（3）AsyncHTTPClient

AsyncHTTPClient 是 tornado.httpclinet 提供的一个异步 http 客户端。AsyncHTTPClient 的使用方法简单，有 callback 和 yield 两种使用方式。前者不会返回结果，而后者会返回 response。

下面的实例文件 yibu01.py 演示了使用 httpclient 访问百度主页的过程。

源码路径：daima\4\4-2\yibu01.py

```
import tornado.httpclient

http_client = tornado.httpclient.HTTPClient()
try:
    response = http_client.fetch("http://www.baidu.com/")
    print(response.body)
except Exception as e:
    print("Error:", e)
http_client.close()
```

执行后会输出百度主页的信息。

```
b'<!DOCTYPE html>\n<!--STATUS OK-->\n\r\n\r\n\r\n\r\n\r\n\r\n\r\n\r\n\r\n\r\n\r\n\r\n
\r\n\r\n\r\n\r\n\r\n\r\n\r\n\r\n\r\n\r\n\r\n\r\n\r\n\r\n\r\n\r\n\r\n\r\n\r\n\r\n\r\n\r
\r\n\r\n\r\n\r\n\r\n\r\n\r\n\r\n\r\n\r\n\r\n\r\n\r\n\r\n\r\n\r\n\r\n\t\r\n\r\n\r\n\r\n
\r\n\r\n\r\n\r\n\r\n\r\n\r\n\r\n\r\n\r\n\r\n\r\n\r\n\r\n\r\n\r\n\r\n\r\n\r\n\r\n\r\n
\r\n\r\n\r\n\r\n\r\n\r\n\t\r\n        \r\n\t\t\t         \r\n\t\r\n\t\t\t        \r\n\t\r\n\t\t\t
\r\n\t\r\n\t\t\t    \r\n\t\t\t    \r\n\r\n\r\n\t\r\n        \r\n\t\t\t        \r\n\t\r\n\t\t\t
\r\n\t\r\n\t\t\t                 \r\n\t\r\n\t\t\t                       \r\n\t\t\t
\r\n\r\n\r\n\r\n\r\n\n\n\n\n\n\n\n\n\n\n\n\n\n\n\n\n\n\n\n\n\n\n\n<html>\n<head>\n    \n    <meta http-
equiv="content-type" content="text/html;charset=utf-8">\n    <meta http-equiv="X-UA-Compatible"
 content="IE=Edge">\n\t<meta content="always" name="referrer">\n    <meta name="theme-color"
content="#2932e1">\n
///////////
后面省略
///////////
```

下面的实例文件 yibu02.py 演示了使用异步客户端 AsyncHTTPClient 访问百度主页的过程。

源码路径：daima\4\4-2\yibu02.py

```
import tornado.httpclient
def handle_request(response):
    if response.error:
        print("Error:", response.error)
    else:
        print(response.body)

http_client = tornado.httpclient.AsyncHTTPClient()
```

```
http_client.fetch("http://www.baidu.com/", handle_request)
tornado.ioloop.IOLoop.instance().start()
```

执行后会输出百度主页的信息。

```
b'<!DOCTYPE                            html>\n<!--STATUS                      OK--
>\n\r\n\r\n\r\n\r\n\r\n\r\n\r\n\r\n\r\n\r\n\r\n\r\n\r\n\r\n\r\n\r\n\r\n\r\n\r\n\r\
n\r\n\r\n\r\n\r\n\r\n\r\n\r\n\r\n\r\n\r\n\r\n\r\n\r\n\r\n\r\n\r\n\r\n\r\n\r\n\r\n
\r\n\r\n\r\n\r\n\r\n\r\n\r\n\r\n\t\r\n\r\n\r\n\r\n\r\n\r\n\r\n\r\n\r\n\r\n\r\n\r\n
\r\n\r\n\r\n\r\n\r\n\r\n\r\n\r\n\r\n\r\n\r\n\r\n\r\n\r\n\r\n\r\n\r\n\t\r\n
\r\n\t\t\t        \r\n\t\r\n\t\t\t        \r\n\t\r\n\t\t\t        \r\n\t\r\n\t\t\t
\r\n\t\t\t    \r\n\r\n\t\r\n        \r\n\t\t\t        \r\n\t\t\r\n\t\t\t        \r\n\t\r\n\t\t\t
\r\n\t\r\n\t\t\t                                                \r\n\t\t\t
\r\n\r\n\r\n\r\n\n\n\n\n\n\n\n\n\n\n\n\n\n\n\n\n\n\n<html>\n<head>\n  \n    <meta http-
equiv="content-type" content="text/html;charset=utf-8">\n  <meta http-equiv="X-UA-Compatible"
 content="IE=Edge">\n\t<meta content="always" name="referrer">\n      <meta name="theme-color"
content="#2932e1">\n
///////////
后面省略
///////////
```

上述两个实例文件 yibu01.py 和 yibu02.py 的区别是，yibu01.py 需要一直等待整个访问百度的请求完成，在完成之前 CPU 不做任何其他事情。而 yibu02.py 在发出访问百度的请求后可以继续做其他事情。

4.2.2　Tornado 异步处理相关装饰器

在 Tornado 框架中，有如下两个和异步处理相关的装饰器。

1．tornado.web.asynchronous

装饰器 asynchronous 通常被用在回调形式的异步处理方法中，并且仅用于 HTTP 方法，如 get()、post()等。装饰器 asynchronous 不会让被装饰的方法变为异步方法，而只是声明框架被装饰的方法是异步的，当方法返回时响应尚未完成。只有在 request handler 调用了方法 finish()后，才会结束本次请求处理并发送响应。不带有装饰器 asynchronous 的请求在返回 get()、post()等方法时，自动结束请求处理。

在 Tornado 框架中，装饰器 asynchronous 的功能是将访问请求变成长连接的方式，必须手动调用方法 self.finish()才会启用这个功能。也就是说，装饰器 asynchronous 不会自动调用 self.finish()，如果没有明确指定结束，该连接会一直保持，直到 pending 状态为止。

在下面的实例文件 yibu03.py 中，分别使用 yield gen.sleep(10)和 time.sleep(10)进行了阻塞测试。

源码路径：daima\4\4-2\yibu03.py

```
import time
import logging
import tornado.ioloop
import tornado.web
```

```
import tornado.options
from tornado import gen

tornado.options.parse_command_line()

class MainHandler(tornado.web.RequestHandler):
    @tornado.web.asynchronous
    def get(self):
        self.write("Python 是岸")
        self.finish()


class NoBlockingHnadler(tornado.web.RequestHandler):
    @gen.coroutine
    def get(self):
        yield gen.sleep(10)
        self.write('Blocking Request')


class BlockingHnadler(tornado.web.RequestHandler):
    def get(self):
        time.sleep(10)
        self.write('Blocking Request')

def make_app():
    return tornado.web.Application([
        (r"/", MainHandler),
        (r"/block", BlockingHnadler),
        (r"/noblock", NoBlockingHnadler),
    ], autoreload=True)

if __name__ == "__main__":
    app = make_app()
    app.listen(8000)
    tornado.ioloop.IOLoop.current().start()
```

运行上述文件，然后打开控制台，使用 **ab** 命令进行测试。

```
ab -c 5 -n 5 http://localhost:8001/noblock
```

在笔者的计算机中的测试结果如下所示。

```
Server Software:        TornadoServer/4.4.1
Server Hostname:        localhost
Server Port:            8000

Document Path:          /noblock
Document Length:        16 bytes

Concurrency Level:      5
```

```
Time taken for tests:    10.054 seconds
Complete requests:       5
Failed requests:         0
Total transferred:       1055 bytes
HTML transferred:        80 bytes
Requests per second:     0.50 [#/sec] (mean)
Time per request:        10053.669 [ms] (mean)
Time per request:        2010.734 [ms] (mean, across all concurrent requests)
Transfer rate:           0.10 [Kbytes/sec] received

Connection Times (ms)
min  mean[+/-sd] median   max
Connect:        1     2   1.1      3       4
Processing: 10025 10028   2.1   10029   10030
Waiting:    10017 10022   4.7   10025   10027
Total:      10029 10030   1.3   10031   10032

Percentage of the requests served within a certain time (ms)
  50%   10031
  66%   10032
  75%   10032
  80%   10032
  90%   10032
  95%   10032
  98%   10032
  99%   10032
 100%   10032 (longest request)
```

这说明当使用 yield gen.sleep(10)这个异步 sleep 时，其他请求是不阻塞的，耗费时间为10.054s。

在控制台中使用 ab 命令进行测试。

```
ab -c 5 -n 5 http://localhost:8001/block
```

在笔者的计算机中的测试结果如下所示。

```
Benchmarking localhost (be patient).....done


Server Software:        TornadoServer/4.4.1
Server Hostname:        localhost
Server Port:            8000

Document Path:          /block
Document Length:        16 bytes

Concurrency Level:      5
Time taken for tests:   51.142 seconds
Complete requests:      5
Failed requests:        0
```

```
Total transferred:        1055 bytes
HTML transferred:         80 bytes
Requests per second:      0.10 [#/sec] (mean)
Time per request:         51142.490 [ms] (mean)
Time per request:         10228.498 [ms] (mean, across all concurrent requests)
Transfer rate:            0.02 [Kbytes/sec] received

Connection Times (ms)
min mean[+/-sd] median  max
Connect:        1    1   0.5      2       2
Processing: 10011 30451 16338.0 35556   51121
Waiting:    10007 30445 16337.0 35550   51115
Total:      10013 30452 16338.0 35557   51123
WARNING: The median and mean for the initial connection time are not within a normal
deviation
        These results are probably not that reliable.

Percentage of the requests served within a certain time (ms)
  50%  30010
  66%  41104
  75%  41104
  80%  51123
  90%  51123
  95%  51123
  98%  51123
  99%  51123
 100%  51123 (longest request)
```

这说明当使用 time.sleep(10)时，会阻塞其他的请求，耗费时间为 51.142s，要比前面的异步方式慢很多。

2．tornado.gen.coroutine

在 tornado 框架中，装饰器 coroutine 可以让回调异步编程看起来像同步编程方式，这一功能是通过 Python 中的生成器函数 send 实现的。在生成器中，关键字 yield 会与函数中的 return 进行比较。可以将 yield 当成迭代器来对待，从而使函数 next()返回 yield 的结果。

注意：在 tornado 程序中，使用装饰器 gen.coroutine 编写异步函数后，如果库本身不支持异步，那么响应仍然是阻塞的。

下面的实例文件 yibu04.py 演示了使用 gen.coroutine 装饰器实现异步处理的过程。
源码路径：daima\4\4-2\yibu04.py

```python
tornado.options.parse_command_line()

class MainHandler(tornado.web.RequestHandler):
    @tornado.web.asynchronous
    def get(self):
        self.write("Python 是岸")
        self.finish()
```

```
class NoBlockingHnadler(tornado.web.RequestHandler):
    executor = ThreadPoolExecutor(4)

    @run_on_executor
    def sleep(self, second):
        time.sleep(second)
        return second

    @gen.coroutine
    def get(self):
        second = yield self.sleep(5)
        self.write('noBlocking Request: {}'.format(second))

def make_app():
    return tornado.web.Application([
        (r"/", MainHandler),
        (r"/noblock", NoBlockingHnadler),
    ], autoreload=True)

if __name__ == "__main__":
    app = make_app()
    app.listen(8000)
    tornado.ioloop.IOLoop.current().start()
```

在上述代码中，使用 ThreadPoolExecutor 让阻塞过程变成非阻塞过程，其原理是在
Tornado 本身这个线程之外另外启动一个线程来执行阻塞的程序，从而让 Tornado 变为非
阻塞。

运行上述文件，然后打开控制台，使用 ab 命令进行测试。

```
ab -c 5 -n 5 http://localhost:8001/noblock
```

在笔者的计算机中的测试结果如下所示。

```
Server Software:        TornadoServer/4.4.1
Server Hostname:        localhost
Server Port:            8000

Document Path:          /noblock
Document Length:        21 bytes

Concurrency Level:      5
Time taken for tests:   10.019 seconds
Complete requests:      5
Failed requests:        0
Total transferred:      1080 bytes
HTML transferred:       105 bytes
Requests per second:    0.50 [#/sec] (mean)
```

```
Time per request:          10018.643 [ms] (mean)
Time per request:          2003.729 [ms] (mean, across all concurrent requests)
Transfer rate:             0.11 [Kbytes/sec] received

Connection Times (ms)
min  mean[+/-sd] median   max
Connect:        1    2   1.4      2        4
Processing:  5013 6012 2227.1   5016     9996
Waiting:     5008 6007 2227.1   5012     9991
Total:       5016 6014 2228.3   5017    10000

Percentage of the requests served within a certain time (ms)
  50%    5017
  66%    5017
  75%    5017
  80%   10000
  90%   10000
  95%   10000
  98%   10000
  99%   10000
 100%   10000 (longest request)
```

结果显示耗时 10.019s，和前面的装饰器 asynchronous 方式类似。

注意：ThreadPoolExecutor 是 Python 语言标准库中的成员，是对标准库中多线程模块 threading 的封装。利用多线程的方式可以让阻塞函数异步化，这样解决了很多库不支持异步的问题。但是如果使用大量线程化的异步函数做一些高负载的活动，会加大 Tornado 的负担而变得响应缓慢。所以建议读者在处理一些小负载的工作时，可以使用 ThreadPoolExecutor 实现 Tornado 的异步非阻塞功能。但是如果要处理一个高负载的工作，不建议使用这种方式，可以考虑使用 Tornado+Celery 组合实现异步非阻塞功能。

4.3 Tornado 长轮询

轮询（Polling）是指无论 Web 服务器端的内容是否发生变化，在客户端都会定时向服务器端发送查询请求。轮询的结果可能是从服务器端传来新的信息，也有可能是一个空的信息。但是无论处理结果如何，客户端处理完本次操作到下一个预定时间点时，会继续下一次的轮询操作。本节将详细讲解 Tornado 框架实现长轮询的知识。

4.3.1 长轮询介绍

长轮询是指不停地循环向某个服务器发送请求，这样可以确保在第一时间获取服务器端的最新信息。现实应用中，长轮询通常分为两类。

（1）浏览器以固定时间间隔向服务器发送请求

这类轮询的缺点是既要确保轮询的频率足够快，又要保证不能太频繁，否则会同时有太多的客户端向服务器发送海量的请求，这样会使 Web 服务器的负担巨大，最终影响程序的响应效率。

（2）服务器推送

在轮询时需要保证浏览器和服务器之间的连接，当服务器数据发生变化时会向浏览器发送新的响应数据，然后关闭连接。当浏览器接收到新的响应后会发送新的请求，而服务器在发生数据变化时才会回传新的信息……一直重复上面的过程。服务器推送轮询的优点是减小了 Web 服务器的负载，实现了即时响应的用户体验效果。相对于上面的第一类轮询，无论客户端发送多少请求，服务器只在接受初始请求和再次发送响应时才会处理连接。如果在大部分时间内没有新的数据，连接过程不会消耗任何处理器资源。

4.3.2　开发一个购物车程序

下面的实例实现了一个简单的购物车程序，功能是根据多个购物者购买商品的数量及时更新库存，实现商品库存实时统计服务。多个购物者可以通过多个浏览器将商品添加到购物车中，根据用户单击"加入购物车"按钮的次数即时更新商品库存。

1）编写主程序文件 shop_cart.py（源码路径：daima\4\4-3\shop_cart.py）实现实时库存更新功能。通过使用 Tornado 内建的装饰器 asynchronous，实现了一个在调用初始化处理方法后不会立即关闭 HTTP 连接的 RequestHandler 子类。文件 shop_cart.py 的具体实现流程如下所述。

- 编写类 ShopCart 来维护库存中商品的数量，并编写方法 moveItemToCart()将某个商品加入到购物车列表中。当购物者操作购物车时，ShopCart 会为每个已注册的回调函数调用方法 on_message()。方法 on_message()将当前库存数量写入客户端并关闭连接。如果服务器不关闭连接，浏览器可能不知道已经完成请求，也不会发送已经发生过更新的通知。既然已经关闭了长轮询连接，那么必须在购物车控制器中删除已注册的回调函数列表中的回调函数，对应的实现代码如下所示。

```python
def moveItemToCart(self, session):
    if session in self.carts:
        return

    self.carts[session] = True
    self.notifyCallbacks()

def removeItemFromCart(self, session):
    if session not in self.carts:
        return

    del(self.carts[session])
    self.notifyCallbacks()
```

- 在类 StatusHandler 中编写方法 register()注册回调函数，使用方法 append()将方法 register()添加到内部数组 callbacks 中，对应的实现代码如下所示。

```
def register(self, callback):
    self.callbacks.append(callback)
```

- 在类 ShopCart 中编写方法 addItemToCart()和 removeItemFromCart()，其中方法 addItem ToCart()的功能是向购物车中添加一个商品，而方法 removeItemFromCart()的功能是删除购物车中的某个商品。当 CartHandler 调用这两个方法时，会使用请求页面的唯一标识符（传给这些方法的 Session 变量）作为在调用 notifyCallbacks 之前的库存标记。调用已经注册的回调函数显示当前可用的库存数量，并且需要清空回调函数列表，这样可以确保回调函数不会在一个已经关闭的连接中被调用，对应的实现代码如下所示。

```
def notifyCallbacks(self):
for c in self.callbacks:
        self.callbackHelper(c)

    self.callbacks = []

def callbackHelper(self, callback):
    callback(self.getInventoryCount())
```

- 在类 ShopCart 中通过方法 getInventoryCount()获取当前的实时库存，方法是用库存总量减去购物车中的数量，对应的实现代码如下所示。

```
def getInventoryCount(self):
    return self.totalInventory - len(self.carts)
```

- 在类 DetailHandler 中编写方法 get()显示商品的详细信息，使用 render 渲染 HTML 模板文件 index.html，在文件 index.html 中嵌入 JavaScript 代码。此外，通过 session 变量动态包含了一个唯一的 ID，并使用变量 count 保存当前的库存值，对应的实现代码如下所示。

```
class DetailHandler(tornado.web.RequestHandler):
    def get(self):
        session = uuid4()
        count = self.application.ShopCart.getInventoryCount()
        self.render("index.html", session=session, count=count)
```

- 定义类 CartHandler 实现操作购物车的接口，通过方法 post()传递购物车操作参数，对应的实现代码如下所示。

```
class CartHandler(tornado.web.RequestHandler):
    def post(self):
        action = self.get_argument('action')
```

```
session = self.get_argument('session')

if not session:
    self.set_status(400)
    return

if action == 'add':
    self.application.ShopCart.moveItemToCart(session)
elif action == 'remove':
    self.application.ShopCart.removeItemFromCart(session)
else:
    self.set_status(400)
```

● 定义类 StatusHandler 来查询全局库存变化的通知信息，通过方法 get()获取通知信息，通过方法 on_message()设置通知显示的内容。对应的实现代码如下所示。

```
class StatusHandler(tornado.web.RequestHandler):
    @tornado.web.asynchronous
    def get(self):
        self.application.ShopCart.register(self.on_message)

    def on_message(self, count):
        self.write('{"inventoryCount":"%d"}' % count)
        self.finish()
```

2）编写模板文件 index.html 展示商品的信息和当前的库存信息，具体实现代码如下所示。

源码路径：daima\4\4-3\templates\index.html

```html
<html>
    <head>
        <title>图书详情</title>
        <script src="//ajax.googleapis.com/ajax/libs/jquery/1.7.1/jquery.min.js" type=
"text/javascript"></script>
        <script src="{{ static_url('scripts/jiao.js') }}" type="application/javascript">
</script>
    </head>

    <body>
        <div>
            <h1>畅销榜神书</h1>

            <hr/>

            <p><h2>《Python 编程从入门到精通》</h2>
            <em>作者：大神</em></p>
        </div>
```

```
    <img src="static/images/python.jpg" alt="The Definitive Guide to the Internet" />

    <hr />

    <input type="hidden" id="session" value="{{ session }}" />
    <div id="add-to-cart">
        <p><span style="color: red;">库存只有<span id="count">{{ count }}</span>本，马上订
购！</span></p>
        <p>79.90元<input type="submit" value="加入购物车" id="add-button" /></p>
    </div>
    <div id="remove-from-cart" style="display: none;">
        <p><span style="color: green;">您购物车中已经有此商品！</span></p>
        <p><input type="submit" value="Remove from Cart" id="remove-button" /></p>
    </div>
    </body>
</html>
```

3）编写 JavaScript 脚本文件 jiao.js，使用 jQuery 框架定义浏览器的页面行为。当模板文件加载完成时，为"加入购物车"按钮添加了点击事件处理函数，并隐藏了 Remove from Cart 按钮。这些事件处理函数与服务器端的 API 调用相互关联。文件 jiao.js 的具体实现代码如下所示。

源码路径：daima\4\4-3\templates\static\scripts\jiao.js

```
$(document).ready(function() {
    document.session = $('#session').val();

    setTimeout(lunxun, 100);

    $('#add-button').click(function(event) {
        jQuery.ajax({
            url: '//localhost:8001/cart',
            type: 'POST',
            data: {
                session: document.session,
                action: 'add'
            },
            dataType: 'json',
            beforeSend: function(xhr, settings) {
                $(event.target).attr('disabled', 'disabled');
            },
            success: function(data, status, xhr) {
                $('#add-to-cart').hide();
                $('#remove-from-cart').show();
                $(event.target).removeAttr('disabled');
```

```
        }
    });
});

$('#remove-button').click(function(event) {
    jQuery.ajax({
        url: '//localhost:8001/cart',
        type: 'POST',
        data: {
            session: document.session,
            action: 'remove'
        },
        dataType: 'json',
        beforeSend: function(xhr, settings) {
            $(event.target).attr('disabled', 'disabled');
        },
        success: function(data, status, xhr) {
            $('#remove-from-cart').hide();
            $('#add-to-cart').show();
            $(event.target).removeAttr('disabled');
        }
    });
});
});

Function lunxun() {
    jQuery.getJSON('//localhost:8001/cart/status', {session: document.session},
        function(data, status, xhr) {
            $('#count').html(data['inventoryCount']);
            setTimeout(lunxun, 0);
        }
    );
}
```

　　通过上述代码，加载完页面后会经过一个很短的时间延迟再调用函数 lunxun。在函数 lunxun 的定义中，根据 HTTP GET 请求/cart/status 初始化一个长轮询。通过使用延迟，允许浏览器完成页面渲染工作时完成进度指示器的加载工作，并防止使用〈Esc〉键或停止按钮中断长轮询请求。当成功返回请求时，会将 count 的数值更新为当前的实际库存量。

　　执行后的初始效果如图 4-1 所示，库存最初为 10。将一个商品放进购物车后会显示"您购物车中已经有此商品！"的提示，按钮变为 Remove from Cart，如图 4-2 所示。如果此时刷新页面，会显示库存为 9，如图 4-3 所示。如果在多个浏览器中将商品添加到购物车，系统会实时更新库存信息。

图 4-1　初始效果

图 4-2　添加到购物车后

图 4-3　实时显示库存

4.4　Tornado 与 WebSocket

　　本章前面介绍的轮询与长轮询机制都是基于 HTTP 实现的，这两者都存在一些缺陷，其中轮询需要更快的处理速度，而长轮询则会要求更高的处理并发的能力。轮询与长轮询中的服务器不会主动推送信息，而是在接收到客户端发送过来的请求后进行处理并返回响应。其实还有一种更加理想的并发方案，当服务器端的数据发生变化时，服务器可以主动推送信息给客户端。本节将要讲解的 WebSocket 便是这样的方案。

　　注意：长轮询消耗资源太多，主要原因是客户端和服务器并没有连接在一起，如果让客户端和服务器一直保持连接，这就需要用到 WebSockets。

4.4.1　WebSocket 介绍

　　WebSocket 是从 HTML5 开始提供的一种新协议，能够在单个 TCP 连接上进行全双工通信。通过使用 WebSocket，使得客户端和服务器之间的数据交换变得更加简单，允许服务器端主动向客户端推送新的数据。在 WebSocket 模型中，浏览器和服务器只需要完成一次握手，就可以在浏览器和服务器之间形成一条快速传输数据的通道，两者之间即可直接传送数据。

　　在现实应用中，很多网站使用 Ajax 轮询实现服务器的推送功能。Ajax 的原理是在特定的时间间隔（如每 1s）内，由浏览器向服务器发出 HTTP 请求，然后由服务器返回最新的数据给客户端的浏览器。这种传统模式的缺点是浏览器需要不断地向服务器端发出请求，在

HTTP 请求中可能会包含较长的头部，而其中真正有效的数据可能只是很小的一部分，这样会浪费很多网络资源。

通过使用 WebSocket 协议，可以更好地节省服务器的资源和带宽，并且能够更实时地进行通信。Ajax 轮询和 WebSocket 协议的对比如图 4-4 所示。

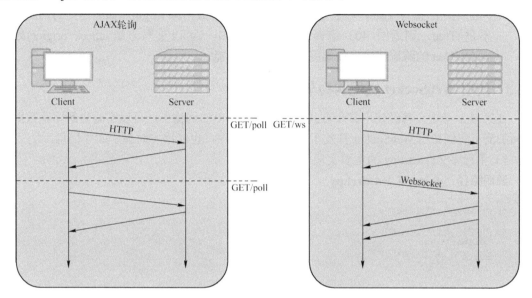

图 4-4　Ajax 轮询和 WebSocket 协议的对比

使用 WebSocket 协议的具体流程如下所述。

1）浏览器通过 JavaScript 向服务器端发出建立 WebSocket 连接的请求。

2）建立连接后，客户端和服务器端就可以通过 TCP 连接直接交换数据。

3）在获取 WebSocket 连接后，可以通过方法 send() 向服务器端发送数据，并通过 onmessage 事件接收服务器端返回的响应数据。

4.4.2　Tornado 中的 WebSocket 模块

在 Tornado 的 WebSocket 模块中，类 WebSocketHandler 提供了与已连接的客户端通信的 WebSocket 事件和方法的 hook（钩子）。具体来说，在 Tornado 的类 WebSocketHandler 中提供了如下所述的方法。

- WebSocketHandler.open()：当建立一个 WebSocket 连接时被调用，用于打开一个 WebSocket。
- WebSocketHandler.on_message(message)：当收到客户端发送的消息 message 时被调用，此方法必须被重写。
- WebSocketHandler.on_close()：在关闭 WebSocket 连接时被调用。
- WebSocketHandler.write_message(message, binary=False)：用于向客户端发送消息 message，参数 message 可以是字符串或字典（字典会被转为 JSON 字符串）。如果参数 binary

107

的值为 False，则以 utf8 编码发送 message；如果为 True，则表示以二进制模式发送所有字节码。

- WebSocketHandler.close()：用于关闭 WebSocket 连接。
- WebSocketHandler.check_origin(origin)：用于检测参数 origin 表示的数据源，如果返回的判断结果为 True，则表示允许连接这个请求数据源 origin。如果返回的判断结果不是 True，则返回 403 错误。在现实应用中，可以重写方法 check_origin()处理 WebSocket 的跨域请求（如始终返回 True）功能。

4.4.3 使用 WebSocket 实现购物车功能

在第 4.3 节中，曾经使用异步方式实现了一个简单的购物车，可以实时更新库存数据。下面的演示实例使用 WebSocket 开发了一个购物车程序，也能够实时显示库存信息。

1）主程序文件 cart.py 的主要实现代码如下所示。

源码路径：daima\4\4-4\cart.py

```
class ShopCart(object):
    totalInventory = 10
    callbacks = []
    carts = {}

    def register(self, callback):
        self.callbacks.append(callback)

    def unregister(self, callback):
        self.callbacks.remove(callback)

    def moveItemToCart(self, session):
        if session in self.carts:
            return

        self.carts[session] = True
        self.notifyCallbacks()

    def removeItemFromCart(self, session):
        if session not in self.carts:
            return

        del(self.carts[session])
        self.notifyCallbacks()

    def notifyCallbacks(self):
        for callback in self.callbacks:
            callback(self.getInventoryCount())

    def getInventoryCount(self):
        return self.totalInventory - len(self.carts)
class StatusHandler(tornado.websocket.WebSocketHandler):
```

```
def open(self):
    self.application.ShopCart.register(self.callback)

def on_close(self):
    self.application.ShopCart.unregister(self.callback)

def on_message(self, message):
    pass

def callback(self, count):
    self.write_message('{"inventoryCount":"%d"}' % count)
```

通过上述代码可知，和第 4.3 节中的实例相比，只是将类 ShopCart 和类 StatusHandler 的代码进行了少许修改。具体修改说明如下所述。

● 为了使用 WebSocket 功能，在本实例中引入了 tornado.websocket 模块。

● 在类 ShopCart 中，因为 WebSocket 发送一个消息后会保持打开状态，所以只需要迭代列表并调用带有当前库存量的回调函数 getInventoryCount()即可，而无须在发送信息后移除内部的回调函数列表。

● 编写方法 unregisted()，在关闭 WebSocket 连接时 StatusHandler 会移除一个回调函数。

● 在类 StatusHandler 中，使用 WebSocket 分别定义了方法 open()和方法 on_message()。在连接打开时调用方法 open()，在接收到消息时调用方法 on_message()。另外，在连接被关闭时会调用方法 on_close()。

2）和前面的实例相比，在新的脚本文件 jiao.js 中修改函数 lunxun，使用 HTML5 WebSocket API 取代前面实例的长轮询方案。jiao.js 的主要实现代码如下所示。

源码路径：daima\4\4-4\templates\static\scripts\jiao.js

```
function lunxun() {
    var host = 'ws://localhost:8001/cart/status?session=' + document.session;

    var websocket = new WebSocket(host);

    websocket.onopen = function (evt) { };
    websocket.onmessage = function(evt) {
        $('#count').html($.parseJSON(evt.data)['inventoryCount']);
    };
    websocket.onerror = function (evt) { };
}
```

通过上述代码，在创建一个到 ws://localhost:8001/cart/status 的新 WebSocket 连接后，会为每一个响应事件添加对应的处理函数。上面的事件 onmessage 处理函数的功能是更新商品的库存 count 值。和前面版本的区别是，此处必须手工解析服务器送来的 JSON 对象，在购物者将商品添加到购物车时会实时更新库存数据。

4.5 Tornado+WebSocket 在线聊天室

本节将使用 Tornado 和 WebSocket 开发一个简单的在线聊天室系统。构建两个相互独立的聊天室，实现服务器端将消息返回给对应客户端的功能。

4.5.1 主程序

编写主程序文件 cart.py（daima\4\4-5\cart.py），具体实现流程如下所述。

● 编写类 ChatHome 处理 WebSocket 服务器端与客户端的交互，通过方法 register()保存新加入的客户端连接和监听实例，并向聊天室中的其他成员发送消息，对应的实现代码如下所示。

```python
class ChatHome(object):
    chatRegister = {}

    def register(self, newer):
        home = str(newer.get_argument('n'))        #获取所在聊天室
        if home in self.chatRegister:
            self.chatRegister[home].append(newer)
        else:
            self.chatRegister[home] = [newer]

        message = {
            'from': 'sys',
            'message': '%s 加入聊天室（%s）' % (str(newer.get_argument('u')), home)
        }
        self.callbackTrigger(home, message)
```

● 通过方法 unregister()关闭客户端连接，删除聊天室内对应的客户端连接实例，对应的实现代码如下所示。

```python
def unregister(self, lefter):
    home = str(lefter.get_argument('n'))
    self.chatRegister[home].remove(lefter)
    if self.chatRegister[home]:
        message = {
                'from': 'sys',
                'message': '%s 离开聊天室（%s）' % (str(lefter.get_argument('u')), home)
        }
        self.callbackTrigger(home, message)
```

● 编写方法 callbackNews()处理客户端提交的消息，并发送给对应聊天室内的所有客户端，对应的实现代码如下所示。

```
def callbackNews(self, sender, message):
    home = str(sender.get_argument('n'))
    user = str(sender.get_argument('u'))
    message = {
            'from': user,
            'message': message
    }
    self.callbackTrigger(home, message)
```

● 编写方法 callbackTrigger()实现消息触发器，将最新消息返回给对应聊天室的所有成员，对应的实现代码如下所示。

```
def callbackTrigger(self, home, message):
    for callbacker in self.chatRegister[home]:
        callbacker.write_message(json.dumps(message))
```

● 编写类 chatBasicHandler，在其中通过方法 get()供用户选择要进入的聊天室，进入一个聊天室后会生成一个随机标识码，对应的实现代码如下所示。

```
class chatBasicHandler(tornado.web.RequestHandler):
    def get(self, *args, **kwargs):
        session = uuid4()    #生成随机标识码，代替用户登录
        self.render('basic.html', session = session)
```

● 编写方法 homeHandler()，获取用户在主页选择的聊天室并跳转到 get()方法渲染的页面，对应的实现代码如下所示。

```
class homeHandler(tornado.web.RequestHandler):
    def get(self, *args, **kwargs):
        n = self.get_argument('n')        #聊天室
        u = self.get_argument('u')        #用户
        self.render('home.html', n=n, u=u)
```

● 编写类 newChatStatus，即时记录客户端的新连接，在其中定义方法 open()，当有新用户进入聊天室时发送欢迎信息并记录客户端连接，对应的实现代码如下所示。

```
class newChatStatus(tornado.websocket.WebSocketHandler):
    '''
        websocket，记录客户端连接，删除客户端连接，接收最新消息
    '''
    def open(self):
        n = str(self.get_argument('n'))
        self.write_message(json.dumps({'from':'sys', 'message':'欢迎来到聊天室（%s）' % n}))
#向新加入用户发送首次消息
        self.application.chathome.register(self)      #记录客户端连接
```

● 编写方法 on_close()，当用户退出聊天室时删除客户端连接，对应的实现代码如下所示。

```
def on_close(self):
    self.application.chathome.unregister(self)   #删除客户端连接
```

● 编写方法 on_message()，实时显示客户端提交的最新消息，对应的实现代码如下
所示。

```
def on_message(self, message):
    self.application.chathome.callbackNews(self, message)    #处理客户端提交的最新消息
```

● 编写类 Application，设置 Web 项目内 URL 对应的处理类，对应的实现代码如下
所示。

```
class Application(tornado.web.Application):
    def __init__(self):
        self.chathome = ChatHome()

        handlers = [
            (r'/', chatBasicHandler),
            (r'/home/', homeHandler),
            (r'/newChatStatus/', newChatStatus),
        ]
        settings = {
            'template_path': 'templates',
            'static_path': 'static'
        }
        tornado.web.Application.__init__(self, handlers, **settings)
```

4.5.2 模板文件

模板文件的具体实现流程如下所述。

1）模板文件 basic.html 实现两个聊天室选择界面的效果，使用 sessoin 设定为登录用
户，get 中参数 n 用于指定聊天室，参数 u 用于设置指定用户。文件 basic.html 的具体实现
代码如下所示。

```
<body>
<h1>你好！{{ session }} <br>欢迎来到聊天室！</h1>
<a href="/home/?n=1&u={{ session }}">聊天室一</a> 
<a href="/home/?n=2&u={{ session }}">聊天室二</a>
</body>
```

2）模板文件 home.html 实现在线聊天室界面效果，使用 WebSocket 实时更新显示在线
聊天信息。建立 WebSocket 连接，发送消息、接收消息，并在页面中显示最新的聊天信息。
文件 home.html 的具体实现代码如下所示。

```
<!DOCTYPE html>
<html lang="en">
<head>
<meta charset="UTF-8">
```

```html
<title></title>
<script src="http://libs.baidu.com/jquery/1.10.2/jquery.min.js"></script>
<script>
        $(function(){
            n = $("#n").val()
            u = $("#u").val()

            $("#btn").click(function(){
sendText()
            })
function requestText(){
host = "ws://localhost:8001/newChatStatus/?n=" + n + "&u=" +u
websocket = new WebSocket(host)

                websocket.onopen = function(evt){}        // 建立连接
                websocket.onmessage = function(evt){     // 获取服务器返回的信息
data = $.parseJSON(evt.data)
if(data['from']=='sys'){
                        $('#chatinfo').append("<p  style='width:  100%;  text-align:center;
font-size: 16px; color: green'>" + data['message'] + "</p>");
    }else if(data['from']==u){
                        $('#chatinfo').append("<p style='width: 100%; text-align:right; font-
size:15px'>" + u + ": <br>" +"<span style='color: blue'>" + data['message'] + "</span>" +
"</p>");
    }else{
                        $('#chatinfo').append("<p style='width: 100%; text-align:left; font-
size:15px'>" + data['from'] + ": <br>" +"<span style='color: red'>" + data['message'] +
"</span>" + "</p>");
                }

            }
                websocket.onerror = function(evt){}
        }

        requestText()    // 开始 websocket

        function sendText(){    // 向服务器发送信息
websocket.send($("#chat_text").val())
        }
    })

</script>
</head>
<body>
<div align="center">
<div style="width: 70%">
<h1>聊天室（{{ n }}）!</h1>
<input type="hidden" value="{{ n }}" id="n">
<input type="hidden" value="{{ u }}" id="u">
```

```
<div id="chatinfo" style="padding:10px;border: 1px solid #888">
<!--聊天内容 -->
</div>

<div style="clear: both; text-align:right; margin-top: 20px">
<input type="text" name="chat_text" id="chat_text">
<button id="btn">发送</button>
</div>
</div>
</div>
</body>
</html>
```

输入 http://localhost:8001/，执行后会显示选择聊天室界面，并生成用户在聊天室中显示的识别码，如图 4-5 所示。

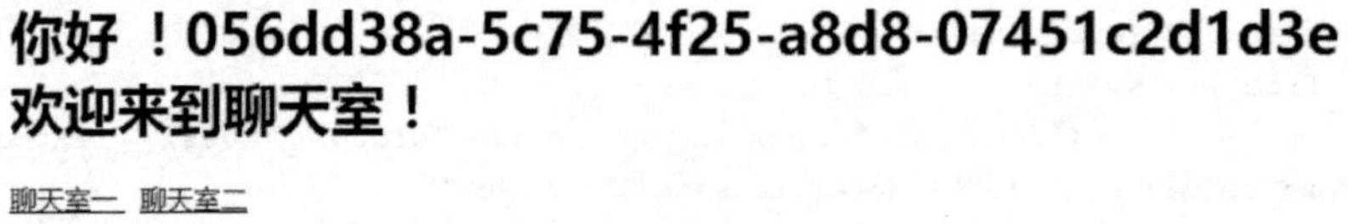

你好！056dd38a-5c75-4f25-a8d8-07451c2d1d3e
欢迎来到聊天室！

聊天室一 聊天室二

图 4-5 选择聊天室界面

进入一个聊天室后可以发布聊天信息，并且可以查看其他用户发布的聊天信息，系统会实时更新显示聊天室内所有的聊天信息，如图 4-6 所示。

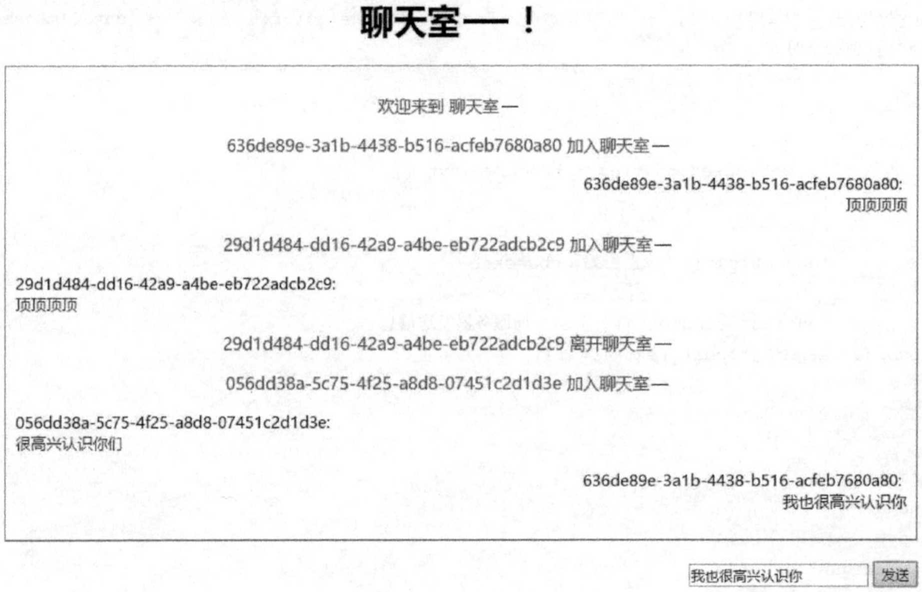

聊天室一！

欢迎来到 聊天室一

636de89e-3a1b-4438-b516-acfeb7680a80 加入聊天室一

636de89e-3a1b-4438-b516-acfeb7680a80:
顶顶顶顶

29d1d484-dd16-42a9-a4be-eb722adcb2c9 加入聊天室一

29d1d484-dd16-42a9-a4be-eb722adcb2c9:
顶顶顶顶

29d1d484-dd16-42a9-a4be-eb722adcb2c9 离开聊天室一

056dd38a-5c75-4f25-a8d8-07451c2d1d3e 加入聊天室一

056dd38a-5c75-4f25-a8d8-07451c2d1d3e:
很高兴认识你们

636de89e-3a1b-4438-b516-acfeb7680a80:
我也很高兴认识你

我也很高兴认识你   发送

图 4-6 聊天室界面

第 5 章

构建安全的 **Tornado Web**

一个 Web 项目程序，需要面对网络中无数个用户的访问，当然也不乏网络黑客等攻击用户。作为一名合格的 Web 开发工程师，开发一个安全的网站是最基本的要求。Tornado 作为一个著名的 Python Web 开发框架，为开发者提供了开发安全 Web 程序的接口和机制。本章将详细讲解使用 Tornado 框架开发安全 Web 应用程序的知识。

5.1 Cookie 安全处理

在 Web 项目中通常使用会话（Session）跟踪技术来监控用户的整个会话过程。现实中最常用的会话跟踪技术有两种：Cookie 和 Session。其中 Cookie 用于在客户端记录用户的相关信息，而 Session 主要用于在服务器端记录用户的相关信息。本节将详细讲解在 Tornado 中实现 Cookie 安全处理的知识。

5.1.1 Tornado 中的安全 Cookie

在现实应用中，最常见的 Cookie 和 Session 应用是会员登录。例如，在购物网站购物时需要注册会员并登录，登录后购物网站会将用户的账号信息记录下来，这样便可以显示这名登录用户的账号信息、购物车信息、订单信息等。在具体应用中，通常使用 Cookie 保存普通会员用户的账号信息，使用 Session 保存管理员的账号信息。

在大多数 Web 网站中，通常在浏览器中使用 Cookie 来存储用户访问网站的标识信息。但是浏览器 Cookie 很容易受到一些常见的攻击，如黑客可以使用恶意脚本来篡改存储的 Cookie。黑客们有很多方式可以在浏览器中截获 Cookie，如常见的 JavaScript。另外，跨站脚本攻击可以访问并修改在访客浏览器中存储的 Cookie 的值。

Tornado 作为一款知名的 Web 开发框架，在设计伊始就十分重视安全方面的问题。

Tornado 提供了一个安全的 Cookie 机制，可以防止用户的本地状态被恶意代码修改。并且可以及时比较验证浏览器中的 Cookie 与 HTTP 请求的参数值，这样可以防止跨站脚本攻击和跨站请求伪造攻击。

在 Tornado Web 程序中，可以使用内置方法 set_secure_cookie()设置一个安全的浏览器的 Cookie，可以使用方法 get_secure_cookie()获取浏览器中的这个安全 Cookie，以防范浏览器中的 Cookie 被恶意修改。在使用这两个方法之前，必须在应用程序的构造方法中设置 cookie_secret 签名。cookie_secret 是一个用户在某台电脑中的签名标识。

5.1.2 使用 Cookie 开发一个访问计数器

下面的实例文件 cookie01.py 演示了在 Tornado Web 中使用 Cookie 开发一个页面访问计数器的过程。

源码路径：daima\5\5-1\cookie01.py

```python
import tornado.httpserver
import tornado.ioloop
import tornado.web
import tornado.options

from tornado.options import define, options
define("port", default=8000, help="run on the given port", type=int)

class MainHandler(tornado.web.RequestHandler):
    def get(self):
        cookie = self.get_secure_cookie("count")
        count = int(cookie) + 1 if cookie else 1

        countString = "1 " if count == 1 else "%d" % count
        #创建一个名为 count 的 Cookie
        self.set_secure_cookie("count", str(count))

        self.write(
            '<html><head><title>Cookie Counter</title></head>'
            '<body><h1>你这是第 %s 次浏览本页面！！！</h1>' % countString +
            '</body></html>'
        )

if __name__ == "__main__":
    tornado.options.parse_command_line()

    settings = {
        "cookie_secret": "bZJc2sWbQLKos6GkHn/CA9oYwEt5SOR0kRvJ5/xJ89E="
    }

    application = tornado.web.Application([
        (r'/', MainHandler)
    ], **settings)
```

```
http_server = tornado.httpserver.HTTPServer(application)
http_server.listen(options.port)
tornado.ioloop.IOLoop.instance().start()
```

在上述代码中，使用 cookie_secret 设置了 Cookie 的签名标识。

zNkxnlN7Tlq+elWRuQ6A2szeJ7twVUBImdneyrePO4k=

这个值是传递给 Application 构造函数的 cookie_secret 值，是一个唯一的随机字符串。在 Python shell 下执行如下命令可以产生一个用户自己的值。

```
>>> import base64, uuid
>>>base64.b64encode(uuid.uuid4().bytes + uuid.uuid4().bytes)
'bZJc2sWbQLKos6GkHn/CA9oYwEt5S0R0kRvJ5/xJ89E='
```

通过上述代码，创建一个名为 count 的 Cookie，通过此 Cookie 可以统计在浏览器中浏览页面的次数。如果没有设置 Cookie 或 Cookie 已经被篡改了，将设置一个值为 1 的新 Cookie。否则本实例将首先从 Cookie 中读取 count 的值，然后加 1 就是当前的访问次数。

在浏览器中输入 http://localhost:8000/，会显示执行效果，在不关闭浏览器的前提下，每次刷新这个页面，访问次数会增加 1 次，执行效果如图 5-1 所示。

图 5-1　执行效果

可以在当前浏览器中查看上面生成的 Cookie（名为 count）的值，例如，在笔者的谷歌浏览器的"设置"中可以查看上述 Cookie 的信息，如图 5-2 所示。

图 5-2　在浏览器中显示 Cookie 信息

在 Tornado 框架中，正如图 5-2 所示，Cookie 的值被编码为 Base-64 格式的字符串，并添加了一个时间戳和一个 Cookie 内容的 HMAC 签名。如果时间戳太旧或签名和期望值不匹配，函数 get_secure_cookie()会认为这个 Cookie 已经被篡改，并返回 None，表示设置 Cookie 失败。

另外，读者也可以通过实例文件 cookie02.py 输出显示自己的 cookie_secret。

源码路径：daima\5\5-1\cookie02.py

```
import base64
import uuid
print(base64.b64encode(uuid.uuid4().bytes + uuid.uuid4().bytes))
```

执行后会输出自己的 cookie_secret：

b'ylJ2CLxISIi564l6IpetusXCNKASM0eQv9/a1CBr8oo='

注意：尽管 Tornado 的安全机制比较健全，但是攻击者依然可能会通过脚本或浏览器插件截获 Cookie，甚至直接窃听未加密的网络数据。Cookie 值包括签名在内都是不加密的，黑客可以读取已存储的 Cookie，并且可以传输非法数据到服务器，或发送伪造的请求信息来窃取服务器中的重要数据。基于上述原因，建议开发者不要在浏览器 Cookie 中存储比较机密的用户数据。

另外，还需要注意用户可能会修改自己的 Cookie，这样会导致提权攻击的情况发生。比如，如果开发者在 Cookie 中存储了用户已付费的网络小说章节和剩余的浏览次数，开发者希望防止用户自己更新其中的数值来获取免费的内容，通过设置属性 httponly 和 secure 可以防范这种攻击。

5.2 处理 XSRF 漏洞

在现实应用中，Web 程序所面临的主要安全漏洞是伪造跨站请求（Cross-Site Request Forgery，CSRF 或 XSRF），此漏洞利用了浏览器的一个安全漏洞：允许恶意攻击者在受害者网站注入脚本，使未授权的请求代表一个已登录的合法用户。本节将详细讲解在 Tornado 中解决 XSRF 漏洞的知识。

5.2.1 XSRF 漏洞解析

假设小张是某购物网站的一个普通顾客，当他在此购物网站使用合法账户登录后，网站会使用一个浏览器 Cookie 来标识他。现在，假设黑客"Python 之神"，某 Python 图书的作者，想增加自己图书的销量，于是在小张经常访问的某个 Web 论坛中发布了一个推销自己书的广告链接，这个链接带有 HTML 图像标签的条目，其源码的目标链接是他这本书在某购物网站中的 URL，如下所示。

```
<imgsrc="http://www.dangdang.com/purchase?title=zhang+Web+Sploitz" />
```

如果另外一个人小王在浏览器中打开了这个链接，会在请求中包含一个合法的 Cookie，这样小张的合法 Cookie 就会被小王冒用。

为了防止上述伪造 POST 请求的情况发生，可以要求在每个请求中包含一个参数值，将这个参数值作为令牌标识来匹配存储在 Cookie 中的对应值，在 Web 程序中通过一个 Cookie 头和一个隐藏的 HTML 表单元素向页面提供令牌。当提交一个合法页面的表单时，它将包括表单值和已存储的 Cookie。如果两者匹配，Web 程序会认定请求有效。

5.2.2　Tornado 处理 XSRF 漏洞

Tornado 框架处理 XSRF 漏洞的原理是：因为第三方站点没有访问 Cookie 数据的权限，所以它们不能在请求中包含令牌 Cookie，这样就有效地防止了不可信网站发送未授权请求的情况发生。例如，在 Tornado 框架中，可以通过在构造函数中包含 xsrf_cookies 参数的方式来开启 XSRF 保护。

```
settings = {
    "cookie_secret": "bZJc2sWbQLKos6GkHn/CA9oYwEt5SOR0kRvJ5/xJ89E=",
    "xsrf_cookies": True
}
application = tornado.web.Application([
    (r'/', MainHandler),
    (r'/purchase', PurchaseHandler),
], **settings)
```

在程序中设置 xsrf_cookies 标识后，Tornado 会拒绝请求参数中包含不正确_xsrf 值的 POST、PUT 和 DELETE 请求。Tornado 会在后台处理 xsrf_cookies，但是前提是在前台 HTML 表单中包含 XSRF 以确保授权合法请求。要想实现这一功能，需要在模板中包含一个 xsrf_form_html 调用，演示代码如下所示。

```
<form action="/purchase" method="POST">
    {% raw xsrf_form_html() %}
<input type="text" name="名字" />
<input type="text" name="数量" />
<input type="submit" value="结算" />
</form>
```

另外，在 Ajax 程序中，也经常会发生 XSRF 漏洞的问题。解决方法也比较简单，因为 Ajax 请求也需要一个_xsrf 参数，但不是必须显式地在渲染页面时包含一个_xsrf 值，而是通过脚本在客户端查询浏览器时获得 Cookie 值。下面的演示代码的功能是将令牌值添加给 Ajax POST 请求，首先在函数 getCookie 中通过名字获取 Cookie 的值，然后在 function 中添加参数_xsrf 传递给函数 postJSON。

```
function getCookie(name) {
    var c = document.cookie.match("\\b" + name + "=([^;]*)\\b");
    return c ? c[1] : undefined;
}

jQuery.postJSON = function(url, data, callback) {
    data._xsrf = getCookie("_xsrf");
    jQuery.ajax({
        url: url,
        data: jQuery.param(data),
        dataType: "json",
        type: "POST",
        success: callback
    });
}
```

当然，在其他类型的应用程序中也会发生 XSRF 漏洞的问题，Tornado 框架的安全 Cookie 支持 XSRF 漏洞保护功能，这样提高了开发者的开发效率。

5.2.3 使用 xsrf_cookies 设置登录系统的安全性

下面的实例演示了在 Tornado Web 中使用 Cookie 开发一个简易登录系统的过程。当用户首次在某个浏览器（或 Cookie 过期后）访问页面时会看到一个登录表单页面。表单作为到 LoginHandler 路由的 POST 请求被提交。方法 post()的主体调用方法 set_secure_cookie()来存储 username 请求参数中提交的值。在表单中输入登录信息后，将使用 Cookie 存储登录用户的用户名信息。登录成功后，会显示 Cookie 中存储的用户名信息。

1）编写主程序文件 cookie03.py，使用类 LoginHandler 渲染登录表单并设置 Cookie，通过类 LogoutHandler 删除存储的 Cookie。为了提高登录系统的安全性，在 settings 中将 xsrf_cookies 的值设置为 True。文件 cookie03.py 的主要实现代码如下所示。

源码路径：daima\5\5-2\cookie03.py

```
class BaseHandler(tornado.web.RequestHandler):
    def get_current_user(self):
        return self.get_secure_cookie("username")

class LoginHandler(BaseHandler):
    def get(self):
        self.render('login.html')

    def post(self):
        self.set_secure_cookie("username", self.get_argument("username"))
        self.redirect("/")

class WelcomeHandler(BaseHandler):
    @tornado.web.authenticated
    def get(self):
        self.render('index.html', user=self.current_user)
```

```
class LogoutHandler(BaseHandler):
    def get(self):
     if (self.get_argument("logout", None)):
       self.clear_cookie("username")
       self.redirect("/")


if __name__ == "__main__":
    tornado.options.parse_command_line()

    settings = {
        "template_path": os.path.join(os.path.dirname(__file__), "templates"),
        "cookie_secret": "bZJc2sWbQLKos6GkHn/CA9oYwEt5S0R0kRvJ5/xJ89E=",
        "xsrf_cookies": True,
        "login_url": "/login"
    }

    application = tornado.web.Application([
        (r'/', WelcomeHandler),
        (r'/login', LoginHandler),
        (r'/logout', LogoutHandler)
    ], **settings)

    http_server = tornado.httpserver.HTTPServer(application)
    http_server.listen(options.port)
    tornado.ioloop.IOLoop.instance().start()
```

- 类 WelcomeHandler：功能是导航到欢迎界面 index.html，打印输出在 Cookie 中存储的用户名。
- 类 BaseHandler：功能是导航到欢迎界面 index.html，通过方法 get_secure_cookie()获取在 Cookie 中存储的用户名。为了确保装饰器 authenticated 能够标识出一个已认证用户，必须覆写请求处理程序中默认的方法 get_current_user()来返回当前用户。
- settings 部分：通过 template_path 设置项目的模板文件目录，通过 cookie_secret 设置 Cookie 的签名标识，通过将 xsrf_cookies 值设置为 True 表示启动 XSRF 保护，通过 login_url 设置默认显示的登录表单界面。
- application 部分：设置了本项目中包含的 3 个 URL 资源地址。

2）登录表单页面 login.html 的功能是提供一个供用户输入用户名的表单。文件 login.html 的主要实现代码如下所示。

源码路径：**daima\5\5-2\templates\login.html**

```
<body>
    <form action="/login" method="POST">
        {% raw xsrf_form_html() %}
        用户名: <input type="text" name="username" />
        <input type="submit" value="Log In" />
    </form>
</body>
```

121

3）欢迎页面 index.html 的功能是显示 Cookie 中存储的用户名，并显示对应的欢迎信息。文件 index.html 的具体实现代码如下所示。

源码路径：**daima\5\5-2\templates\index.html**

```html
<html>
    <head>
        <title>欢迎界面</title>
    </head>
    <body>
        <h1>欢迎“{{ user }}”登录系统！</h1>
    </body>
</html>
```

执行后的登录表单界面效果如图 5-3 所示，假如输入用户名 admin 并单击"Log In"按钮，会在新页面中显示欢迎用户 admin 的信息，如图 5-4 所示。

图 5-3　登录表单界面　　　　　　　　　　　　　　图 5-4　欢迎界面

5.3　Python+Tornado+MySQL 博客系统

本节将使用 Python+Tornado+MySQL 开发一个简易博客系统。系统要求只有合法的会员账户才能够在系统发布博客信息，用户登录后将使用 Cookie 保存登录信息。为了提高系统的安全性，在代码中对用户的密码进行了加密处理。下面将详细讲解本实例的具体实现流程。

5.3.1　数据库连接配置

数据库连接配置的具体流程如下所述。

1）本系统使用 MySQL 数据库实现，使用了 TornaDB 建立数据库连接。在实例文件 TornaDB.py 中设置连接参数并进行连接处理，主要实现代码如下所示。

源码路径：**daima\5\5-3\mydb\TornaDB.py**

```python
import mysql.connector
from mysql.connector import errorcode
class Connection(object):
    def __init__(self,host='127.0.0.1',database='test',user='root',password='66688888',
port='3306',pool_size=5):
        config = {
```

```
            'host':host,
            'database':database,
            'user':user,
            'password':password,
            'port':port,
            'pool_size':pool_size,
            'charset':'utf8mb4'
        }
        try:
            self.con = mysql.connector.connect(**config)
            self.cursor = self.con.cursor(dictionary=True)
        except mysql.connector.Error as err:
            if err.errno == errorcode.ER_ACCESS_DENIED_ERROR:
                print('user or password worong')
            elif err.errno == errorcode.ER_BAD_DB_ERROR:
                print('database does not exist')
            else:
                print(err)
    """
    测试数据
    """
    def all(self):
        sql = "select * from a"
        self.cursor.execute(sql)
        return self.cursor.fetchall()
    """
    手写 sql
    """
    def only_sql(self,sql):
        self.cursor.execute(sql)
        return self.cursor.fetchall()
```

2）为了帮助读者迅速创建 MySQL 数据库，在文件 blog.sql 中保存了创建数据库和添加数据的完整 SQL 代码，读者可以直接导入到自己的 MySQL 数据库中。

3）在文件 cfg.py 中读取了文件 blog.conf 中数据库的连接参数，并通过自定义函数获取了各个连接参数，主要实现代码如下所示。

源码路径：daima\5\5-3\cfg.py

```
import configparser
from tornado.options import define
conf = configparser.ConfigParser()
conf.read("config/blog.conf")


def set_define():
    define("db_host",default=get_db_host())
    define("db_port",default=int(getPort()),type=int)
    define("db_database",default=get_db_database())
    define("db_user",default=get_db_user())
    define("db_pass",default=get_db_pass())
```

```
    define("summary",default=get_index_summary())
    define("debug",default=bool(get_blog_debug()),type=bool)

def get_blog_debug():
    return conf.get("blog","debug")

def get_db_database():
    return conf.get("db","database")

def getPort():
    return conf.getint("db","port")

def get_db_user():
    return conf.get("db","user")

def get_db_host():
    return conf.get("db","host")
def get_db_pass():
    return conf.get("db","pass")

def get_db_pool_size():
    return conf.get("db","pool_size")

def get_index_summary():
    return conf.get("index","summary")
```

4）在文件 dao.py 中集中处理了系统中所有和数据库操作相关的 SQL 命令，包括获取博客信息、发布新博客信息、发布留言信息、获取留言信息、获取系统分类信息，主要实现代码如下所示。

源码路径：**daima\5\5-3\dao.py**

```
from mydb import TornaDB
import cfg
db = TornaDB.Connection(host=cfg.get_db_host(),
                   port=cfg.getPort(),
                   database=cfg.get_db_database(),
                   user=cfg.get_db_user(),
                   password=cfg.get_db_pass()
                   )
def getArticle(url):
    sql = ("SELECT a.aid,a.url,a.title,a.content,a.created,a.allowComment FROM article a
WHERE url=%(url)s LIMIT 1")
    db.cursor.execute(sql,{ 'url': url })
    return db.cursor.fetchone()
def addArticle(title,content,url):
    sql = "INSERT INTO article (url, title, content, created) VALUES( %s, %s, %s, CURRENT_
TIMESTAMP() ) "
    data = (url,title,content)
    db.cursor.execute(sql,data)
```

```
def findUserNameReturnPassWord(username):
    sql = "SELECT * FROM user WHERE username = %(username)s LIMIT 1 "
    db.cursor.execute(sql,{'username':username})
    return db.cursor.fetchone()
def getComments(aid):
    sql = "SELECT author,content,created FROM comments WHERE aid = %(aid)s AND status=
'public' ORDER BY cid DESC"
    db.cursor.execute(sql,{'aid':aid})
    return db.cursor.fetchall()

def addComment(data):
    sql = "INSERT INTO comments (aid, author,email,url,content,created) VALUES( %s, %s, %s,
%s, %s, CURRENT_TIMESTAMP() ) "
    db.cursor.execute(sql,data)

def selectTypeArticle(type):
    sql = "SELECT url,title FROM article WHERE type = %(type)s ORDER BY aid DESC LIMIT 20"
    db.cursor.execute(sql,{'type':type})
    return  db.cursor.fetchall()
```

5.3.2　URL 链接处理

在文件 url.py 中设置了项目内所有页面的 URL 地址，主要实现代码如下所示。

源码路径：daima\5\5-3\url.py

```
urls = [
 #首页
 (r'/', Index),
 #文章
 (r'/article/([^\n]*)',Article),
 #登录
 (r'/signin',Signin),
 #发表
 (r'/write',Write),
 #API 文章
 (r'/api/article/([^\n]*)',ART),
 (r'/api/comment',com),
 #退出
 (r'/signout',Signout),
 #关于
 (r'/about',About),
 # 分类
 (r'/type',Type)
 ]
```

5.3.3　视图控制器

本项目中的所有视图控制器文件被保存在 controller 目录下，具体说明如下所述。

1）文件 article.py 对应于模板文件 article.html，功能是显示某篇博客文章的详情信息，包括文章标题和内容，主要实现代码如下所示。

源码路径：**daima\5\5-3\controller\article.py**

```
class Article(BaseHandler):
    def get(self,url):
        data = dao.getArticle(url)
        print(data)
        self.render(
            "article.html",
            article = data,
            title = data['title']
        )
```

执行效果如图 5-5 所示。

图 5-5　某篇博客文章的详情信息

2）文件 index.py 对应于模板文件 index.html，功能是获取系统数据库中的博客信息，并将获取的博客信息以列表的样式显示出来，主要实现代码如下所示。

源码路径：**daima\5\5-3\controller\index.py**

```
class Index(BaseHandler):
    def get(self):
        list = self.db.only_sql('select url,title,content from article ORDER BY aid DESC
LIMIT 0,10')#返回值为一个 list list 保存字典
        #一个 json
```

```
# jsonlist = json.dumps(list,cls=DatetimeEncoder,ensure_ascii=False)
# print(jsonlist)
if options.summary == "y":
    try:
        summary_list = blog.summary(list)
        self.render("index.html",list = summary_list)
    except:
        self.write("抱歉，截取首页概述出现错误，请检查正文 M 语法是否正确")
else:
    self.render("index.html",list = list)
```

执行效果如图 5-6 所示。

图 5-6 列表显示系统数据库中的博客信息

3）文件 page.py 的功能是通过函数 About 转移到模板文件 about.html 显示“关于我”的界面，通过函数 Type 获取系统数据库 3 类文章类型，并在页面中分类显示博客文章。文件 page.py 的主要实现代码如下所示。

源码路径：daima\5\5-3\controller\page.py

```
class About(BaseHandler):
    def get(self):
        self.render("page/about.html")


class Type(BaseHandler):
    def get(self):
        lifedc = dao.selectTypeArticle("life")
        codedc = dao.selectTypeArticle("code")
        otherdc = dao.selectTypeArticle("post")
        self.render("page/type.html",life = lifedc,code = codedc,other = otherdc)
```

执行效果如图 5-7 所示。

127

图 5-7　分类显示显示博客信息

4）文件 write.py 对应于模板文件 new_article.html，功能是在表单中发布新的博客信息，包括博客的标题、正文内容和 API 对应的 URL，主要实现代码如下所示。

源码路径：daima\5\5-3\controller\write.py

```python
class Write(UserHandler):
    @tornado.web.authenticated
    def get(self):
        self.render("page/new_article.html")
    @tornado.web.authenticated
    def post(self):
        title = self.get_argument('title')
        content = self.get_argument('content')
        url = self.get_argument('url')
        content = markdown2.unicode(markdown2.markdown(content))
        dao.addArticle(title,content,url)
        self.redirect('/article/'+url)
```

执行效果如图 5-8 所示。

图 5-8　发布新的博客信息

5.3.4　生成 JSON 信息

生成 JSON 信息的具体流程如下所述。

1）登录用户发布新的博客信息时，会要求在表单中输入一个 URL。这个 URL 是这篇博客 API 对应的 URL，此 API 接口是一个 JSON 信息生成器，可以方便其他平台调用系统内的博客信息。本系统通过 controller 目录下的文件 api.py 生成 API 对应的 URL，主要实现代码如下所示。

源码路径：daima\5\5-3\controller\api.py

```python
class Article(BaseHandler):
    def get(self,url):
        article = dao.getArticle(url)
        comments = dao.getComments(article['aid'])
        r = {'article':article,'comments':comments}
        self.write(json.dumps(r,cls=DatetimeEncoder,ensure_ascii=False))


class Comment(BaseHandler):
    def post(self):
        aid = self.get_argument("aid")
        username = self.get_argument("username")
        email = self.get_argument("email")
        url = self.get_argument("url")
        content = self.get_argument("content")
        msg = CommentsInterceptor.validator(username,email,content)
        if(msg['status'] is "good"):
            content = markdown2.unicode(markdown2.markdown(content))
            data = (aid,username,email,url,content)
            dao.addComment(data)
            comments = dao.getComments(aid)
            r = {'comments':comments,"msg":msg}
            self.write(json.dumps(r,cls=DatetimeEncoder,ensure_ascii=False))
        else:
            r = {"msg":msg}
            self.write(json.dumps(r,cls=DatetimeEncoder,ensure_ascii=False))
```

2）在脚本文件 main.js 中实现 JSON 转换，分别将某篇博客信息的标题、正文内容和留言信息转换为 JSON 格式，主要实现代码如下所示。

源码路径：daima\5\5-3\static\js\main.js

```javascript
/*文章*/
var art = {};
art.ajax = function(url){
    //alert("ajax"+url);
    $.ajax({
        url:"/api/article/"+url,
        type:"get",
        dataType: "json",
        success:function(data){
            //alert(data);
```

129

```
            art.data(data);
        },
        error:function(){
            alert("发生未知错误");
        }
    });
};

/*评论表单提交*/
comments.submit = function(){
    from = $("#commentform").serialize();
    $.ajax({
        url:"/api/comment",
        data:$("#commentform").serialize(),
        type:"post",
        dataType: "json",
        success:function(data){
            if(data.msg['status']=="bad"){
                alert(data.msg['msg']);
                return;
            }
            alert(data.msg['status']);
            var llayout = comments.listlayout(data.comments);
            comments.redrawListLayout(llayout);
        },
        error:function(){
            alert("发生未知错误");
        }
    });
};
```

例如，笔者将某篇博客的 URL 设置为 http://www.toppr.net，则在浏览器中输入如下地址会在页面中显示生成的 JSON 信息，如图 5-9 所示。

```
http://localhost:8000/api/article/http://www.toppr.net
```

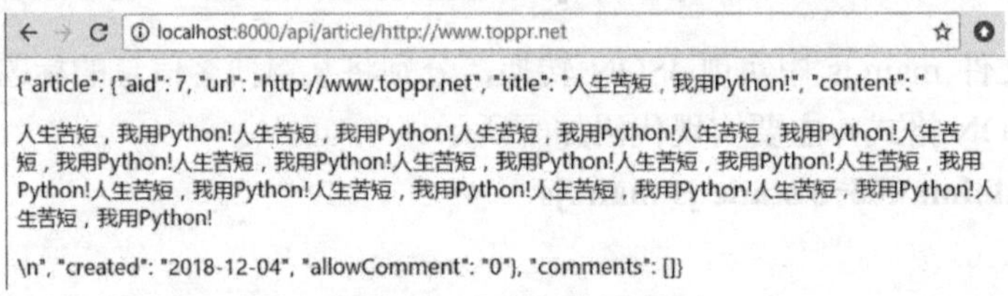

图 5-9　生成的 JSON 信息

5.3.5　系统安全性设置

系统安全性设置的具体流程如下所述。

1）文件 signin.py 的功能是验证用户输入的登录数据是否合法，如果合法则使用 Cookie 保存用户名，如果非法则显示非法提示信息，主要实现代码如下所示。

源码路径：daima\5\5-3\controller\signin.py

```
class Signin(UserHandler):
    def get(self):
        title = '登陆'
        self.render('user/signin.html',title = title)

    def post(self):
        username = self.get_argument('username')
        password = self.get_argument('password').encode('utf8')
        author = dao.findUserNameReturnPassWord(username)
        if not author:
            self.render('user/signin.html',title = '登陆',err="用户名或密码错误")
            return
        dbpass = author['password']
        has = bcrypt.hashpw(password,bcrypt.gensalt())
        if bcrypt.hashpw(password, has) == has:
            self.set_secure_cookie("dmrs",username)
            self.redirect("/")
        else:
            self.render('user/signin.html',title = '登陆',err="用户名或密码错误")
```

用户登录表单界面的执行效果如图 5-10 所示。

图 5-10　用户登录表单界面

2）文件 signout.py 的功能是当用户想退出系统时，使用 clear_cookie 删除 Cookie 中保存的信息，具体实现代码如下所示。

源码路径：daima\5\5-3\controller\signout.py

```
from controller.base import BaseHandler
class Signout(BaseHandler):
    def get(self):
```

```
        self.clear_cookie("dmrs")
        self.redirect("/")
```

3）文件 UserHandler.py 的功能是通过函数 get_secure_cookie 获取安全的 Cookie 信息，具体实现代码如下所示。

源码路径：daima\5\5-3\controller\UserHandler.py

```
class UserHandler(BaseHandler):
    def get_current_user(self):
        return self.get_secure_cookie("dmrs")
```

4）文件 bcrypt.py 的功能是加密登录用户的密码信息，具体实现代码如下所示。

源码路径：daima\5\5-3\PasswordGenerator\bcrypt.py

```
import bcrypt
password = "admin"
password =password.encode("utf8")
# 第一次用随机生成的散列密码
hashed = bcrypt.hashpw(password, bcrypt.gensalt(10))
# 检查未加密的密码是否匹配以前的密码。
# 哈希处理
if bcrypt.hashpw(password, hashed) == hashed:
    print("It Matches!")
    print(hashed)
else:
    print("It Does not Match :(")
```

5）通过文件 UUID.py 获取并显示当前用户的 UUID 标识码，具体实现代码如下所示。

源码路径：daima\5\5-3\tool\UUID.py

```
import base64
import uuid
defget_uuid():
id = base64.b64encode(uuid.uuid4().bytes + uuid.uuid4().bytes)
    print("使用的 UUID 为"+str(id))
    return id
```

当运行文件 run.py 调试本项目时，在命令行界面中会首先显示当前调试用户的 UUID 标识码，如图 5-11 所示。

```
C:\Users\apple\AppData\Local\Programs\Python\Python36\python.exe H:/pythonweb/daima/5/blog/run.py
使用的UUID为b'02ZarL9tSuqAAhaBxwRYtPHU7o41hEHvjzsp06IPies='
[I 181204 22:42:36 web:1971] 200 GET /signin?next=%2Fwrite (::1) 16.01ms
[I 181204 22:43:10 web:1971] 200 GET / (::1) 29.01ms
[I 181204 22:48:34 web:1971] 304 GET /api/article/http://www.toppr.net (::1) 14.01ms
[I 181204 22:58:02 web:1971] 200 GET /about (::1) 12.00ms
[I 181204 22:58:07 web:1971] 304 GET / (::1) 24.01ms
[I 181204 23:00:13 web:1971] 304 GET /api/article/http://www.toppr.net (::1) 17.01ms
```

图 5-11　在命令行界面最先显示的是 UUID 标识码

第 6 章
Django Web 开发基础

Django 是一个开放源代码的 Web 应用框架，使用 Python 语言编写而成。Django 最早在在 2005 年 7 月发布，并于 2008 年 9 月发布了第一个正式版本 1.0。Django 采用了 MVC 的软件设计模式，即模型(M)-视图(V)-控制器(C)。本章将详细讲解使用 Django 框架开发 Python Web 程序的基础知识。

6.1 Django 框架介绍

Django 是 Python Web 开发领域最常用的框架之一，最初由 Lawrence Journal-World 报业在线业务的 Web 开发者创建。Django 在 2005 年正式发布，引入了以"新闻业的时间观"开发应用的方式。本节将简要介绍 Django 框架的基础知识。

在 Django 框架中，因为通常使用自定义模板实现控制器接受用户输入的部分，所以在 Django 中更加关注的是 MTV 开发模式，即模型（Model）-模板（Template)-视图（Views），这 3 个部分的具体说明如下所述。

● 模型（Model），即数据存取层，用于处理与数据库操作相关的所有事务。
● 模板（Template），即表现层，用于处理与界面表现相关的内容，通常使用静态 HTML、CSS 和 JS 技术实现。
● 视图（View），即业务逻辑层，是模型与模板之间的桥梁。视图在获取模型层的数据后，将数据显示在静态模板文件中。

通过上述 MTV 开发模式可以看出，Django 将 MVC 中的视图进一步分解为 Django 视图和 Django 模板两个部分，其中前者决定"展现哪些数据"，后者决定"如何展现"。这样使得 Django 的模板可以根据需要随时替换，而不仅仅限制于项目中的内置模板。

6.2 Django 开发基础

本节详细讲解 Django 开发的基础知识，包括搭建开发环境和常用命令等内容。希望读者认真学习，做到基础知识扎实，为学习后面的知识打下基础。

6.2.1 搭建 Django 环境

在当今技术环境下，有多种安装 Django 框架的方法，其中最简单的下载和安装方式是使用 easy_install 或 pip 命令进行安装。例如，在 Windows 系统中，只需在命令行窗口中使用 easy_install 命令来安装 Django。

```
easy_install django
```

也可以使用如下所示的 pip 命令来安装 Django。

```
pip install django
```

如果在电脑中已经安装了较低版本的 Django，那么也可以使用如下所示的 pip 命令来升级 Django。

```
pip install --upgrade django
```

本书使用的版本是 2.2.3，在控制台界面使用 pip 命令进行升级的效果如图 6-1 所示。

图 6-1 控制台升级 Django 的界面效果

6.2.2 常用的 Django 命令

接下来讲解 Django 框架中常用的操作命令。读者需要打开 Linux 或 macOS 的 Terminal（终端），直接在终端中输入这些命令（不是 Python 的 shell 中）。如果读者使用的是 Windows 系统，则需要在命令行窗口输入这些操作命令。

（1）新建一个 Django 工程

```
django-admin.py startproject project-name
```

在上述命令中，project-name 表示工程的名字，一个工程是一个项目。在 Windows 系统中需要使用如下所示的命令创建工程。

```
django-admin startproject project-name
```

（2）新建 app（应用程序）

```
python manage.py startapp app-name
```

或：

```
django-admin.py startapp app-name
```

在一个 Django 工程中可以有多个 app，一个公用的 app 也可以在多个 Django 工程中使用。

（3）同步数据库

```
python manage.py syncdb
```

读者需要注意，在 Django 1.7.1 及以上的版本中需要用以下命令同步数据库。

```
python manage.py makemigrations
python manage.py migrate
```

当在工程的 models.py 文件中定义了和数据库表相关的类时，运行上述命令可以自动在数据库中创建对应的数据库表，而不用开发者手动创建数据库表，大大提高了开发效率。

（4）使用开发服务器

开发服务器，即在开发时使用，在修改代码后会自动重启，这会方便程序的调试和开发。但是由于性能问题，建议只用来测试，不要用在生产环境。

```
python manage.py runserver
# 当提示端口被占用的时候，可以用其他端口:
python manage.py runserver 8001
python manage.py runserver 9999
#当然也可以 kill 掉占用端口的进程

# 监听所有可用 ip （电脑可能有一个或多个内网 ip，一个或多个外网 ip，即有多个 ip 地址）
python manage.py runserver 0.0.0.0:8000
# 访问对应的 ip 加端口，比如 http://172.16.20.2:8000
```

（5）清空数据库

```
python manage.py flush
```

运行此命令会询问选择 yes 还是 no，选择 yes 会把数据全部清空，只留下空表。

（6）创建超级管理员用户

```
python manage.py createsuperuser
```

运行后可以按照提示输入管理员的用户名和密码，邮箱可以随便输入甚至可以留空。
也可以通过如下命令修改超级管理员用户密码。

```
python manage.py changepassword username
```

username 表示管理员的用户名。

（7）启动 Django 工程命令行环境

```
python manage.py shell
```

运行后可以来到当前工程的命令行界面，可以使用命令来管理运维这个 Django 工程。

（8）数据库命令行

```
python manage.py dbshell
```

运行后会自动进入在 settings.py 中设置的数据库，如果当前工程使用的是 MySQL 数据
库或 postgreSQL 数据库，会在命令行界面要求输入数据库的用户名和密码。输入用户名和
密码后可以执行操作数据库数据的 SQL 语句。

6.2.3 Django 的 MVC 设计模式

在使用 Django 框架开发 Web 程序时需要遵循 MVC 设计模式，Django Web 项目的 4 个
核心模块是：模型（Model）、链接（URL）、视图（View）和模板（Template），这 4 个模块
与 MVC 设计模式的对应关系如下。

- Django 中的 Model 模块：此模块与 MVC 模式下的 Model 类似。
- Django 中的 URL 和 View 模块：这两个合起来与 MVC 模式下的 Controller 十分相
  似，可以联合使用 Django 中的 URL 和 View 向 Template 传递正确的数据。另外，用
  户输入的数据也需要 Django 中的 View 来处理。
- Django 中的 Template：此模块与经典 MVC 模式下的 View 一致，Django 中的
  Template 用于显示 Django View 传来的数据，这决定了用户界面的显示外观。另外，
  在 Template 里面也包含了表单，可以用来搜集用户的输入。

6.3 创建第一个 Django 工程

为了使读者对 Django Web 有一个清晰的认识，接下来将通过
一个具体实例的实现过程详细讲解创建并运行第一个 Django 工程
的方法。

源码路径：daima\6\6-3\mysite

1）在命令行中定位到 D：盘，然后通过如下命令创建一个 mysite 目录作为 project（工程）。

```
django-admin startproject mysite
```

注意：如果使用 django-admin 命令无法创建工程，请使用 django-admin.py 命令实现，如下所示。

django-admin.py startproject mysite

创建成功后会看到如下所示的目录结构。

```
mysite
├── manage.py
└── mysite
    ├── __init__.py
    ├── settings.py
    ├── urls.py
    └── wsgi.py
```

此时会发现在 D：盘中新建了一个 mysite 目录，并且在 mysite 下面还有一个名为 mysite 的子目录，各个目录和文件的具体说明如下所述。

- mysite：D：盘根目录下的 mysite 目录，用于保存整个工程。
- manage.py：一个实用的命令行工具，通常在运行此文件后可以启动 Django 项目。
- mysite/__init__.py：一个空文件，命名为__init__的作用是设置这个目录下的所有文件都是当前工程中的模块。这样在其他目录的文件中，可以方便地使用 import 命令调用此目录下的成员。
- mysite/settings.py：该 Django 项目的"配置"文件，可以在其中设置工程的配置信息。
- mysite/urls.py：该 Django 项目的 URL 声明，设置不同页面的 URL 链接导航路径。
- mysite/wsgi.py：一个 WSGI 兼容的 Web 服务器的入口，以便运行项目。

2）在命令行中定位到 D：盘的 mysite 目录下（注意，不是 mysite 中的 mysite 目录），然后通过如下命令新建一个应用（app），如命名为 learn。

```
H:\mysite>python manage.py startapp learn
```

此时可以看到在 mysite 主目录中多出了一个 learn 文件夹，其中包含如下所示的文件。

```
learn/
├── __init__.py
├── admin.py
├── apps.py
├── models.py
├── tests.py
└── views.py
```

3）对文件 mysite/mysite/settings.py 中的如下代码进行修改，这样将上面新定义的名为 learn 的 app 添加到文件 settings.py 的 INSTALL_APPS 中。文件 settings.py 修改后的代码如下所示。

```
INSTALLED_APPS = [
    'django.contrib.admin',
    'django.contrib.auth',
    'django.contrib.contenttypes',
    'django.contrib.sessions',
    'django.contrib.messages',
    'django.contrib.staticfiles',
    'learn',
]
```

如果不这样做，Django 不能自动找到 app 中的模板文件（app-name/templates/下的文件）和静态文件（app-name/static/中的文件），整个程序无法正常解析运行。

4）在 learn 目录中打开文件 views.py，定义视图函数用于显示访问页面时的内容。文件 views.py 的具体实现代码如下所示。

```
from django.http import HttpResponse
def index(request):
    return HttpResponse(u"欢迎光临，Python 工程师欢迎您！")
```

对上述代码的具体说明如下所述。

● 第 1 行：引入 HttpResponse 向网页返回内容，此功能像 Python 中的 print 函数一样，只不过 HttpResponse 是把内容显示到网页上。

● 第 2~3 行：定义函数 index()，功能是返回一个 HttpResponse 对象，如在网页中简单地显示几个文字。函数 index()的参数必须是 request，在 request 中不但包含了 GET 和 POST 的内容，还包含了用户浏览器和系统等信息。

5）接下来需要定义和视图函数相关的 URL，设置用户应该访问哪个 URL 才能看到上面函数 index()的内容。在文件 mysite/mysite/urls.py 中定义与视图函数相关的 URL，具体实现代码如下所示。

```
from django.conf.urls import url
from django.contrib import admin
from learn import views as learn_views  # new

urlpatterns = [
    url(r'^$', learn_views.index),  # new
    url(r'^admin/', admin.site.urls),
]
```

通过上述代码，搭建了 URL 和函数 index()的桥梁。

6）最后在终端上运行如下命令进行测试：

```
python manage.py runserver
```

测试成功后显示效果如图 6-2 所示。

```
H:\mysite>python manage.py runserver
Performing system checks...

System check identified no issues (0 silenced).

You have 13 unapplied migration(s). Your project may not work properly until you appl
y the migrations for app(s): admin, auth, contenttypes, sessions.
Run 'python manage.py migrate' to apply them.
December 30, 2016 - 22:52:25
Django version 1.10.4, using settings 'mysite.settings'
Starting development server at http://127.0.0.1:8000/
Quit the server with CTRL-BREAK.
[30/Dec/2016 22:52:35] "GET / HTTP/1.1" 200 39
```

图 6-2　控制台执行效果

在浏览器中的执行效果如图 6-3 所示。

← → C 　①　127.0.0.1:8000

欢迎光临，Python工程师欢迎您！

图 6-3　执行效果

6.4　在 URL 中传递参数

　　　　　　　和前面学习的 Tornado 框架一样，通过使用 Django 框架也可以处理 URL 参数。本节将详细讲解在 URL 中传递参数的知识。

6.4.1　URL 的运行流程

　　在 Django 框架中，URL 和 View 模块与 MVC 模式下的 Controller 相对应。当收到用户在客户端发出的访问请求后，Django 使用视图向用户展示反馈内容。这个客户端和 Django Web 交互的过程中，服务器端收到用户请求后会根据文件 urls.py 中的 URL 导航，去视图 View 中匹配与请求对应的处理方法，找到后返回给客户端 HTTP 页面数据。在上述过程中，Django 的 URL 导航功能与传统 Web 项目的路由机制（Router）类似。

　　假设有一个博客系统，其工程目录是 mysite，然后在其中创建了一个名字是 blog 的 app。设置 blog 目录下文件 urls.py 实现 URL 链接导航，文件 urls.py 的实现代码如下所示。

```
from django.urls import path

from . import views

urlpatterns = [
    path('blog/', views.index),
     path('blog/articles/<int:id>/', views.articles),
]

# blog/views.py
def index(request):
    # 展示博客中的所有文章

def article(request, id):
    # 展示博客中的某篇具体文章
```

通过上述代码构建了一个 Django 工程的 URL 导航文件，在使用时的工作流程如下所述。

1）如果用户在浏览器中输入/blog/，URL 在收到这个请求后会调用视图文件 views.py 中的方法 index()，可以通过方法 index()展示博客中所有的文章。

2）如果用户在浏览器中输入/blog/articles/<int:id>/，此时 URL 不仅会调用文件 views.py 中的方法 articles()，还会把表示文章 id（编号）的参数通过尖括号<int:id>的形式传递给视图。读者需要注意<int:id>，其中参数 int 表示只传递整数，后面的 id 表示传递的参数名字。在博客系统中，这个 id 表示某篇文章的 id。

上面只是配置了 Django app 的 URL 文件，还需要配置 Django 工程中的 URL 文件，此时需要把 Web 程序的 urls（如 blog 的 urls：blog.urls）加入到项目中的 URL 配置里面（mysite/urls.py），配置代码如下所示。

```
from django.conf.urls import url, include

urlpatterns = [
    url(r'^/', include('blog.urls')),
]
```

6.4.2 两个传参方法 path()和_re_path()

在 Django Web 程序中，通过 URL 文件可以把参数传递给视图 View。在具体实现时有两种传递 URL 参数的方法，分别是 path()和_re_path()，具体说明如下所述。

1）方法 path()：实现正常参数传递，有两种传递格式。

```
<变量类型:变量名>
<变量名>
```

例如，下面都是合法的传递格式。

```
<int:id>
<slug:slug>
<username>
```

2）方法 re_path()：使用正则表达式 regex 进行匹配，采用命名组的方式传递参数，具体格式如下所示。

```
(?P<变量名>表达式)
```

例如，下面的演示文件 blog/urls.py 使用上述两个方法传递文章 id 给视图，这两种方式的功能是完全一样的。

```
from django.urls import path, re_path

from . import views

urlpatterns = [
    path('blog/article/<int:id>/', views.article, name = 'articles'),
re_path(r'^blog/articles/(?P<id>\d+)/$', views.article, name='articles'),
]

# View (in blog/views.py)

def article(request, id):
    # 展示某篇文章
```

在上面 re_path 的小括号中，在单引号前面有一个小写字母 r，这表示后面引号中的内容是正则表达式，其中^代表开头，$代表结尾，\d+代表正整数，\代表不会被转义。

6.4.3　URL 的命名和方法 reverse()

在上一节的演示代码中，有如下所示的一行代码。

```
re_path(r'^blog/articles/(?P<id>\d+)/$', views.article, name='articles'),
```

设置后面的 name 值为 articles，这表示 URL 的名字，这是 URL 全局变量的名字。可以在 Django 工程中的所有模块中使用这个名字，例如，需要在模板文件中通过 URL 链接指向一篇具体文章，可以通过以下两种方法实现。

● 使用命名 URL 方法实现。

```
<a href="{% url 'article' id %}">Article</a>
```

● 使用常规 URL 方法实现。

```
<a href="blog/article/id">Article</a>
```

有经验的读者，会发现使用上面第一种方法的效率更高。假设需要修改工程中所有模板中的某个链接，想将链接 blog/article/id 修改为 blog/articles/id。在使用上面的第二种方法时需要修改所有模板，而第一种方法只要修改 URL 配置中的一个字母即可。

在 Django 工程中，不能直接在视图中使用命名 URL，通常只能在模板中使用命名 URL。如果配置了命名 URL，在 Django 框架中可以使用内置方法 reverse()将命名 URL 转化

141

为常规的 URL 并在视图中使用。假设在不同的 Web 项目（如 news 或 blog）中都有 articles 这个命名 URL，为了区分多个 articles，需要在 articles 前面加上命名空间名字。例如，下面的演示代码表示这个 articles 是名为 news 命名空间中的成员。

```python
from django.urls import reverse

reverse('news:articles', args=[id])
```

6.4.4　URL 指向基于类的视图

在目前的 Django 框架中，path 和 re_path 都只能指向视图 view 中的一个函数或方法，而不能指向一个基于类的视图（Class Based View）。Django 提供了一个额外的方法 as_view()，可以将一个类伪装成方法，这一点在使用 Django 自带的 view 类或自定义的类时会非常重要。在下面的演示文件 blog/urls.py 中使用了方法 as_view()。

```python
from django.urls import path, re_path

from . import views

urlpatterns = [
    path('', views.ArticlesList.as_view(), name='articles_list'),
    path('blog/articles/<int:id>/', views.article, name = 'articles'),
    re_path(r'^blog/articles/(?P<id>\d+)/$', views.articles, name='articles'),
]

from django.views.generic import ListView
from .views import Article

class ArticlesList(ListView):

    queryset = Articles.objects.filter(date__lte=timezone.now()).order_by('date')[:5]
    context_object_name = 'latest_articles_list'
template_name = 'blog/articles_list.html'

def article(request, id):
    # 展示某篇文章
```

6.4.5　实战演练：一个加法计算器

下面的实例代码演示了使用 Django 框架实现参数相加功能的过程。

源码路径：daima\6\6-4\jigong_views

1）在命令行中定位到 D: 盘，然后通过如下命令创建一个 jigong_views 目录作为本项目的 project（工程）路径。

```
django-admin startproject jigong_views
```

也就是说在 H 盘中新建了一个 jigong_views 目录，其中还有一个 jigong_views 子目录，这个子目录中是一些项目的设置文件 settings.py、总的 urls 配置文件 urls.py 以及部署服务器时用到的 wsgi.py 文件，文件 __init__.py 是 python 包的目录结构所必需的，与调用有关。

2）在命令行中定位到 jigong_views 目录下（注意，不是 jigong_views 中的 jigong_views 目录），然后通过如下命令新建一个应用（app），名称叫 calc。

```
cd jigong_views
python manage.py startapp calc
```

此时自动生成的目录结构大致如下所示。

```
jigong_views/
├── calc
│   ├── __init__.py
│   ├── admin.py
│   ├── apps.py
│   ├── models.py
│   ├── tests.py
│   └── views.py
├── manage.py
└── jigong_views
    ├── __init__.py
    ├── settings.py
    ├── urls.py
    └── wsgi.py
```

3）为了将新定义的 app 添加到 settings.py 文件的 INSTALL_APPS 中，需要对文件 jigong_views/jigong_views/settings.py 进行如下修改。

```
INSTALLED_APPS = [
    'django.contrib.admin',
    'django.contrib.auth',
    'django.contrib.contenttypes',
    'django.contrib.sessions',
    'django.contrib.messages',
    'django.contrib.staticfiles',
    'calc',
]
```

这一步的目的是将新建的程序 calc 添加到 INSTALL_APPS 中，如果不这样做，Django 就不能自动找到 app 中的模板文件（app-name/templates/下的文件）和静态文件（app-name/static/中的文件）。

4）定义视图函数，用于显示访问页面时的内容。对文件 calc/views.py 的代码进行如下所示的修改。

```
from django.shortcuts import render
from django.http import HttpResponse
```

```
def add(request):
    a = request.GET['a']
    b = request.GET['b']
    c = int(a)+int(b)
    return HttpResponse(str(c))
```

在上述代码中，request.GET 类似于一个字典，当没有传递 a 的值时，a 的默认值为 0。

5）开始定义视图函数相关的 URL 网址，添加一个网址来对应刚才新建的视图函数。对文件 jigong_views/jigong_views/urls.py 进行如下所示的修改。

```
from django.conf.urls import url
from django.contrib import admin
from learn import views as learn_views  # new

urlpatterns = [
    url(r'^$', learn_views.index),  # new
    url(r'^admin/', admin.site.urls),
]
```

6）最后在终端上运行如下命令进行测试：

```
python manage.py runserver
```

在浏览器中输入 http://localhost:8000/add/，执行效果如图 6-4 所示。

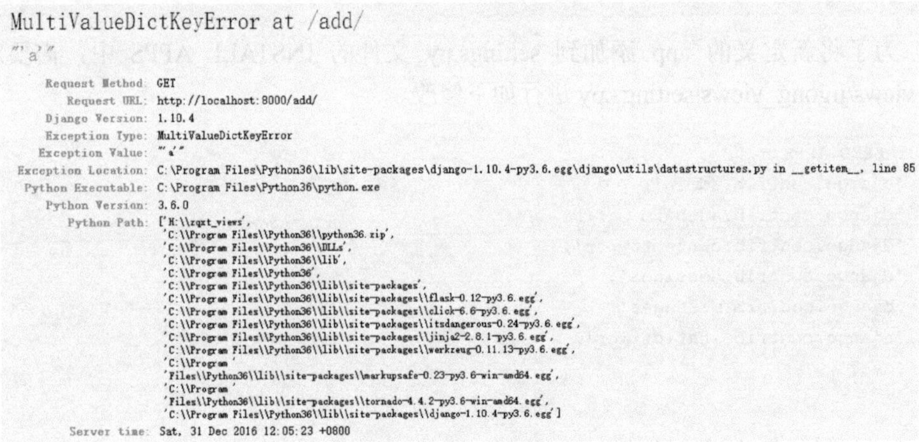

```
MultiValueDictKeyError at /add/
"a"

        Request Method: GET
           Request URL: http://localhost:8000/add/
        Django Version: 1.10.4
        Exception Type: MultiValueDictKeyError
       Exception Value: "a"
    Exception Location: C:\Program Files\Python36\lib\site-packages\django-1.10.4-py3.6.egg\django\utils\datastructures.py in __getitem__, line 85
     Python Executable: C:\Program Files\Python36\python.exe
        Python Version: 3.6.0
           Python Path: ['H:\\zqxt_views',
                         'C:\\Program Files\\Python36\\python36.zip',
                         'C:\\Program Files\\Python36\\DLLs',
                         'C:\\Program Files\\Python36\\lib',
                         'C:\\Program Files\\Python36',
                         'C:\\Program Files\\Python36\\lib\\site-packages',
                         'C:\\Program Files\\Python36\\lib\\site-packages\\flask-0.12-py3.6.egg',
                         'C:\\Program Files\\Python36\\lib\\site-packages\\click-6.6-py3.6.egg',
                         'C:\\Program Files\\Python36\\lib\\site-packages\\itsdangerous-0.24-py3.6.egg',
                         'C:\\Program Files\\Python36\\lib\\site-packages\\jinja2-2.8.1-py3.6.egg',
                         'C:\\Program Files\\Python36\\lib\\site-packages\\werkzeug-0.11.13-py3.6.egg',
                         'C:\\Program
                         Files\\Python36\\lib\\site-packages\\markupsafe-0.23-py3.6-win-amd64.egg',
                         'C:\\Program
                         Files\\Python36\\lib\\site-packages\\tornado-4.4.2-py3.6-win-amd64.egg',
                         'C:\\Program Files\\Python36\\lib\\site-packages\\django-1.10.4-py3.6.egg']
           Server time: Sat, 31 Dec 2016 12:05:23 +0800
```

图 6-4　执行效果

如果在 URL 中输入数字参数，例如，在浏览器中输入 http://localhost:8000/add/?a=4&b=5，会显示这两个数字（4 和 5）的和，执行效果如图 6-5 所示。

在 Python 程序中，也可以采用/add/3/4/这样的方式对 URL 中的参数进行求和处理。这时需要修改文件 calc/views.py 的代码，在其中新定义一个求和函数 add2()，具体代码如下所示。

9

图 6-5　执行效果

```
def add2(request, a, b):
    c = int(a) + int(b)
    return HttpResponse(str(c))
```

接着修改文件 jigong_views/urls.py 的代码，再添加一个新的 URL，具体代码如下所示。

```
url(r'^add/(\d+)/(\d+)/$', calc_views.add2, name='add2'),
```

此时可以看到网址中多了\d+，正则表达式中的\d 代表一个数字，+代表一个或多个前面的字符，写在一起\d+就表示一个或多个数字，用括号括起来的意思是保存为一个子组（更多知识请参见 Python 正则表达式），每一个子组将作为一个参数，被文件 views.py 中对应的视图函数接收。此时输入如下网址，可以看到和图 6-1 同样的执行效果。

```
http://localhost:8000/add/?add/4/5/
```

6.5　使用视图

前面曾经说过，Django Web 开发遵循经典软件设计开发的 MVC 模式。View 模块的主要功能是根据用户的请求返回数据，用于展示用户可以看到的内容（如网页、图片）。也可以用来处理用户提交的数据，如保存到数据库中。本节将详细讲解使用 Django 框架中 View 模块的过程。

6.5.1　一个最简单的视图

在 Django 框架中，当服务器收到用户通过浏览器发来的请求后，会根据在文件 urls.py 中设置的 URL 导航去视图（View）中查找与请求对应的处理方法，将找到的内容返回给客户端 HTTP 页面数据。

例如，在下面的视图文件 views.py 中，设置当用户发来一个请求 request 时通过 HttpResponse 输出文本 "人生苦短，我用 Python!"。

```
from django.http import HttpResponse
def index(request):
    return HttpResponse("人生苦短，我用 Python!")
```

在 Django Web 程序中，View 模块的功能不仅是从数据库提取数据，而且还可以设置要显示数据库内容的模板，并提供模板渲染页面所需的内容对象（Context Object）。

6.5.2　一个博客的例子

下面举一个新闻博客的例子，假设设置/blog/这个 URL 展示博客中所有的文章列表，而在/blog/articles/<int:id>/这个 URL 展示具体一篇文章的详细内容。那么可以首先通过如下文件 blog/urls.py 设置 URL。

```python
from django.urls import path

from . import views

urlpatterns = [
    path('blog/', views.index, name='index'),
    path('blog/articles/<int:id>/', views.articles_detail, name='articles_detail'),
]
```

在上述演示代码中，如果用户在浏览器输入/blog/，当 URL 收到客户端请求后会调用视图文件 views.py 中的方法 index()，这样可以列表显示博客中所有的文章。如果用户在浏览器输入/blog/articles/<int:id>/，URL 不仅会调用文件 views.py 中的方法 articles()，还会把表示博客文章编号的参数 id 通过<int:id>的形式传递给视图中的方法 articles_detail()。

接下来可以通过文件 blog/views.py 实现视图界面。

```python
from django.shortcuts import render, get_object_or_404
from .models import Articles
# 展示所有文章
def index(request):
    latest_articless = Article.objects.all().order_by('-pub_date')
    return render(request, 'blog/articles_list.html', {"latest_articles": latest_articles})
# 展示所有文章
def articles_detail(request, id):
    article = get_object_or_404(Articles, pk=id)
    return render(request, 'blog/articles_detail.html', {"articles": articles})
```

在上述代码中用到了以下 4 个方法。

1）方法 index()：提取要展示的数据对象列表 latest_articles，然后通过方法 render()传递给模板 blog/articles_list.html，这样可以列表展示数据库中保存的文章。

2）方法 article_detail()：通过 id 获取某篇博客文章的对象 articles，然后通过 render()方法传递给模板 blog/articles_detail.html 显示，这样可以显示某篇博客文章的详细信息。

3）方法 render()：功能是返回页面内容，此方法有如下所述的 3 个参数。

● 参数 request：用于生成此响应的请求对象。

● 参数'blog/articles_detail.html'：表示模板的名称和位置。

● 参数"articles"：articles：表示需要传递给模板的内容，也被称为 context object。

4）方法 get_object_or_404()：功能是调用 Django 的方法 get()查询要访问的对象，如果不存在会抛出一个 HTTP 404 的异常。

接下来看模板文件，在模板中可以直接调用通过上面视图文件传递过来的内容。下面是模板文件 blog/article_list.html 的实现代码。

```
{% block content %}
{% for articles in latest_articles %}
    {{ article.title }}
    {{ article.pub_date }}
{% endfor %}
{% endblock %}
```

下面是模板文件 blog/articles_detail.html 的实现代码。

```
{% block content %}
{{ article.title }}
{{ article.pub_date }}
{{ article.body }}
{% endblock %}
```

6.5.3　使用简易视图文件实例

下面的实例代码演示了在 Django 框架中使用简易视图文件的过程。

源码路径：daima\6\6-5\myshitu

1）通过如下命令新建一个项目，设置名称为 myshitu。

```
django-admin.py startproject myshitu
```

2）通过如下命令新建一个应用，设置名称为 shitu。

```
python manage.py startapp shitu
```

3）把新定义的 app 加到设置文件 settings.py 中，修改文件 myshitu\myshitu\settings.py 中的 INSTALL_APPS 部分为：

```
INSTALLED_APPS = [
    'django.contrib.admin',
    'django.contrib.auth',
    'django.contrib.contenttypes',
    'django.contrib.sessions',
    'django.contrib.messages',
    'django.contrib.staticfiles',

    'shitu',
]
```

如果不将新建的 app 添加到 INSTALL_APPS 中，Django 就不能自动找到 app 中的模板文件（app-name/templates/下的文件）和静态文件（app-name/static/下的文件）。

4）定义视图函数（访问页面时的内容）。在"shitu"目录中打开文件 views.py，修改为如下所示的源代码。

```
# coding:utf-8
from django.shortcuts import render

from django.http import HttpResponse


def index(request):
    return HttpResponse(u"欢迎光临 Python 架构师大舞台!")
```

在上述代码中通过使用 HttpResponse 向网页返回内容，就像 Python 中的 print 一样，只不过 HttpResponse 是把内容显示到网页上。上述代码中还定义了 index()函数，其参数必须是 request，与网页发来的请求有关，在 request 变量中包含 GET 或 POST 的内容、用户浏览器、系统等信息。函数 index()返回了一个 HttpResponse 对象，最终在网页中输出显示文本"欢迎光临 Python 架构师大舞台!"。

5）定义和视图函数相关的 URL 文件 myshitu\myshitu\url.py，设置访问指定 URL 地址时对应的视图内容。文件 url.py 的实现代码如下所示。

```
from django.contrib import admin
from django.urls import path
from shitu import views as shitu_views  # new


urlpatterns = [
    path('', shitu_views.index),  # new
    path('admin/', admin.site.urls),
]
```

6）通过如下命令运行程序，执行效果如图 6-6 所示。

图 6-6 执行效果

```
python manage.py runserver
```

6.6 使用表单

在动态 Web 应用程序中，表单是实现动态网页效果的核心。在 Web 程序中经常可以见到表单的身影，例如，通过表单可以让用户提交数据或上传文件，也可以让用户输入注册信息和登录用户名、密码。

在 Django 框架中提供了表单类 Forms，其功能是把用户输入的数据转化成 Python 对象格式，便于后续的操作（如存储、修改和删除）。下面的实例代码演示了在 Django 框架中使用表单计算数字求和的过程。

源码路径：daima\6\6-6\jigong_form2

1）首先新建一个名为 jigong_form2 的项目，然后进入 jigong_form2 文件夹新建一个名为 tools 的 app。

```
django-admin startproject jigong_form2
python manage.py startapp tools
```

2）在 tools 文件夹中新建文件 forms.py，具体实现代码如下所示。

```
from django import forms
class AddForm(forms.Form):
    a = forms.IntegerField()
    b = forms.IntegerField()
```

3）编写视图文件 views.py，实现两个数字的求和处理，具体实现代码如下所示。

```
# coding:utf-8
from django.shortcuts import render
from django.http import HttpResponse

# 引入创建的表单类
from .forms import AddForm

def index(request):
    if request.method == 'POST':# 当提交表单时

        form = AddForm(request.POST) # form 包含提交的数据

        if form.is_valid():# 如果提交的数据合法
            a = form.cleaned_data['a']
            b = form.cleaned_data['b']
            return HttpResponse(str(int(a) + int(b)))

    else:# 当正常访问时
        form = AddForm()
    return render(request, 'index.html', {'form': form})
```

4）编写模板文件 index.html，实现一个简单的表单效果，具体实现代码如下所示。

```
<form method='post'>
{% csrf_token %}
{{ form }}
<input type="submit" value="提交">
</form>
```

5）在文件 urls.py 中设置将视图函数对应到网址，具体实现代码如下所示。

```
from django.conf.urls import include, url
from django.contrib import admin
from tools import views as tools_views
```

```
urlpatterns = [
    url(r'^$', tools_views.index, name='home'),
    url(r'^admin/', admin.site.urls),
]
```

在浏览器中运行后会显示一个表单，在表单中可以输入两个数字，执行效果如图 6-7 所示。

图 6-7　表单效果

单击"提交"按钮会计算这两个数字的和，并显示求和结果，执行效果如图 6-8 所示。

11

图 6-8　显示求和结果

6.7　使用模板

　　和 Tornado 框架一样，在 Django 框架中提供了模板功能，通过其中的模板文件分离文档的表现形式和具体内容。本节将详细讲解在 Django 框架中使用模板的知识。

6.7.1　Django 模板的基础用法

在 Django 框架中，模板通常是静态的 HTML、CSS 和 JS 文件，用于定义一个页面的显示样式或外观。为了实现样式与业务逻辑的分离，在调用这些静态模板文件时，需要借助于视图传递过来的变量（Variable）或内容对象（Context Object）才能被渲染成一个完整的页面。

1．Template 的工作过程

继续使用一个博客类网站进行举例，假设当用户访问/blog/articles/21/的时候，URL 路由器会调用视图文件 views.py 中的方法 articles_detail()，其功能是提取数据库中 id 号为 21 的这篇文章，然后通过方法 render()将提取到的数据传递到模板文件/blog/articles_detail.html。

URL 文件 blog/urls.py 的实现代码如下所示。

```
from django.urls import path

from . import views

urlpatterns = [
    path('blog/articles/<int:id>/', views.articles_detail, name='articles_detail'),
]
```

视图文件 blog/views.py 的实现代码如下所示。

```
from django.shortcuts import render, get_object_or_404
from .models import Articles

def articles_detail(request, id):
    articles = get_object_or_404(Articles, pk=id)
    return render(request, 'blog/articles_detail.html', {"articles": articles})
```

这样在模板文件中可以通过双括号{{ articles }}的方式显示上面定义的变量或内容对象，也可以通过点号"."来直接访问变量的属性。下面是模板文件 blog/articles_detail.html 的实现代码。

```
{% block content %}
{{ article.title }}
{{ article.pub_date }}
{{ article.body }}
{% endblock %}
```

2. 模板（Template）文件的位置

读者在开发 Django Web 项目时，建议将 HTML 格式的模板文件放在 app/templates/app/目录中，而不是简单地放在 app/templates/中。当多加了一层 app 目录后，Django 只会查找 app 文件夹中的模板文件，会有限地提高项目的安全性。另外，在视图文件 views.py 中也建议通过 app/template_name.html 调用 template，这样做的好处是防止与其他同名 template 发生冲突。

下面的实例代码演示了在 Django 框架中使用模板的过程。

源码路径：daima\6\6-7\jigong_tmpl

1）分别创建一个名为 jigong_tmpl 的项目和一个名为 learn 的应用。

2）将 learn 应用加入到 settings.INSTALLED_APPS 中，具体实现代码如下所示。

```
INSTALLED_APPS = (
    'django.contrib.admin',
    'django.contrib.auth',
    'django.contrib.contenttypes',
    'django.contrib.sessions',
    'django.contrib.messages',
    'django.contrib.staticfiles',
```

```
    'learn',
)
```

3）打开文件 learn/views.py，编写一个首页的视图，具体实现代码如下所示。

```
from django.shortcuts import render
def home(request):
    return render(request, 'home.html')
```

4）在 learn 目录下新建一个 templates 文件夹用于保存模板文件，然后在其中新建一个 home.html 文件作为模板。文件 home.html 的具体实现代码如下所示。

```
<!DOCTYPE html>
<html>
<head>
<title>欢迎光临</title>
</head>
<body>
欢迎选择玄武纪产品！
</body>
</html>
```

5）为了将视图函数对应到网址，对文件 jigong_tmpl/urls.py 的代码进行如下所示的修改。

```
from django.conf.urls import include, url
from django.contrib import admin
from learn import views as learn_views
urlpatterns = [
    url(r'^$', learn_views.home, name='home'),
    url(r'^admin/', admin.site.urls),
]
```

6）输入如下命令启动服务器：

```
python manage.py runserver
```

执行后将显示模板中的内容，执行效果如图 6-9 所示。

← → C ① localhost:8000

欢迎选择玄武纪产品！

图 6-9 执行效果

6.7.2 模板过滤器

在 Django 框架中，可以通过使用过滤器（filter）来改变变量在模板中的显示，如 {{ article.title | lower }}中的过滤器 lower 可以将文章的标题转化为小写。在 Django 的模板中提供了许多内置过滤器，具体说明见表 6-1。

表 6-1 Django 的模板过滤器

过滤器	例子
lower, upper	{{ article.title	lower }} 大小写
length	{{ name	length }} 长度

（续）

过滤器	例子
default	{{ value | default: "0" }} 默认值
date	{{ picture.date | date:"Y-m-j" }} 日期格式
dicsort	{{ value | dicsort: "name" }} 字典排序
escape	{{ title | escape }} 转义
filesizeformat	{{ file | filesizeformat }} 文件大小
first, last	{{ list | first }} 首或尾
floatformat	{{ value | floatformat }} 浮点格式
get_digit	{{ value | get_digit }} 位数
join	{{ list | join: "," }} 字符连接
make_list	{{ value | make_list }} 转字符串
pluralize	{{ number | pluralize }} 复数
random	{{ list | random }} 随机
slice	{{ list | slice: ":2" }} 切片
slugify	{{ title | slugify }} 转为 slug，slug 表示 URL 参数的一部分，能使 URL 更加清晰易懂
striptags	{{ body | striptags }} 去除 tags
time	{{ value | time: "H:i" }} 时间格式
timesince	{{ pub_date | timesince: given_date }}时间间隔
truncatechars	{{ title | truncatechars: 10 }}超过长度 10 则进行切割
truncatewords	{{ title | truncatewords: 2 }}截取前两个字符
truncatechars_html	{{ title | truncatechars_html: 2 }}解决 HTML 乱码
urlencode	{{ path | urlencode }} URL 转义
wordcount	{{ body | wordcount }} 单词字数

6.7.3　模板标签

在 Django Web 项目的模板中，在双大括号{{ }}中保存变量，在{% tag_name %}标签中保存代码。在 Django 框架中还有很多模板标签，请读者自行查阅相关资料。

下面的实例代码演示了在 Django 模板中使用 for 循环显示列表内容的过程。

源码路径：daima\6\6-7\biaoqian

1）通过如下命令分别创建一个名为 biaoqian 的项目和一个名称为 learn 的应用程序。

```
django-admin.py startproject biaoqian
cd biaoqian
python manage.py startapp learn
```

2）将上面创建的 learn 应用加入到 settings.INSTALLED_APPS 中。

```
INSTALLED_APPS = (
    'django.contrib.admin',
    'django.contrib.auth',
    'django.contrib.contenttypes',
    'django.contrib.sessions',
    'django.contrib.messages',
    'django.contrib.staticfiles',
    'learn',
)
```

3）为了将视图函数对应到网址，对文件 urls.py 的代码进行如下所示的修改。

```
from django.contrib import admin
from django.conf.urls import include, url
from learn import views as learn_views
urlpatterns = [
    url(r'^$', learn_views.home, name='home'),
    url(r'^admin/', admin.site.urls),
]
```

4）在视图文件 view.py 中传递了一个 List 列表到模板 home.html，在列表中包含了 5 门
编程语言的名字。文件 view.py 的具体代码如下所示。

```
from django.shortcuts import render

def home(request):
    TutorialList = ["Java", "C", "C++", "Python", "C#"]
    return render(request, 'home.html', {'TutorialList': TutorialList})
```

5）在模板文件 home.html 中使用 for 循环遍历列表中的内容，在 for 循环最后要有一个
结束标记 endfor。文件 home.html 的具体实现代码如下所示。

5 大最流行的编程语言列表：

```
{% for i in TutorialList %}
{{ i }}
{% endfor %}
```

6）输入如下命令启动服务器运行 Web 程序。

```
python manage.py runserver
```

执行后会在网页中显示列表中存储的 5 门编程语言名字，执行效果如图 6-10 所示。

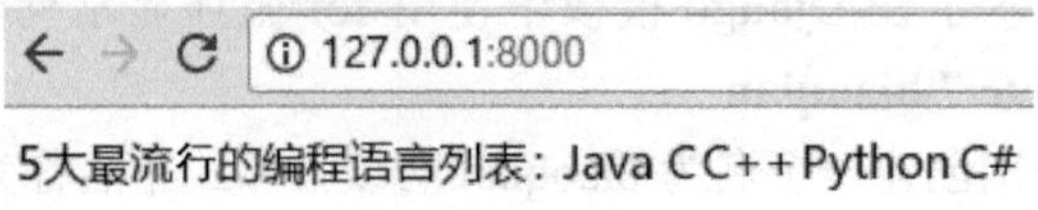

5大最流行的编程语言列表：Java C C++ Python C#

图 6-10　执行效果

6.7.4　模板继承

在 Django Web 程序中，模板可以用继承的方式来实现复用，此功能需要使用 extends 标

签实现。在下面的模板继承代码中，模板文件 template.html 中的 content 模块会替换模板文件 base.html 中的 content 模块。同时模板文件 template.html 继承了模板文件 base.html 的 sidebar 和 footer 模块。

```
# base.html
{% block sidebar %}
{% endblock %}

{% block content %}
{% endblock %}

{% block footer %}
{% endblock %}

# template.html
{% extends "base.html" %}
{% block content %}
    {{ some code }}
```

下面的实例代码演示了在 Django 模板中使用 for 循环显示列表内容的过程。

源码路径：daima\6\6-7\HelloWorld

1）通过如下命令分别创建一个名为 biaoqian 的项目和一个名称为 jicheng 的应用程序。

```
django-admin.py startproject HelloWorld
cd HelloWorld
python manage.py startapp jicheng
```

2）修改视图文件 view.py，在其中增加一个新的对象，用于向模板中提交数据。

```
from django.shortcuts import render

from django.http import HttpResponse

def hello(request):
    context        = {}
    context['hello'] = 'Hello World!'
    return render(request, 'hello.html', context)
```

3）接下来需要向 Django 说明模板文件的路径，在前面使用的是将应用加入到设置文件 settings.py 的 settings.INSTALLED_APPS 中，现在使用一种新的设置方法。打开设置文件 settings.py，修改 TEMPLATES 中的 DIRS 为：[BASE_DIR+"/jicheng/templates",]，具体实现代码如下所示。

```
TEMPLATES = [
    {
        'BACKEND': 'django.template.backends.django.DjangoTemplates',
        'DIRS': [BASE_DIR+"/jicheng/templates",],
        'APP_DIRS': True,
```

```
    'OPTIONS': {
        'context_processors': [
            'django.template.context_processors.debug',
            'django.template.context_processors.request',
            'django.contrib.auth.context_processors.auth',
            'django.contrib.messages.context_processors.messages',
        ],
    },
```

4）在子目录 jicheng 下面创建目录 templates，然后在其中创建模板文件 base.html 和 hello.html。文件 base.html 的具体实现代码如下所示。

```
<html>
<head>
<title>Hello World!</title>
</head>

<body>
<h1>Hello World!</h1>
    {% block mainbody %}
<p>original</p>
    {% endblock %}
</body>
</html>
```

在上述代码中，名字为 mainbody 的 block 标签可以被继承者替换。通过所有的{% block %} 标签告诉模板引擎，子模板可以重载这些部分。

模板文件 hello.html 继承 base.html，并替换特定的 block，文件 hello.html 的具体实现代码如下所示。

```
{% extends "base.html" %}

{% block mainbody %}
<p>继承了 base.html 文件</p>
{% endblock %}
```

在上述代码中，第一行代码说明模板文件 hello.html 继承自文件 base.html。使用相同名字的 block 标签可以替换文件 base.html 中相应的 block。

5）输入如下命令启动服务器运行 Web 程序：

```
python manage.py runserver
```

执行后效果如图 6-11 所示。

Hello World!

继承了 base.html 文件

图 6-11 执行效果

第 7 章
Django 数据库操作

在动态 Web 应用程序中，数据库技术永远是最重要的核心技术。Django 框架与数据库密切相关，支持 SQLite、MySQL、PostgreSQL 和 Oracle 等数据库。本章将详细讲解使用 Django 框架开发动态数据库的知识。

7.1 模型

在 Django 框架中，通常在文件 models.py 中编写与数据库操作相关的代码，此文件对应于 MVC 模式中的 Model。Django 框架支持常用的数据库，本节将详细讲解 Model 模型的基本知识。

7.1.1 模型基础

在模型文件 models.py 中，需要编写创建数据库表的程序代码，在代码中设置数据库表的各个字段。然后通过如下所示的命令运行程序，就可以根据文件 models.py 的代码自动创建数据库表。

```
python manage.py syncdb
```

Model 是指数据模型，是抽象地描述数据的构成和逻辑关系，而不是数据库中的具体数据。每个 Django 模型实际上是一个类，这个类继承了 models.Model。每个 Model 包括属性、关系（如一对一、一对多和多对多）和方法。当定义好 Model 后，Django 中的接口会自动在数据库生成相应的数据表（table），这样就不必自己用 SQL 命令创建表格或在数据库中操作创建表格了，大大提高了开发效率。

下面是一个和图书出版有关的案例。出版社都有自己的名字和注册地址。出版的每一本书都有对应的书名、图书介绍和出版日期。因为一个出版社可以出版很多本书，所以需要使用外键 ForeignKey 定义出版社与出版图书的一对多的关系。此时可以定义如下所示的模型文件 models.py 来满足需求。

```
from django.db import models

class Publisher(models.Model):
    name = models.CharField(max_length=30)
    address = models.CharField(max_length=60)

    def __str__(self):
        return self.name

class Book(models.Model):
    name = models.CharField(max_length=30)
    description = models.TextField(blank=True, default='')
    publisher = ForeignKey(Publisher, on_delete = models.CASCADE)
    add_date = models.DateField()

    def __str__(self):
        return self.name
```

对上述代码的具体说明如下所述。

1）类 Publisher：表示出版社，name 表示出版社的名字，address 表示出版社的地址。类名和数据库中表名是对应的，例如，类名 Publisher 说明会在数据库中创建一个名为 Publisher 的表。类 Publisher 中的属性 name 和 address 与数据库中的字段对应，例如，上述代码说明在数据库表 Publisher 中创建两个字段 name 和 address。

2）类 Book：表示出版社出版的具体某一本书，name 表示书名，description 表示图书简介，publisher 表示书的作者，add_date 表示书的出版日期。类名 Book 说明会在数据库中创建一个名为 Book 的表。类中的属性 name 和 description 表示会在数据库 Book 中创建字段 name 和 description。

3）CharField：表示当前字段的数据类型是一个字符字段类型，包含以下参数。

● max_length 表示最大长度，其取值可以是一个数值或 None。

● 如果不是必填选项，可以设置 blank = True 和 default = ''。

● 如果用于 username，想使其唯一，可以设置 unique = True。

● 如果有 choice 选项，可以设置 choices = ×××_CHOICES。

4）TextField：表示当前字段的数据类型是一个文本字段类型，包含以下参数。

● max_length 表示最大长度，其取值可以是一个数值。

● 如果不是必填项，可以设置为 blank = True 和 default = ''。

除了 CharField 和 TextField 外，Django 支持的常用数据类型如下所述。

1）DateField()和 DateTimeField()：表示日期和时间字段类型。

● 在 Web 程序中，通常将表示日期和时间的字段类型设置为默认日期 default date。

- 对于上一次修改日期（last_modified date），可以设置 auto_now=True。

2）EmailField()：表示邮件字段类型。

- 如果不是必填项，可以设置 blank = True 和 default = "。
- 如果 Email 表示用户名，那么这个值应该是唯一的，建议在开发时将 unique 的值设置为 True。

3）IntegerField()、SlugField()、URLField()、BooleanField()。

- 可以设置 blank = True 或 null = True。
- 通常将 BooleanField 的值设置为 defautl = True/False。

4）FileField(upload_to=None, max_length=100)：表示文件字段类型，通常用于保存上传的文件。

- upload_to = "/some folder/"。
- max_length = xxxx。

5）ImageField(upload_to=None, height_field=None, width_field=None, max_length=100,)：表示图像字段类型，通常用于保存文件上传的图像。

- upload_to = "/some folder/"。
- 其他选项是可选的。

6）ForeignKey(to, on_delete, **options)：表示外键，用于表示一对多关系类型。

- 参数 to 必须指向其他模型，如 Book 或 'self'。
- 必须设置 on_delete（删除选项）的值，如 on_delete = models.CASCADE 或 on_delete = models.SET_NULL。
- 可以设置 default =×××或 null = True。
- 为了便于反向查询，可以设置 related_name =×××。

7）ManyToManyField(to, **options)：表示多对多关系类型。

- to 必须指向其他模型，如 User 或'self'。
- 如果设置 symmetrical = False，这与多对多关系不是对称的。
- 设置 through = 'intermediary model'，表示建立中间模型来搜集更多信息。
- 设置 related_name =×××便于反向查询。

注意：在上述出版社和图书的演示代码中，CharField 中的 max_length 和 ForeignKey 的 on_delete 选项是必须要设置的。这个 Field 是否必要（blank = True or False），是否可以为空 (null = True or False)，会影响到数据的完整性。

7.1.2　在 DjangoWeb 程序中创建 SQLite3 数据库

下面的实例代码演示了在 Django 框架中创建 SQLite3 数据库信息的过程。

源码路径：daima\7\7-1\learn_models

1）来到命令行界面，首先新建一个名为 learn_models 的项目，然后进入到 learn_models 文件夹新建一个名为 people 的 app。

```
django-admin.py startproject learn_models # 新建一个项目
cd learn_models # 进入到该项目的文件夹
django-admin.py startapp people # 新建一个名为 people 的 app
```

2）打开文件 settings.py，将上面新建的名为 people 的 app 添加到 INSTALLED_APPS 中，具体实现代码如下所示。

```
INSTALLED_APPS = (
    'django.contrib.admin',
    'django.contrib.auth',
    'django.contrib.contenttypes',
    'django.contrib.sessions',
    'django.contrib.messages',
    'django.contrib.staticfiles',
    'people',
)
```

3）打开文件 people/models.py，新建一个继承自类 models.Model 的子类 Person，此类中有姓名和年龄这两种 Field，具体实现代码如下所示。

```
from django.db import models
class Person(models.Model):
    name = models.CharField(max_length=30)
    age = models.IntegerField()
    def __str__(self):
        return self.name
```

在上述代码中，因为双下画线 "__" 在 Django QuerySet API 中有特殊含义（用于关系、包含、不区分大小写、以什么开头或结尾、日期的大于小于、正则等），所以在 name 和 age 这两个字段中不能有双下画线 "__"。

4）开始同步数据库操作，在此使用默认数据库 SQLite3，无须进行额外配置，具体实现命令如下所示。

```
# 进入 manage.py 所在的那个文件夹下输入这个命令
python manage.py makemigrations
python manage.py migrate
```

通过上述命令可以创建一个数据库表。当在前面的文件 models.py 中新增类 people 时，运行上述命令就可以自动在数据库中创建对应的数据库表，不用开发者手动创建。命令行运行后会发现 Django 生成了一系列的表，也生成了上面刚刚新建的表 people_person。命令行运行界面效果如图 7-1 所示。

```
mac:learn_models tu$ python manage.py syncdb
Creating tables ...
Creating table django_admin_log
Creating table auth_permission
Creating table auth_group_permissions
Creating table auth_group
Creating table auth_user_groups
Creating table auth_user_user_permissions
Creating table auth_user
Creating table django_content_type
Creating table django_session
Creating table people_person
```

图 7-1 命令行运行界面效果

5）输入测试命令进行测试，整个测试过程如下所示。

160

```
$ python manage.py shell
>>>from people.models import Person
>>>Person.objects.create(name="haoren", age=24)
<Person: haoren>
>>>Person.objects.get(name="haoren")
<Person: haoren>
```

7.2　使用 QuerySet API

　　在 Django 框架中提供了丰富的模型 API，通过这些 API 可以快速实现数据库建模和操作。一旦在 Django 程序中建立好数据模型，Django 会自动为开发者生成一套数据库抽象的 API（QuerySet 查询集方法），可以使开发者快速创建、检索、更新和删除对象。本节将详细讲解使用 QuerySet API 的知识。

7.2.1　QuerySet API 基础

　　在 Django 框架中使用了比较科学的模型机制来作为数据库和 Python 程序之间进行交互的桥梁，具体说明如下所述。
- 一个模型类表示数据库中的一个表，一个模型类的实例代表这个数据库表中的一条特定的记录。
- 使用关键字参数实例化模型实例来创建一个对象，然后调用 QuerySet API 中的方法 save() 把对象保存到数据库中。

　　下面是一个多人博客模型的演示代码。

```python
from django.db import models

# 标记用户博客简介
class Blog(models.Model):
    name = models.CharField(max_length=100)
    tagline = models.TextField()

    def __str__(self):
        return self.name


# 标记作者
class Author(models.Model):
    name = models.CharField(max_length=50)
    email = models.EmailField()

    def __str__(self):
        return self.name
```

```
# 标记用户博文
class Entry(models.Model):
    blog = models.ForeignKey(Blog, on_delete=models.CASCADE)
    headline = models.CharField(max_length=255)
    body_text = models.TextField()
    pub_date = models.DateField()
    authors = models.ManyToManyField(Author)
    n_comments = models.IntegerField(default=0)
    n_pingbacks = models.IntegerField(default=0)
    rating = models.IntegerField(default=0)

    def __str__(self):
        return self.headline
```

接下来可以在 Python 交互式窗口中，调用 QuerySet API 向数据库中插入一些数据进行测试。

```
>>>from polls.models import *
>>> b = Blog(name="Dog Blog", tagline="All the latest Dog news.")
>>>b.save()
>>> a1 = Author.objects.create(name="dkey", email="aaa@163.com")
>>> a2 = Author.objects.create(name="jerry", email="bbb@163.com")
>>> a3 = Author.objects.create(name="jerry", email="ccc@qq.com")
```

在上述测试过程中，在数据库表 Blog 中添加了一条数据，在数据库表 Author 中添加了 3 条数据。

7.2.2　生成新的 QuerySet 对象的方法

在 QuerySet API 中，如下所述的方法不会生成新的 QuerySet 对象。

1）exclude()：用于实现反向查询并返回查询条件相反的对象，举例如下。

```
>>>Author.objects.exclude(name="dkey")
<QuerySet [<Author: jerry>, <Author: jerry>]>
```

2）filter()：实现精确查询过滤功能，这不是通配匹配查询，举例如下。

```
>>>Author.objects.filter(name="dkey")
<QuerySet [<Author: dkey>]>
```

3）datetimes()：返回一个表示 QuerySet 的 datetime.datetime 对象列表的表达式。其语法格式如下所示。

```
datetimes(field_name, kind, order='ASC', tzinfo = None)
```

- 参数 field_name：表示 DateTimeField 模型的名称。
- 参数 kind：其值可以是 year、month、day、hour、minute 或 second。根据这个参数的

值返回对应的结果集。

- 参数 order：指定排序方式，默认为'ASC'，取值有'ASC'或'DESC'。
- 参数 tzinfo：设置当前的时区。该参数必须是一个 datetime.tzinfo 对象。如果 tzinfo 设置为 None，Django 会使用当前时区。

4）order_by()：对结果集进行升序或降序处理，在处理时可以指定需要排序的字段，举例如下。

```
# 升序
>>>Author.objects.filter().order_by('name')
<QuerySet [<Author: dkey>, <Author: jerry>, <Author: jerry>]>

# 降序
>>>Author.objects.filter().order_by('-name')
<QuerySet [<Author: jerry>, <Author: jerry>, <Author: dkey>]>
```

如果想要随机排序查询结果，可以使用问号"?"实现，举例如下。

```
>>> Author.objects.order_by('?')
<QuerySet [<Author: jerry>, <Author: dkey>, <Author: jerry>]>
```

注意：order_by('?')会根据用户使用的数据库后端进程处理，查询过程可能会很慢。

5）reverse()：设置使用颠倒的顺序显示查询的数据元素，如果再次调用 reverse()会恢复到最初正常的显示顺序。

6）dates()：根据日期返回一个 QuerySet 结果集。其语法格式如下所示。

```
dates(field, kind, order ='ASC')
```

- 参数 field 是 DateField 模型的名称。
- 参数 kind：取值是 year、month 或 day，功能是根据日期返回查询结果集。year 表示返回该字段所有不同"年"值的列表，month 表示返回该字段的所有不同"年/月"值的列表，day 表示返回该字段的所有不同"年/月/日"值的列表。
- 参数 order：表示排列顺序，默认为'ASC'，取值可以是'ASC'或者'DESC'。这指定了如何排序结果。

举例如下。

```
>>>Entry.objects.dates('pub_date', 'year')
[datetime.date(2005, 1, 1)]
>>>Entry.objects.dates('pub_date', 'month')
[datetime.date(2005, 2, 1), datetime.date(2005, 3, 1)]
>>>Entry.objects.dates('pub_date', 'day')
[datetime.date(2005, 2, 20), datetime.date(2005, 3, 20)]
>>>Entry.objects.dates('pub_date', 'day', order='DESC')
[datetime.date(2005, 3, 20), datetime.date(2005, 2, 20)]
>>>Entry.objects.filter(headline__contains='Lennon').dates('pub_date', 'day')
```

```
[datetime.date(2005, 3, 20)]
```

7）values()：当将 QuerySet 作为迭代器使用时会返回一个字典，字典中的每一个键值对都表示一个对象，其中的键与模型对象的属性名称相对应，举例如下。

```
>>>Author.objects.filter(name='jerry').values()
<QuerySet [{'id': 2, 'name': 'jerry', 'email': 'jerry@163.com'}, {'id': 3, 'name':
'jerry', 'email': 'jerry@qq.com'}]>
```

方法 values()采用可选的位置参数，参数*fields 指定 SELECT 应限制的字段名称。如果指定了字段，每个字典将仅包含指定字段的键和值。如果不指定字段，则每个字典将包含数据库表中每个字段的键和值，举例如下。

```
>>>Author.objects.values('name')
<QuerySet [{'name': 'dkey'}, {'name': 'jerry'}, {'name': 'jerry'}]>
```

方法 values()还包含一个可选的关键字参数 **expressions，被传递给 annotate()，举例如下。

```
>>> from django.db.models.functions import Lower
>>> Blog.objects.values(lower_name=Lower('name'))
<QuerySet [{'lower_name': 'beatles blog'}]>
```

8）values_list()：在迭代时返回元组，每个元组都包含传入 values_list()调用的相应字段或表达式的值，因此第一个项目是第一个字段，举例如下。

```
>>> Author.objects.values_list('id', 'name')
<QuerySet [(1, 'dkey'), (2, 'jerry'), (3, 'jerry')]>
```

如果只是想传入单个字段，那么还可以传入 flat 参数。如果 flat 参数设置为 True，则意味着返回的结果是单值，而不是一元组，举例如下。

```
>>> Author.objects.values_list('name', flat=True).order_by('-id')
<QuerySet ['jerry', 'jerry', 'dkey']>
```

另外，也可以设置 named=True，这样可以获得结果为 namedtuple()的信息，举例如下。

```
>>> Author.objects.values_list('id','name', named=True)
<QuerySet [Row(id=1, name='dkey'), Row(id=2, name='jerry'), Row(id=3, name='jerry')]>
```

使用命名元组可能会使结果更具可读性，将结果转换为命名元组的代价很小。如果不使用 values_list()传递任何值，则将按照声明的顺序返回模型中的所有字段。

9）distinct()：实现去重查询功能，消除查询结果中的重复行，返回一个新的 QuerySet，举例如下。

```
>>> Author.objects.filter().values('name').distinct()          #filter 可省略
<QuerySet [{'name': 'dkey'}, {'name': 'jerry'}]>

>>>Author.objects.filter().distinct().values_list('name')
```

```
<QuerySet [('dkey',), ('jerry',)]>
```

做完去重操作之后，如果想把结果封装成一个 list，可以通过如下代码实现。

```
>>>list = [i[0] for i in Author.objects.distinct().values_list('name')]
>>>list
['dkey', 'jerry']
```

10）raw()：在模型查询 API 不够用的情况下，可以使用原始的 SQL 语句。Django 提供两种方法使用原始 SQL 进行查询：一种是使用方法 Manager.raw()，进行原始查询并返回模型实例；另一种是完全避开模型层而直接执行自定义的 SQL 语句。

方法 raw()接受一个原始的 SQL 查询，执行并返回一个 django.db.models.query. RawQuery Set 实例。这个 RawQuerySet 实例可以像正常一样迭代 QuerySet 以提供对象实例。

```
>>>raw = Author.objects.raw('select * from polls_author')
>>>type(raw)
<class 'django.db.models.query.RawQuerySet'>
```

上述 RawQuerySet 实例也可以使用传入变量的方式。

```
raw = Author.objects.raw(
    '''
select * from polls_author where name = '%s' ORDER BY id desc
    ''' % name)
```

通过 raw()方法查询的结果是一个 RawQuerySet 对象，如果想获取所有的值可以使用如下方法。

```
>>>raw[0].__dict__
{'_state': <django.db.models.base.ModelState object at 0x10868fe48>, 'id': 1, 'name':
'dkey', 'email': 'dkey@ywnds.com'}
```

借助 raw()方法可以序列化 RawQuerySet 对象。

```
def Serialization(_obj: object) -> list:
    '''
    _obj: objext -> list, Python 3.6新加入的特性，用来标识这个方法接收一个对象并返回一个 list
    orm.raw 序列化
    '''
    _list = []
    _get = []
for i in _obj:
        _list.append(i.__dict__)

for i in _list:
del i['_state']
        _get.append(i)
return _get
```

通过上面代码序列化后的使用方式如下所示。

```
>>>Serialization(raw)
[{'id': 1, 'name': 'dkey', 'email': 'dkey@ywnds.com'}]
```

11）复杂查询 Q filter()：如果需要执行更复杂的查询（例如 OR 语句）操作，可以使用 Q 对象实现，举例如下。

```
>>>from django.db.models import Q

# OR;
>>>Author.objects.filter(Q(name="dkey")|Q(name="jerry"))
<QuerySet [<Author: dkey>, <Author: jerry>, <Author: jerry>]>

# AND;
>>>Author.objects.filter(Q(name="dkey")&Q(name="jerry"))
<QuerySet []>
```

每个接受关键字参数的查询函数（如 filter()、exclude()、get()）都可以传递一个或多个 Q 对象作为位置（不带名的）参数。如果一个查询函数有多个 Q 对象参数，这些参数的逻辑关系为 AND。查询函数可以混合使用 Q 对象和关键字参数，所有提供给查询函数的参数（关键字参数或 Q 对象）都使用&连接在一起。但是如果出现 Q 对象，它必须位于所有关键字参数的前面，举例如下。

```
>>>Author.objects.filter(Q(name="dkey"),Q(email="jerry@163.com"))
<QuerySet []>
>>>Author.objects.filter(Q(name="dkey"),Q(email="dkey@163.com"))
<QuerySet [<Author: dkey>]>
>>>Author.objects.filter(email="jerry@163.com",Q(name="dkey"))
  File "<console>", line 1
SyntaxError: positional argument follows keyword argument
```

12）链式查询，可以采用在 filter 后加 exclude 的方式实现链式查询，举例如下。

```
>>>Author.objects.filter(name="dkey").exclude(name="filter")
<QuerySet [<Author: dkey>]>
```

另外，也可以使用一些高级过滤，例如，过滤以某某开头及某某结尾的名称。

```
>>>Author.objects.filter(name__startswith='d').filter(name__endswith='y')
<QuerySet [<Author: dkey>]>
```

13）反向查询：如果模型有一个外键 ForeignKey，那么该 ForeignKey 所指的模型实例可以通过一个管理器返回前一个模型的所有实例。在默认情况下，这个管理器的名字为 foo_set，其中 foo 是源模型的小写名称。该管理器返回的查询集可以用在过滤和操作上，举例如下。

```
b = Blog.objects.get(id=1)
```

```
b.entry_set.all()

b.entry_set.filter(headline_contains='L')
b.entry_set.count()
```

14）限制返回对象，可以使用列表方式设置返回的起止范围，举例如下。

```
# 限制返回前 5 个对象;
>>>Entry.objects.all()[:5]

# 限制返回第 3 个至第 5 个对象;
>>>Entry.objects.all()[3:5]
```

15）跨关联关系查询，在查询过程中，可以同时获取多个关联不同表中的信息，举例如下。

```
# 跨关系反向查询;
>>>Entry.objects.filter(blog__name='Dog Blog')
<QuerySet [<Entry: hello>]>

>>>Blog.objects.filter(entry__headline__contains='hello')
<QuerySet [<Blog: Dog Blog>]>

# 跨关系多层查询;
>>>Blog.objects.filter(entry__authors__name__isnull=True)
<QuerySet []>

# 跨关系多层多过滤查询;
>>>Blog.objects.filter(entry__authors__isnull=False,entry__authors__name__contains='dkey')
<QuerySet [<Blog: Dog Blog>]>
```

7.2.3　使用 QuerySet API 操作 MySQL 数据库

MySQL 是 Web 开发中最为常用的数据库之一，下面的实例将对 MySQL 数据库进行介绍，讲解使用 QuerySet API 操作 MySQL 数据库的方法，包括连接数据库、添加数据、修改数据和删除数据等操作。

源码路径：daima\7\7-2\QuerySetAPI

1）来到命令行界面，首先新建一个名为 QuerySetAPI 的项目，然后进入到 QuerySetAPI 文件夹新建一个名为 people 的 app。具体实现代码如下所示。

```
django-admin.py startproject QuerySetAPI          # 新建一个项目
cd QuerySetAPI # 进入到该项目的文件夹
django-admin.py startapp people                    # 新建一个名为 people 的 app
```

2）打开文件 settings.py，将新建的应用 people 添加到 INSTALLED_APPS 中，具体实现代码如下所示。

```
INSTALLED_APPS = (
```

```
    'django.contrib.admin',
    'django.contrib.auth',
    'django.contrib.contenttypes',
    'django.contrib.sessions',
    'django.contrib.messages',
    'django.contrib.staticfiles',
    'people',
)
```

3）打开文件 people/models.py，新建一个继承自类 models.Model 的子类 aaa，类名 aaa 表示在数据库中创建一个表，名字为 aaa。类 aaa 里面的属性 name 表示数据库表 aaa 中的一个字段名字是 name，具体实现代码如下所示。

```
from django.db import models

class aaa(models.Model):
name = models.CharField(max_length=20)
```

在上述代码中，字段 name 的数据类型是 CharField，这相当于 MySQL 数据库中的 varchar 类型，max_length 表示字段 name 的限定长度。

4）在项目的设置文件 settings.py 中找到 DATABASES 配置项，设置想要连接的 MySQL 数据库的参数，包括数据库名称、用户名、用户密码、连接端口、服务器地址和数据库名字。

```
DATABASES = {
    'default': {
        'ENGINE': 'django.db.backends.mysql',
        'NAME': 'qapi',                              //要连接的数据库名是 qapi
        'USER': 'root',
        'PASSWORD': '66688888',
        'HOST':'127.0.0.1',
        'PORT':'3306',
    }
}
```

5）使用如下所示的命令创建数据库表。

```
python manage.py migrate     # 创建表结构
python manage.py makemigrations people  # 让 Django 知道在模型有一些变更
python manage.py migrate aaa    # 创建表结构
```

通过上述命令会在连接的 MySQL 数据库中根据模型文件 models.py 创建数据库表，表名组成结构如下所示。

```
app 名_类名
```

例如，本实例的 app 名为 people，类名为 aaa，所以在 MySQL 数据库中的表名显示为 people_aaa，如图 7-2 所示。

图 7-2　成功在 MySQL 数据库中创建的表

注意： 虽然没有在模型文件 models.py 给表设置主键，但是 Django 会自动添加一个 id 作为主键，如图 7-2 所示。

6）在系统根目录 QuerySetAPI 中添加 Pyton 文件 testdb.py，功能是将一条 name 值为 welcome 的数据添加到 MySQL 数据库中。

```python
from django.http import HttpResponse

from people.models import aaa

# 数据库操作
def testdb(request):
    test1 = aaa(name='welcome')
    test1.save()
    return HttpResponse("<p>数据添加成功! </p>")
```

7）编写路径导航文件 urls.py，将上面添加数据库的文件 testdb.py 添加到项目中。文件 urls.py 的具体实现代码如下所示。

```python
from django.conf.urls import *
from HelloWorld.view import hello
from HelloWorld.testdb import testdb

urlpatterns = patterns("",
        ('^hello/$', hello),
        ('^testdb/$', testdb),
)
```

使用如下命令运行项目，在浏览器中输入 http://127.0.0.1:8000/testdb/后，一条 name 值为 welcome 的数据添加到 MySQL 数据库中，并且在浏览器中显示"数据添加成功！"的提示，如图 7-3 所示。

```
python manage.py runserver
```

读者需要注意的是，每当重新浏览或刷新一次 http://127.0.0.1:8000/testdb/，就会在数据库中添加一条数据，例如，浏览 10 次会在数据库中添加 10 条数据，如图 7-4 所示。

成功添加一条数据浏览器中的执行效果

图 7-3　执行效果

图 7-4　添加了 10 条数据

8）同理，可以编写程序文件 huoqu.py，使用 QuerySet API 中的方法获取数据库中的数据，具体实现代码如下所示。

```python
from django.http import HttpResponse
from people.models import aaa

# 数据库操作
def testdb(request):
    # 初始化
    response = ""
```

```
response1 = ""

# 通过 objects 这个模型管理器的 all()获得所有数据行，相当于 SQL 中的 SELECT * FROM
list = aaa.objects.all()

# filter 相当于 SQL 中的 WHERE，可设置条件过滤结果
response2 = aaa.objects.filter(id=1)

# 获取单个对象
response3 = aaa.objects.get(id=1)
# 限制返回的数据相当于 SQL 中的 OFFSET 0 LIMIT 2;
aaa.objects.order_by('name')[0:2]

# 数据排序
aaa.objects.order_by("id")

# 上面的方法可以连锁使用
aaa.objects.filter(name="welcome").order_by("id")

# 输出所有数据
for var in list:
    response1 += var.name + " "
response = response1
return HttpResponse("<p>" + response + "</p>")
```

执行效果如图 7-5 所示。

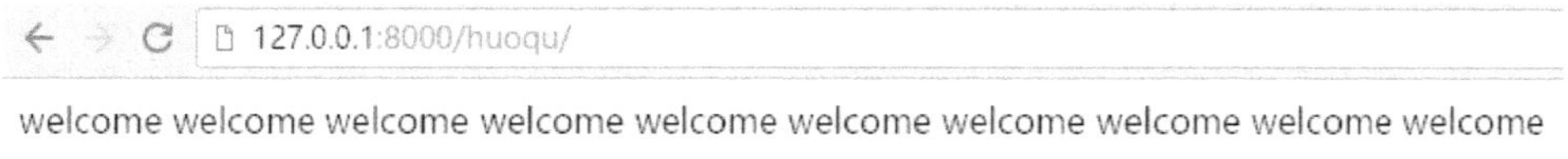

```
← → C ⏱ 127.0.0.1:8000/huoqu/
```

welcome welcome welcome welcome welcome welcome welcome welcome welcome welcome

图 7-5　执行效果

9）同理，可以编写程序文件 xiu.py，使用 QuerySet API 中的方法 save()或 update()修改数据库中已经存在数据，具体实现代码如下所示。

```
from django.http import HttpResponse
from people.models import aaa
# 数据库操作
def testdb(request):
    # 修改其中一个 id=1 的 name 字段，再 save，相当于 SQL 中的 UPDATE
    test1 = aaa.objects.get(id=1)
    test1.name = 'WelcomeToWuhan'
    test1.save()

    #修改其中一个 id=1 的 name 字段，这是另外一种方式
    # Test.objects.filter(id=1).update(name='WelcomeToWuhan')

    # 修改所有的列
    # Test.objects.all().update(name='WelcomeToWuhan')
```

```
return HttpResponse("<p>修改成功</p>")
```

在上述代码中实现了如下 3 种修改操作。

● 使用方法 get()将表中 id 为 1 的 name 值修改为 WelcomeToWuhan，然后使用方法 save()保存，这样只会修改一条数据。

● 使用方法 update()将表中 id 为 1 的 name 值修改为 WelcomeToWuhan，这样也只会修改一条数据。

● 使用方法 all()和 update()将表中所有的 name 值修改为 WelcomeToWuhan，这样会修改 n 条数据。

10）同样道理，可以编写程序文件 shan.py，使用 QuerySet API 中的方法 delete()删除数据库中已经存在数据，具体实现代码如下所示。

```
from django.http import HttpResponse
from people.models import aaa

# 数据库操作
def testdb(request):
    # 删除 id=1 的数据
    test1 = aaa.objects.get(id=1)
    test1.delete()
    # 另外一种方式
    # Test.objects.filter(id=1).delete()
    # 删除所有数据
    # Test.objects.all().delete()
    return HttpResponse("<p>删除成功</p>")
```

在上述代码中演示了如下 3 种删除操作。

● 使用方法 get()获取表中 id 为 1 的数据，然后使用方法 delete()删除这条数据，这样只会删除一条数据。

● 使用方法 filter()获取表中 id 为 1 的数据，然后使用方法 delete()删除这条数据，这样只会删除一条数据。

● 使用方法 all()和 delete()将表中所有数据删除，这样会删除 n 条数据。

7.3 Django+畅言插件+MySQL 实现一个精美博客系统

本节将详细讲解使用 Django+畅言插件+MySQL 实现一个精美博客系统的过程。在本实例中使用 Model 模型建立了数据库表，然后借助第三方畅言插件实现了一个精美博客系统。

源码路径：daima\7\7-3\myblog

7.3.1　系统配置

编写文件 settings.py，首先在 INSTALLED_APPS 中添加需要用到 3 个 app：blog、xadmin 和 crispy_forms，然后在 DATABASES 中设置连接 MySQL 数据库的参数。文件 settings.py 的主要实现代码如下所示。

```
INSTALLED_APPS = [
    'django.contrib.admin',
    'django.contrib.auth',
    'django.contrib.contenttypes',
    'django.contrib.sessions',
    'django.contrib.messages',
    'django.contrib.staticfiles',
    'blog',
    'xadmin',
    'crispy_forms',
]
DATABASES = {
    'default': {
        'ENGINE': 'django.db.backends.mysql',
        'NAME': 'myblog',
        'USER':'root',
        'PASSWORD': '66688888',  # 请换成自己的密码
        'HOST': '127.0.0.1',    # 如果不能连接，改成 localhost 试下
        'POST': '3306',
    }
}
```

7.3.2　实现模型

实现 Model 模型的具体流程如下所述。

1）在 blog 目录下新建模型文件 models.py，设置在 MySQL 数据库中要创建的博客表和对应的列属性。文件 models.py 的主要实现代码如下所示。

```
class User(AbstractUser):
    """用户信息"""
    class Meta:
        verbose_name = '用户信息'
        verbose_name_plural = verbose_name

    def __str__(self):
        return self.username


class Category(models.Model):
    """博客分类"""
```

```python
    name = models.CharField(verbose_name='文档分类',max_length=20)
    add_time = models.DateTimeField(verbose_name='创建时间',default=datetime.now)
    edit_time = models.DateTimeField(verbose_name='修改时间',default=datetime.now)

    class Meta:
        verbose_name = '文档分类'
        verbose_name_plural = verbose_name

    def __str__(self):
        return self.name


class Tagprofile(models.Model):
    tag_name = models.CharField('标签名', max_length=30)

    class Meta:
        verbose_name = '标签名'
        verbose_name_plural = verbose_name

    def __str__(self):
        return self.tag_name


class Blog(models.Model):
    """博客文章"""
    title = models.CharField(verbose_name='博客文章', max_length=50,default='')
    category = models.ForeignKey(Category,on_delete=models.CASCADE,null=True,verbose_name=
'文章分类')
    author = models.ForeignKey(User,on_delete=models.CASCADE,null=True,verbose_name='作者')
    content = models.TextField(verbose_name='内容')
    digest = models.TextField(verbose_name='摘要',default='')
    add_time = models.DateTimeField(verbose_name='创建时间',default=datetime.now)
    edit_time = models.DateTimeField(verbose_name='更新时间',default=datetime.now)
    read_nums = models.IntegerField(verbose_name='阅读数', default=0)
    conment_nums = models.IntegerField(verbose_name='评论数', default=0)
    image = models.ImageField(verbose_name='博客封面', upload_to='blog/%Y/%m')
    tag = models.ManyToManyField(Tagprofile)


    class Meta:
        verbose_name = '博客信息'
        verbose_name_plural = verbose_name

    def __str__(self):
        return self.title


class Conment(models.Model):
    """对博客评论"""
    user = models.CharField(verbose_name='评论用户', max_length=25)
    title = models.CharField(verbose_name="标题", max_length=100)
    source_id = models.CharField(verbose_name='文章id或source名称', max_length=25)
```

```
    conment = models.TextField(verbose_name='评论内容')
    add_time = models.DateTimeField(verbose_name='添加时间',default=datetime.now)
    url = models.CharField(verbose_name='链接', max_length=100)

    class Meta:
        verbose_name = '评论信息'
        verbose_name_plural = verbose_name

    def __str__(self):
        return self.title



class Message(models.Model):
    """留言"""
    user = models.ForeignKey(User,on_delete=models.CASCADE,null=True,verbose_name='用户')
    message = models.TextField(verbose_name='留言')
    add_time = models.DateTimeField(verbose_name='时间',default=datetime.now)

    class Meta:
        verbose_name = '留言'
        verbose_name_plural = verbose_name

    def __str__(self):
        return self.message
```

2）在 extra_apps\xadmin 目录下新建模型文件 models.py，设置在 MySQL 数据库中要创建的后台管理表和对应的列属性。文件 models.py 的主要实现代码如下所示。

```
@python_2_unicode_compatible
class Bookmark(models.Model):
    title = models.CharField(_(u'Title'), max_length=128)
    user = models.ForeignKey(AUTH_USER_MODEL, on_delete=models.CASCADE, verbose_name=_
(u"user"), blank=True, null=True)
    url_name = models.CharField(_(u'Url Name'), max_length=64)
    content_type = models.ForeignKey(ContentType, on_delete=models.CASCADE)
    query = models.CharField(_(u'Query String'), max_length=1000, blank=True)
    is_share = models.BooleanField(_(u'Is Shared'), default=False)

    @property
    def url(self):
        base_url = reverse(self.url_name)
        if self.query:
            base_url = base_url + '?' + self.query
        return base_url

    def __str__(self):
        return self.title

    class Meta:
        verbose_name = _(u'Bookmark')
```

```
            verbose_name_plural = _('Bookmarks')


    class JSONEncoder(DjangoJSONEncoder):

        def default(self, o):
            if isinstance(o, datetime.datetime):
                return o.strftime('%Y-%m-%d %H:%M:%S')
            elif isinstance(o, datetime.date):
                return o.strftime('%Y-%m-%d')
            elif isinstance(o, decimal.Decimal):
                return str(o)
            elif isinstance(o, ModelBase):
                return '%s.%s' % (o._meta.app_label, o._meta.model_name)
            else:
                try:
                    return super(JSONEncoder, self).default(o)
                except Exception:
                    return smart_text(o)


    @python_2_unicode_compatible
    class UserSettings(models.Model):
        user = models.ForeignKey(AUTH_USER_MODEL, on_delete=models.CASCADE, verbose_name=_
    (u"user"))
        key = models.CharField(_('Settings Key'), max_length=256)
        value = models.TextField(_('Settings Content'))

        def json_value(self):
            return json.loads(self.value)

        def set_json(self, obj):
            self.value = json.dumps(obj, cls=JSONEncoder, ensure_ascii=False)

        def __str__(self):
            return "%s %s" % (self.user, self.key)

        class Meta:
            verbose_name = _(u'User Setting')
            verbose_name_plural = _('User Settings')


    @python_2_unicode_compatible
    class UserWidget(models.Model):
        user = models.ForeignKey(AUTH_USER_MODEL, on_delete=models.CASCADE, verbose_name=_
    (u"user"))
        page_id = models.CharField(_(u"Page"), max_length=256)
        widget_type = models.CharField(_(u"Widget Type"), max_length=50)
        value = models.TextField(_(u"Widget Params"))

        def get_value(self):
```

176

```
        value = json.loads(self.value)
        value['id'] = self.id
        value['type'] = self.widget_type
        return value

    def set_value(self, obj):
        self.value = json.dumps(obj, cls=JSONEncoder, ensure_ascii=False)

    def save(self, *args, **kwargs):
        created = self.pk is None
        super(UserWidget, self).save(*args, **kwargs)
        if created:
            try:
                portal_pos = UserSettings.objects.get(
                    user=self.user, key="dashboard:%s:pos" % self.page_id)
                portal_pos.value = "%s,%s" % (self.pk, portal_pos.value) if portal_pos.value
else self.pk
                portal_pos.save()
            except Exception:
                pass
```

7.3.3　自动创建数据表

在本地 MySQL 数据库中新建一个名为 myblog 的数据库，然后执行如下所示的 3 个命令：

```
python manage.py makemigrations blog
python manage.py migrate
python manage.py runserver
```

上述命令执行完成后，将会在 MySQL 数据库中自动创建在模型中设置的数据库表，如图 7-6 所示。

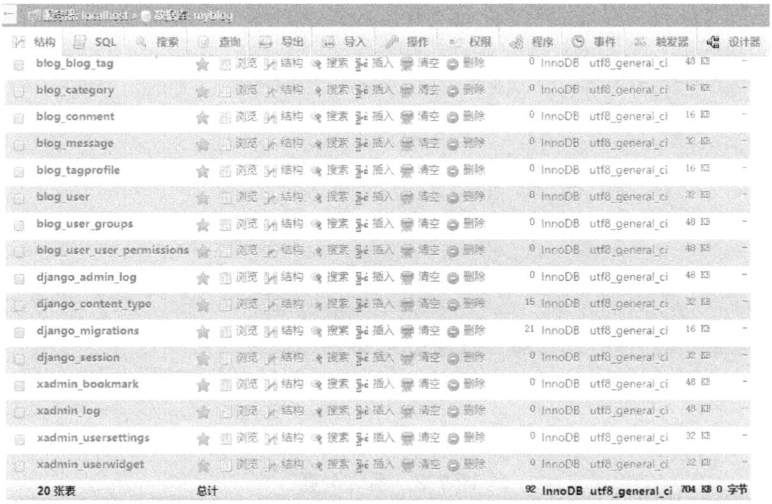

图 7-6　在 MySQL 数据库中自动创建的表

177

7.3.4 运行调试

输入如下所示的命令创建一个超级管理员用户。

```
#初始化用户名密码
python manage.py create superuser
#按照提示输入用户名、邮箱、密码即可
```

输入如下所示的命令启动项目。

```
python manage.py runserver
```

在浏览器中输入 http://127.0.0.1:8000/admin/，显示后台登录页面，如图 7-7 所示。

图 7-7　后台登录页面

在浏览器中输入 http://127.0.0.1:8000/，显示系统主页，如图 7-8 所示。

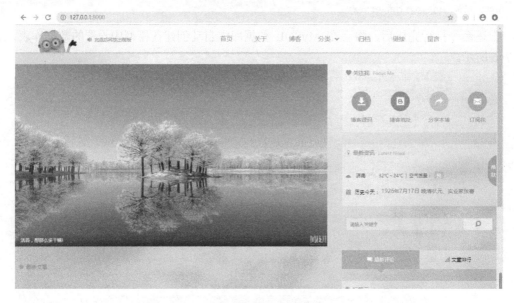

图 7-8　系统主页

第 8 章
Django 典型应用开发实战

在本书前面的内容中，已经讲解了 Django 框架的核心内容和数据库开发的知识。在现实应用中，可以使用 Django 框架开发出各种各样的动态 Web 程序。本章将详细讲解使用 Django 框架开发典型应用程序的知识。

8.1 Django Admin 管理

在一个动态 Web 程序中，最主流的做法是实现前台和后台的分离。在 Django 框架中，为开发者提供了 Admin 管理模块，可以帮助开发者快速搭建一个功能强大的后台管理系统。本节将详细讲解 Django Admin 管理模块的基本知识。

8.1.1 Django Admin 基础

在 Django Web 程序中，通过使用 Admin 模块，可以高效地对数据库表实现增加、删除、查询和修改功能。如果 Django 没有提供 Admin 模块，开发者不但需要自己手动开发后台管理系统，而且需要手动编写对数据库实现增加、删除、查询和修改功能的代码，这样不但会带来更大的开发工作量，而且不利于系统的后期维护工作和后台管理工作。通过使用 Admin 模块的功能，将所有需要管理的模型（数据表）集中在一个平台，不仅可以选择性地管理模型（数据表），还可以快速设置数据条目查询、过滤和搜索条件。

1. 创建超级管理员用户 superuser

使用 Django Admin 的第一步是创建超级管理员用户（superuser），使用如下命令并根据指示分别输入用户名和密码即可创建超级管理员用户。

```
python manage.py create superuser
```

此时，在浏览器访问 http://127.0.0.1:8000/admin/就可以看到后台登录界面，如图 8-1 所示。

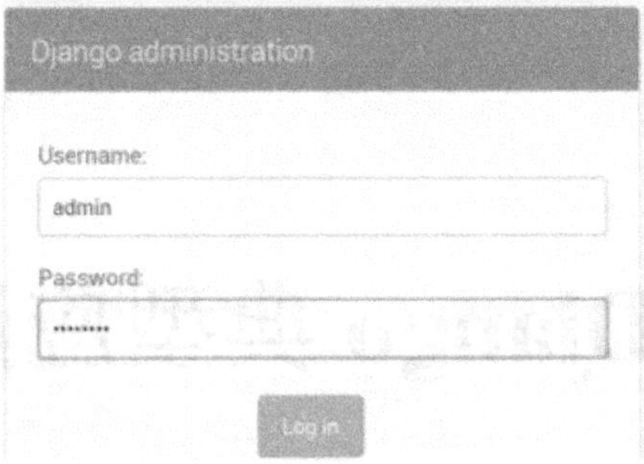

图 8-1　后台登录界面

2．注册模型（数据表）

假设有一个名字为 blog 的 app，其中包含了一个名字为 Articles（文章）的模型。如果想对 Articles 进行管理，只需打开 blog 目录下的文件 admin.py，然后使用 admin.site. 方法 register()注册 Articles 模型即可，演示代码如下所示。

```
from django.contrib import admin
from .models import Articles

#注册模型
admin.site.register(Articles)
```

此时登录后台会看到 Articles 数据表中的信息，单击标题即可对文章进行修改。在这个列表中只会显示 Title 字段，并不会显示作者和发布日期等相关信息，也没有分页和过滤条件。

3．自定义数据表显示选项

在现实应用中，需要自定义显示数据表中的哪些字段，也需要设置可以编辑修改哪些字段，并可以对数据库表中的信息进行排序，同时可以设置查询指定的选项内容。在 Admin 模块中，内置了 list_display、list_filter、list_per_page、list_editable、date 和 ordering 等选项，通过这些选项可以轻松实现上面要求的自定义功能。

要想自定义显示数据表中的某些字段，只需对前面的演示文件 blog/admin.py 进行如下修改即可。可以先定义 ArticlesAdmin 类，然后使用方法 admin.site.register(Articles, ArticlesAdmin)注册即可实现。

```
from django.contrib import admin
from .models import Articles,

# Register your models here.


classArticlesAdmin(admin.ModelAdmin):
```

```
'''设置列表可显示的字段'''
list_display = ('title', 'author', 'status', 'mod_date',)

'''设置过滤选项'''
list_filter = ('status', 'pub_date', )

'''每页显示条目数'''
list_per_page = 10

'''设置可编辑字段'''
list_editable = ('status',)

'''按日期月份筛选'''
date = 'pub_date'

'''按发布日期排序'''
ordering = ('-mod_date',)

admin.site.register(Articles, ArticlesAdmin)
```

此时，登录后台会看到 Articles 数据表中的展示内容，会一目了然地显示 Articles 标题、作者、状态、修改时间和分页信息，效果如图 8-2 所示。

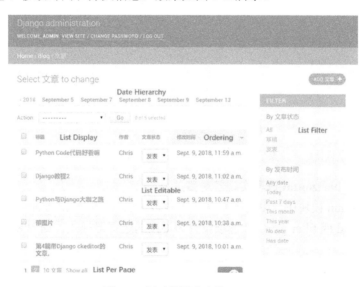

图 8-2　展示数据库中的 Articles

4. 使用 raw_id_fields 选项实现单对多关系

新闻网站中的文章往往属于不同的类型，如体育新闻、娱乐新闻等。假设创建了一个名为 Fenlei 的模型类，用于表示 Articles 的所属类型。其中有一个父类（ForeignKey），一个父类可能有多个子类。模型类 Fenlei 的具体实现代码如下所示。

```
class Fenlei(models.Model):
    """文章分类"""
    name = models.CharField('分类名', max_length=30, unique=True)
    slug = models.SlugField('slug', max_length=40)
    parent_Fenlei = models.ForeignKey('self', verbose_name="父级分类", blank=True, null=
True, on_delete=models.CASCADE)
```

现在把模型类 Fenlei 添加到 admin 中，因为需要根据类别名(name)生成 slug，所以还需要在文件 blog/admin.py 中使用 prepopulated_fields 选项。

```
class FenleiAdmin(admin.ModelAdmin):
    prepopulated_fields = {'slug': ('name',)}


admin.site.register(Fenlei, FenleiAdmin)
```

在 Django Admin 模块中，下拉菜单默认是单对多关系的选择器，如图 8-3 所示。如果 ForeignKey 非常多，那么下拉菜单将会非常长。此时可以设置 ForeignKey 使用 raw_id_fields 选项，如图 8-4 所示。

图 8-3　默认使用下拉菜单　　　　　　图 8-4　使用 raw_id_fields

5．使用 filter_horizontal 选项实现多对多关系

在 Django Admin 模块中，复选框默认是多对多关系（Many To Many）的选择器。可以使用 filter_horizontal 或 filter_vertical 选项设置为不同的选择器样式，如图 8-5 所示。

图 8-5　默认复选框样式与使用 filter_horizontal 对比

6．使用类 InlineModelAdmin 在同一页面中显示多个数据表数据

在现实应用中，在一个文章类别下通常会包含多篇义章。如果希望在查看或编辑某个文章类别信息的同时，可以显示并编辑同属该类别下的所有文章信息，可以先定义 ArticlesList 类，然后将其添加到 FenleiAdmin 中。这样就可以在同一页面上编辑修改文章类别信息，也可以修改同属该类别下的文章信息。文件 blog/admin.py 的演示代码如下所示。

```python
from django.contrib import admin
from .models import Articles, Fenlei, Tag

class ArticlesList(admin.TabularInline):
    model = Articles
    '''设置列表可显示的字段'''
    fields = ('title', 'author', 'status', 'mod_date',)


class FenleiAdmin(admin.ModelAdmin):
    prepopulated_fields = {'slug': ('name',)}
    raw_id_fields = ("parent_Fenlei", )
    inlines = [ArticlesList, ]

admin.site.register(Fenlei, FenleiAdmin)
```

8.1.2　使用 Django Admin 开发一个博客系统

下面的实例代码演示了使用 Django 框架开发一个博客系统的过程。

源码路径：daima\8\8-1

1）新建一个名为 jigong_admin 的项目，然后进入到 jigong_admin 文件夹新建一个名为 blog 的 app。

```
django-admin startproject jigong_admin
cdjigong_admin
# 创建 blog 这个 app
python manage.py startapp blog
```

2）修改 blog 文件夹中的文件 models.py，具体实现代码如下所示。

```python
from __future__ import unicode_literals

from django.db import models
from django.utils.encoding import python_2_unicode_compatible
@python_2_unicode_compatible
class Articles(models.Model):
    title = models.CharField('标题', max_length=256)
    content = models.TextField('内容')
    pub_date = models.DateTimeField('发表时间', auto_now_add=True, editable=True)
    update_time = models.DateTimeField('更新时间', auto_now=True, null=True)
    def __str__(self):
```

```
        return self.title
class Person(models.Model):
    first_name = models.CharField(max_length=50)
    last_name = models.CharField(max_length=50)
    def my_property(self):
        return self.first_name + ' ' + self.last_name
    my_property.short_description = "Full name of the person"
    full_name = property(my_property)
```

3）打开文件 settings.py，将上面创建的 blog 加入到的 INSTALLED_APPS 中，具体实现代码如下所示。

```
INSTALLED_APPS = (
    'django.contrib.admin',
    'django.contrib.auth',
    'django.contrib.contenttypes',
    'django.contrib.sessions',
    'django.contrib.messages',
    'django.contrib.staticfiles',
    'blog',
)
```

4）通过如下所示的命令同步所有的数据库表。

```
# 进入包含有 manage.py 的文件夹
python manage.py makemigrations
python manage.py migrate
```

5）通过命令行来到文件夹 blog，修改其中的文件 admin.py（如果没有就新建一个），具体实现代码如下所示。

```
from django.contrib import admin
from .models import Articles, Person
class ArticlesAdmin(admin.ModelAdmin):
    list_display = ('title', 'pub_date', 'update_time',)
class PersonAdmin(admin.ModelAdmin):
    list_display = ('full_name',)
admin.site.register(Articles, ArticlesAdmin)
admin.site.register(Person, PersonAdmin)
```

输入如下命令启动 Django 服务器：

```
python manage.py runserver
```

在浏览器中输入 http://localhost:8000/admin，会显示一个用户登录表单界面，如图 8-6 所示。

可以创建一个超级管理员用户，使用命令行命令进入包含 manage.py 的文件夹 jigong_admin。然后输入如下命令创建一个超级管理员用户，根据提示分别输入账号、邮箱地址和密码。

图 8-6　用户登录表单界面

```
python manage.py createsuperuser
```

此时可以使用超级管理员用户登录后台管理系统，登录成功后的界面效果如图 8-7 所示。

图 8-7　登录成功后的界面效果

管理员可以修改、删除或添加账号信息，如图 8-8 所示。

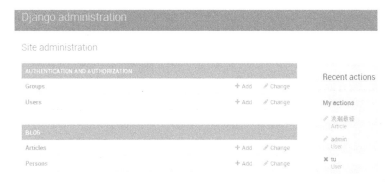

图 8-8　账号管理

管理员也可以对系统内已经发布的博客信息进行管理维护，如图 8-9 所示。

Django administration   WELCOME,

Home · Blog · Articles

Select article to change

Action: --------- ▼ Go   0 of 2 selected

	标题	发表时间	更新时间
	浪潮最棒	Dec. 23, 2015, 10:24 p.m.	Jan. 2, 2017, 12:47 p.m.
	Python 教程	Dec. 23, 2015, 10:24 p.m.	Dec. 23, 2015, 10:44 p.m.

图 8-9　博客信息管理

管理员也可以直接修改用户账号信息的密码，如图 8-10 所示。

Django administration

Home · Password change

Password change

Please enter your old password, for security's sake, and then enter your new password twice so we can verify you typed it in correctly.

Old password: [   ] 🔲

New password: [   ] 🔲

　　　　Your password can't be too similar to your other personal information.
　　　　Your password must contain at least 8 characters.
　　　　Your password can't be a commonly used password.
　　　　Your password can't be entirely numeric.

New password confirmation: [   ] 🔲

图 8-10　修改用户账号信息的密码

8.2　表单的典型应用

　　在本书前面的内容中曾经讲解过使用表单的知识，表单是实现动态 Web 的重要媒介之一。本节将进一步讲解在 Django 框架中开发表单程序的知识。

8.2.1　用户登录验证系统

下面的实例代码演示了使用 Django 框架开发一个用户登录验证系统的过程。

源码路径：daima\8\8-2\denglu

1）新建一个名为 biaodan1 的项目，然后进入到 biaodan1 文件夹新建一个名为 people 的 app。

```
django-admin startproject biaodan1
cdbiaodan1
python manage.py startapp people
```

2）在设置文件 settings.py 的 INSTALLED_APPS 中将上面创建的 people 添加进去。

```
INSTALLED_APPS = [
    'django.contrib.admin',
    'django.contrib.auth',
    'django.contrib.contenttypes',
    'django.contrib.sessions',
    'django.contrib.messages',
    'django.contrib.staticfiles',
    'people',
]
```

3）编写视图文件 views.py，具体实现代码如下所示。

```
from people.models import User
from functools import wraps
# 说明：此装饰器的作用是在每个视图函数被调用时，都验证是否已经登录
# 如果已经登录，则可以执行新的视图函数
# 否则自动跳转到登录页面
def check_login(f):
    @wraps(f)
    def inner(request,*arg,**kwargs):
        if request.session.get('is_login')=='1':
            return f(request,*arg,**kwargs)
        else:
            return redirect('/login/')
    return inner


def login(request):
    # 如果是 POST 请求，则说明是单击登录按钮 FORM 表单跳转到此的，那么就要验证密码，并保存 Session
    if request.method=="POST":
        username=request.POST.get('username')
        password=request.POST.get('password')

        user=User.objects.filter(username=username,password=password)
        print(user)
        if user:
```

```
        #登录成功
        # 1．生成特殊字符串
        # 2．将生成的特殊字符串当成 key，此 key 在数据库的 session 表（在数据库中有一个表名是 session
的表）中对应一个 value
        # 3．在响应中，用 cookies 保存这个 key，即向浏览器写一个 cookie，此 cookies 的值是这个 key 特殊
字符
        request.session['is_login']='1'  # 此 session 是用于后面访问每个页面（即调用每个视图函数
时都要用到，用来判断是否已经登录）
        request.session['username']=username  # 这个要存储的 session 是用于后面，在每个页面上显
示登录状态的用户名。
        # 说明：如果需要在页面上显示的用户信息太多（有时还有积分、姓名、年龄等信息），可以只用 session
保存 user_id
        request.session['user_id']=user[0].id
        return redirect('/index/')
    # 如果是 GET 请求，说明用户刚开始登录，用户是使用 URL 直接进入登录页面的
    return render(request,'login.html')

@check_login
def index(request):
    # students=Students.objects.all()  ## objects.all()返回的是二维表，即一个列表，其中包含
多个元组
    # return render(request,'index.html',{"students_list":students})
    # username1=request.session.get('username')
    user_id1=request.session.get('user_id')
    # 使用 user_id 去数据库中找到对应的 user 信息
    userobj=User.objects.filter(id=user_id1)
    print(userobj)
    if userobj:
        return render(request,'index.html',{"user":userobj[0]})
    else:
        return render(request,'index.html',{'user','匿名用户'})
```

4）编写模型文件 models.py，具体实现代码如下所示。

```
from django.db import models
class User(models.Model):
    username=models.CharField(max_length=16)
    password=models.CharField(max_length=32)
```

5）编写 URL 导航文件 urls.py，具体实现代码如下所示。

```
from django.conf.urls import url
from django.contrib import admin
from people import views
urlpatterns = [
    url(r'^admin/', admin.site.urls),
    url(r'^login/$', views.login),
    url(r'^index/$', views.index),
]
```

6）在 people 目录下创建 templates 子目录，在子目录下新建两个模板文件。其中第一个模板文件 index.html 的代码如下所示。

```
<body>
<h1>这是一个 index 页面</h1>
<p>欢迎：{{user.username}}--{{user.password}}</p>
</body>
```

第二个模板文件 login.html 的代码如下所示。

```
<body>
<h1>欢迎登录！</h1>
<form action="/login/" method="post">
    {% csrf_token %}
<p>
用户名:
<input type="text" name="username">
</p>
<p>
密码:
<input type="text" name="password">
</p>
<p>
<input type="submit" value="登录">
</p>
<hr>
</form>
</body>
```

7）将控制命令定位到项目的根目录 biaodan1，使用如下命令根据模型文件 models.py 创建数据库表。

```
python manage.py makemigrations
python manage.py migrate
```

8）通过如下命令创建一个合法用户，用户名是 admin，密码是 123。

```
python manage.py shell

>>>from people.models import User
>>>User.objects.create(username="admin", password="123")
```

开始测试程序，如果在登录前输入 http://localhost:8000/index/，会自动跳转到 login 登录表单页面，如图 8-11 所示。输入用户名 admin 和密码 123，并单击"登录"按钮，会跳转到登录成功页面 index.html，在页面显示用户名和密码，如图 8-12 所示。

在浏览器的 Cookie 界面中会显示 Session 保存的登录信息，如图 8-13 所示。

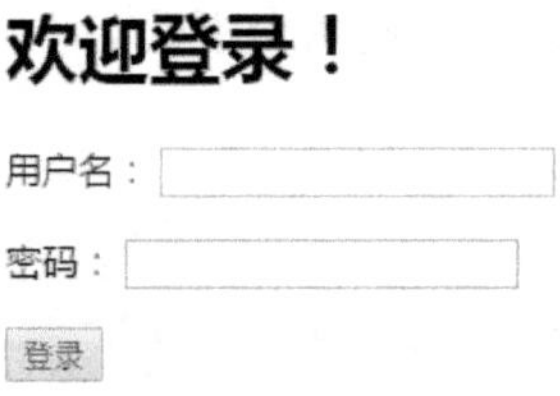

欢迎登录！

用户名：[   ]

密码：[   ]

[登录]

图 8-11　登录表单界面

← → C ⓘ localhost:8000/index/

这是一个index页面

欢迎：admin--123

图 8-12　登录成功界面

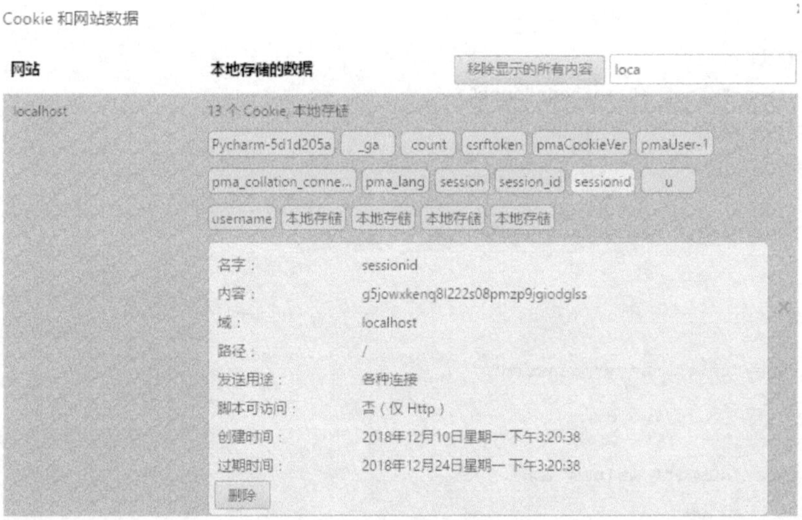

Cookie 和网站数据

网站	本地存储的数据	[移除显示的所有内容] loca
localhost	13 个 Cookie，本地存储	

Pycharm-5d1d205a _ga count csrftoken pmaCookieVer pmaUser-1

pma_collation_conne... pma_lang session session_id sessionid u

username 本地存储 本地存储 本地存储 本地存储

名字：　　　sessionid
内容：　　　g5jowxkenq8l222s08pmzp9jgiodglss
域：　　　　localhost
路径：　　　/
发送用途：　各种连接
脚本可访问：否（仅 Http）
创建时间：　2018年12月10日星期一 下午3:20:38
过期时间：　2018年12月24日星期一 下午3:20:38

[删除]

图 8-13　浏览器中存储的信息

8.2.2　文件上传系统

下面的实例代码演示了使用 Django 框架开发一个文件上传系统的过程。

源码路径：daima\8\8-2\denglu\biaodan2

1）使用如下命令创建一个名为 biaodan2 的项目。

```
django-admin.py startproject biaodan2 # 新建一个项目
```

2）定位到 biaodan2 的根目录，然后创建一个名为 pic_upload 的 app 程序。

```
cd biaodan2 # 进入到该项目的文件夹
django-admin.py startapp pic_upload # 新建一个 app
```

3）本项目的模型文件是 **pic_upload/models.py**，具体实现代码如下所示。

```
from django.db import models
from datetime import date
from django.urls import reverse
from uuid import uuid4
```

```
import os
def path_and_rename(instance, filename):
    upload_to = 'mypictures'
    ext = filename.split('.')[-1]
    filename = '{}.{}'.format(uuid4().hex, ext)
    # return the whole path to the file
    return os.path.join(path_and_rename, filename)
# Create your models here.
class Picture(models.Model):
    title = models.CharField("标题", max_length=100, blank=True, default='')
    image = models.ImageField("图片", upload_to="mypictures", blank=True)
    date = models.DateField(default=date.today)

    def __str__(self):
        return self.title


    # 对于使用 Django 自带的通用视图非常重要
    def get_absolute_url(self):
        return reverse('pic_upload:pic_detail', args=[str(self.id)])
```

- 在使用 ImageField 或 FileField 时必须定义 upload_to 选项，这是保存上传文件的目录。在 Web 项目中，惯用做法是数据库本身不存储文件，只是存储上传文件的路径。在上述代码中，如果设置的图片文件根目录是 media，那么图片上传后会被存储在 media/mypictures/目录中。

- Django 语法规定，完成通用视图的编辑或创建工作后需要跳转到一个页面，所以需要在模型中定义一个返回链接 get_absolute_url。在本项目中，图片上传成功后会跳转到图片详情页面。

- 自定义方法 path_and_rename()，功能是以随机的 uuid 字符串的格式命名上传文件。如果不使用这项功能，本项目的错误将是致命的。例如，上传了多张同名图片，那么在时间上，后面上传的那张图片将覆盖前面上传的图片。所以在操作用户上传的图片的过程中有必要动态地定义文件上传的路径，并分配一个随机的名字。

4）在项目中设置了 3 个页面：查看图片列表页面、查看图片详情页面和图片上传表单页面。

打开 pic_upload 目录下的文件 urls.py，编写 3 个对应的 URL，具体实现代码如下所示。

```
app_name = 'pic_upload'

urlpatterns = [

    # 展示所有图片
path('', views.PicList.as_view(), name='pic_list'),

    # 上传图片
```

```
re_path(r'^pic/upload/$',
    views.PicUpload.as_view(), name='pic_upload'),

# 展示图片
re_path(r'^pic/(?P<pk>\d+)/$',
    views.PicDetail.as_view(), name='pic_detail'),

]
```

5）编写 3 个视图来处理 URL 发过来的 3 种请求，使用 Django 中的 ListView 展示已经上传图片的列表页面，使用 DetailView 展示图片详情页面，使用 CreateView 展示图片上传表单页面。实例文件 pic_upload/views.py 的具体实现代码如下所示。

```
class PicList(ListView):
    queryset = Picture.objects.all().order_by('-date')

    # ListView 默认 Context_object_name 是 object_list
    context_object_name = 'latest_picture_list'

    # 默认 template_name = 'pic_upload/picture_list.html'


class PicDetail(DetailView):
    model = Picture
    # DetailView 默认的 Context_object_name 是 picture

    # 下面是 DetailView 默认的模板，可以更换模板
    # template_name = 'pic_upload/picture_detail.html'


class PicUpload(CreateView):
    model = Picture

    # 可以通过 fields 选项自定义需要显示的表单
fields = ['title', 'image']

    # CreateView 默认的 Context_object_name 是 form。

    # 下面是 CreateView 默认的模板，可以更换模板
    # template_name = 'pic_upload/picture_form.html'
```

当使用 Django 的通用视图时，Django 会使用默认的对象名字 context_object_name 和模板名字 template_name。

6）在 pic_upload 目录中创建一个 templates 文件夹，然后在 templates 目录中再创建一个 pic_upload 文件夹，把所有模板文件放在这个文件夹里面。模板文件 picture_list.html 的具体实现代码如下。

```
{% block content %}
```

```
<h3>图片列表</h3>
<ul>
{% if latest_picture_list %}
    {% for picture in latest_picture_list %}
<li><a href="{% url 'pic_upload:pic_detail' picture.id %}">{{ picture.title }}</a>
        - {{ picture.date| date:"Y-m-j" }}</li>
    {% endfor %}
{% else %}
<li>还没有上传新图片</li>
{% endif %}
</ul>
<p><a href="{% url 'pic_upload:pic_upload' %}">上传新图片</a></p>
{% endblock %}
```

模板文件 picture_detail.html 的具体实现代码如下所示。

```
{% block content %}
<h3>{{ picture.title }}</h3>

{% if picture.image %}
<p><img src="{{ picture.image.url }}"/></p>
{% endif %}

<p>上传日期: {{ picture.date | date:"Y-m-j" }} </p>
<p><a href="{% url 'pic_upload:pic_list' %}">查看所有图片</a> |
<a href="{% url 'pic_upload:pic_upload' %}">上传新图片</a></p>
{% endblock %}
```

模板文件 picture_form.html 的具体实现代码如下所示。

```
{% block content %}
<h3>上传新图片</h3>
<form method="post" enctype="multipart/form-data">{% csrf_token %}
    {{ form.as_p }}
<input type="submit" value="确定" />
</form>
{% endblock %}
```

- 在上传图片的表单 form 中要加上 enctype="multipart/form-data"，这表示图片等文件的格式，否则无法成功上传图片。这相当于告诉表单，有数据或文件通过表单上传。
- 在模板中使用图片的方式是<img src="{{ picture.image.url }}">，而不是<img src=" {{ picture.image }}"，否则图片无法显示。

7）在系统文件 settings.py 中同时设置 MEDIA_ROOT 和 MEDIA_URL，并且需要在 biaodan2 根目录下新建一个 media 文件夹。这样图片就会被上传到 biaodan2/media/

193

mypictures/目录下。

```
INSTALLED_APPS = [
    'django.contrib.admin',
    'django.contrib.auth',
    'django.contrib.contenttypes',
    'django.contrib.sessions',
    'django.contrib.messages',
    'django.contrib.staticfiles',
    'pic_upload',
]

# 设置媒体文件夹，对于图片和文件上传很重要
MEDIA_ROOT = os.path.join(BASE_DIR, 'media')
MEDIA_URL = '/media/'
```

8）在 biaodan2 根目录下的文件 urls.py 中，不仅要把 app 的 URL 添加进去，还要在最后通过方法 static()把 MEDIA_URL 添加进去，只有这样才能在模板中正确显示图片，因为图片属于静态文件。文件 biaodan2/urls.py 的具体实现代码如下所示。

```
from django.contrib import admin
from django.conf.urls import url, include

# 对于显示静态文件非常重要
from django.conf import settings
from django.conf.urls.static import static

urlpatterns = [
url('admin/', admin.site.urls),
url('', include('pic_upload.urls')),
] + static(settings.MEDIA_URL, document_root=settings.MEDIA_ROOT)
```

开始调试程序，将命令定位到 biaodan2 根目录，使用如下命令根据模型文件创建数据库表。

```
python manage.py makemigrations
python manage.py migrate
```

输入如下命令开始运行程序：

```
python manage.py runserver
```

上传图片列表界面效果如图 8-14 所示，单击"上传新图片"链接跳转到上传新图片表单界面，如图 8-15 所示。

将同一幅本地图片"西客站 2.jpg"上传了 3 次，上传后会自动命名为不同的名字，这样可以避免覆盖之前上传的图片而造成漏传，如图 8-16 所示。

194

图 8-14　上传图片列表界面　　　　　　图 8-15　上传新图片表单界面

图 8-16　自动命名重复上传的图片

8.3　使用 Ajax

Ajax 是一种创建交互式网页的网页开发技术，其最大优点是页面内的 JavaScript 脚本可以不用刷新页面，而直接和服务器完成数据交互，这样大大提升了用户体验。本节将详细讲解在 Django Web 程序中使用 Ajax 技术的知识。

8.3.1　Ajax 技术的原理

在传统的 Web 应用模型中，浏览器负责向服务器提出访问请求，并显示服务器返回的处理结果。而在 Ajax 处理模型中，使用了 Ajax 中间引擎来处理上述通信。Ajax 中间引擎实质上是一个 JavaScript 的对象或函数，只有当信息必须从服务器上获得的时候才调用 Ajax。和传统的处理模型不同，Ajax 不再需要为其他资源提供链接，而只是当需要调度和执行时才执行这些请求。这些请求都是通过异步传输完成的，而不必等到收到响应之后才执行。图 8-17 和图 8-18 分别列出了传统模型和 Ajax 模型的处理模式。

从图 8-17 和图 8-18 所示的处理模式可以看出：Ajax 技术在客户端实现了高效的信息交互，通过 Ajax 引擎可以和用户浏览界面实现数据传输。即当 Ajax 引擎收到服务器响应时，会触发一些操作，通常是完成数据解析或基于所提供的数据对用户界面做一些修改。

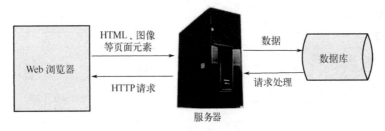

图 8-17　传统模型的处理模式

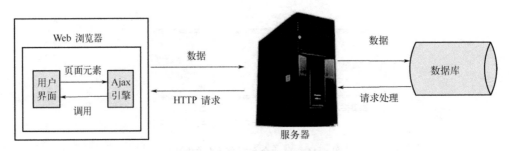

图 8-18　Ajax 模型的处理模式

8.3.2　无刷新计算器

下面的实例代码演示了使用 Django 框架和 Ajax 开发一个无刷新计算器的过程。

源码路径：**daima\8\8-3\ajax1**

1）通过如下命令新建一个名为 ajax1 的工程，然后在其中新建一个名为 tools 的 app。

```
django-admin.py startproject ajax1
cd ajax1
python manage.py startapp tools
```

2）打开文件 settings.py，将 tools 添加到 INSTALLED_APPS 中。

```
INSTALLED_APPS = [
    'django.contrib.admin',
    'django.contrib.auth',
    'django.contrib.contenttypes',
    'django.contrib.sessions',
    'django.contrib.messages',
    'django.contrib.staticfiles',
    'tools',
]
```

3）视图文件 views.py 计算从表单中获取的 a 和 b 的和，具体实现代码如下所示。

```
def index(request):
    return render(request, 'index.html')
```

```
def add(request):
    a = request.GET['a']
    b = request.GET['b']
    a = int(a)
    b = int(b)
    return HttpResponse(str(a + b))
```

4）在 urls.py 中实现路径导航，主要实现代码如下所示。

```
from django.contrib import admin
from django.urls import path
from tools import views

urlpatterns = [
    path(r'index/', views.index),
    path(r'add/', views.add),
]
```

5）在模板文件 index.html 中实现计算两个数字和的表单文本框，然后使用 Ajax 技术获取计算结果，并以无刷新效果显示出来。文件 index.html 的主要实现代码如下所示。

```
<body>
<p>请输入两个数字</p>
<form action="/add/" method="get">
a: <input type="text" id="a" name="a"><br>
b: <input type="text" id="b" name="b"><br>
<p>result: <span id='result'></span></p>
<button type="button" id='sum'>提交</button>
</form>
<script src="http://apps.bdimg.com/libs/jquery/1.11.1/jquery.min.js"></script>
<script>
    $(document).ready(function(){
      $("#sum").click(function(){
var a = $("#a").val();
var b = $("#b").val();

        $.get("/add/",{'a':a,'b':b}, function(ret){
            $('#result').html(ret)
        })
    });
    });
</script>
```

在浏览器中输入 http://localhost:8000/index/，会无刷新计算在表单中输入的两个整数的和，如图 8-19 所示。

图 8-19　执行效果

197

8.3.3　Ajax 上传和下载系统

在第 8.2 节中，曾经讲解了通过表单实现文件上传系统的过程。下面的实例代码演示了使用 Django 和 Ajax 开发一个同时实现文件上传和下载功能的系统的过程。

源码路径：daima\8\8-3\file-upload-download

1．实现上传模块

在 Django 框架中，可以使用如下 3 种方式实现文件上传功能。

● 使用表单上传，在视图中编写文件上传代码。

● 使用由模型创建的表单（ModelForm）实现上传，使用方法 form.save()自动保存上传文件。

● 使用 Ajax 方式实现无刷新异步上传，在上传页面中无须刷新即可显示新上传的文件。

本实例将实现上述 3 种上传功能，具体实现流程如下所述。

1）通过如下命令创建一个名为 file_project 的工程，然后定位到 file_project 的根目录，在其中新建一个名为 file_upload 的 app。

```
django-admin.py startproject file_project
cd file_project
python manage.py startapp file_upload
```

2）打开文件 settings.py，将上面创建的 file_upload 这个 app 加入到 INSTALLED_APPS 中。

```
INSTALLED_APPS = [
    'django.contrib.admin',
    'django.contrib.auth',
    'django.contrib.contenttypes',
    'django.contrib.sessions',
    'django.contrib.messages',
    'django.contrib.staticfiles',
    'file_upload',
]
```

3）设置/media/和/STATIC_URL/文件夹，将上传的文件放在/media/目录中，因为还需要用到 CSS 和 JavaScript 这些静态文件，所以需要设置 STATIC_URL。在设置文件 settings.py 中对应的代码如下所示。

```
STATIC_URL = '/static/'
STATICFILES_DIRS = [os.path.join(BASE_DIR, "static"), ]

# specify media root for user uploaded files,
MEDIA_ROOT = os.path.join(BASE_DIR, 'media')
MEDIA_URL = '/media/
```

4）规划 URL，路径导航文件 urls.py 的具体实现代码如下所示。

```
from django.contrib import admin
from django.urls import path, include
from django.conf import settings
from django.conf.urls.static import static


urlpatterns = [
path('admin/', admin.site.urls),
path('file/', include("file_upload.urls")),
] + static(settings.MEDIA_URL, document_root=settings.MEDIA_ROOT)
```

5）创建模型文件 models.py，设置 File 模型包括 file 和 upload_method 两个字段。通过 upload_to 选项指定文件上传后存储的地址，并对上传的文件进行重命名，具体实现代码如下所示。

```
def user_directory_path(instance, filename):
    ext = filename.split('.')[-1]
    filename = '{}.{}'.format(uuid.uuid4().hex[:10], ext)
    return os.path.join("files", filename)


class File(models.Model):
    file = models.FileField(upload_to=user_directory_path, null=True)
    upload_method = models.CharField(max_length=20, verbose_name="Upload Method")
```

6）本项目一共包括 5 个 urls，分别对应表单上传页面、ModelForm 上传页面、Ajax 上传页面、已上传文件列表页面和处理 Ajax 请求页面。

在 file_upload 目录下编写路径导航文件 urls.py 中的上述 5 个页面，具体实现代码如下所示。

```
urlpatterns = [

    # Upload File Without Using Model Form
    re_path(r'^upload1/$', views.file_upload, name='file_upload'),

    # Upload Files Using Model Form
    re_path(r'^upload2/$', views.model_form_upload, name='model_form_upload'),

    # Upload Files Using Ajax Form
    re_path(r'^upload3/$', views.ajax_form_upload, name='ajax_form_upload'),

    # Handling Ajax requests
    re_path(r'^ajax_upload/$', views.ajax_upload, name='ajax_upload'),

    # View File List
    path('', views.file_list, name='file_list'),
]
```

7）编写程序文件 forms.py，分别实现使用普通表单上传和使用 ModelForm 上传的方式，具体实现代码如下所示。

```python
# 普通表单
class FileUploadForm(forms.Form):
    file = forms.FileField(widget=forms.ClearableFileInput(attrs={'class': 'form-control'}))
    upload_method = forms.CharField(label="Upload Method", max_length=20,
                                    widget=forms.TextInput(attrs={'class': 'form-control'}))

    def clean_file(self):
        file = self.cleaned_data['file']
        ext = file.name.split('.')[-1].lower()
        if ext not in ["jpg", "pdf", "xlsx"]:
            raise forms.ValidationError("Only jpg, pdf and xlsx files are allowed.")
        # return cleaned data is very important.
        return file


# Model 方式
class FileUploadModelForm(forms.ModelForm):
    class Meta:
        model = File
        fields = ('file', 'upload_method',)

        widgets = {
            'upload_method': forms.TextInput(attrs={'class': 'form-control'}),
            'file': forms.ClearableFileInput(attrs={'class': 'form-control'}),
        }

    def clean_file(self):
        file = self.cleaned_data['file']
        ext = file.name.split('.')[-1].lower()
        if ext not in ["jpg", "pdf", "xlsx"]:
            raise forms.ValidationError("Only jpg, pdf and xlsx files are allowed.")
        # return cleaned data is very important.
        return file
```

对上述代码的具体说明如下所述。

● 定义 FileUploadForm 实现普通表单上传功能。先定义一个普通表单 FileUploadForm，并通过方法 clean()验证用户上传的文件，如果上传的文件不是 jpg、pdf 或 xlsx 格式，会显示表单验证错误提示。读者在此需要注意，在使用方法 clean()验证表单字段时，不要忘记返回验证过的数据，即 cleaned_data。只有返回了 cleaned_data，才可以在视图中使用 form.cleaned_data.get('×××')获取验证过的数据。

● 定义 FileUploadModelForm 实现使用 ModelForm 上传功能。在模型中通过配置的 upload_to 选项自定义保存上传文件的地址，并对文件进行重命名处理。

8）编写视图文件 view.py，分别实现使用普通表单上传和使用 ModelForm 上传方式的视图，具体实现流程如下所述。

● 定义方法显示文件列表，对应的实现代码如下所示。

```
def file_list(request):
    files = File.objects.all().order_by("-id")
    return render(request, 'file_upload/file_list.html', {'files': files})
```

● 定义方法 file_upload()实现普通文件上传视图，当用户的请求方法为 POST 时，通过 form.cleaned_data.get("file") 获取通过验证的文件，并调用自定义方法 handle_uploaded_file()重命名文件，然后写入文件。如果用户的请求方法不是 POST，则在 upload_form.html 中渲染一个空的 FileUploadForm。

```
def file_upload(request):
    if request.method == "POST":
        form = FileUploadForm(request.POST, request.FILES)
        if form.is_valid():
            # get cleaned data
            upload_method = form.cleaned_data.get("upload_method")
            raw_file = form.cleaned_data.get("file")
            new_file = File()
            new_file.file = handle_uploaded_file(raw_file)
            new_file.upload_method = upload_method
            new_file.save()
            return redirect("/file/")
    else:
        form = FileUploadForm()

    return render(request, 'file_upload/upload_form.html', {'form': form,
                                        'heading': 'Upload files with Regular Form'})
```

● 在方法 handle_uploaded_file()中，设置文件的写入地址必须是包含/media/的绝对路径，如/media/files/xxxx.jpg。而方法 handle_uploaded_file()的返回地址是相对于/media/文件夹的地址，如/files/xxx.jpg。在数据库中保存的字段是相对地址，而不是绝对地址。因为不同操作系统的目录分隔符不同，所以建议使用方法 os.path.join()构建文件的写入绝对路径。在写入文件前使用 os.path.exists 检查目标文件夹是否存在，如果目标文件夹不存在，则先创建文件夹，然后再执行写入操作。

```
def handle_uploaded_file(file):
    ext = file.name.split('.')[-1]
    file_name = '{}.{}'.format(uuid.uuid4().hex[:10], ext)
    # file path relative to 'media' folder
    file_path = os.path.join('files', file_name)
    absolute_file_path = os.path.join('media', 'files', file_name)
```

```
    directory = os.path.dirname(absolute_file_path)
    if not os.path.exists(directory):
        os.makedirs(directory)

    with open(absolute_file_path, 'wb+') as destination:
        for chunk in file.chunks():
            destination.write(chunk)

    return file_path
```

- 定义方法 model_form_uploa()，使用 ModelForm 实现文件上传视图 model_form_upload，如果上传文件通过验证则调用 form.save()保存文件。

```
def model_form_upload(request):
    if request.method == "POST":
        form = FileUploadModelForm(request.POST, request.FILES)
        if form.is_valid():
            form.save()
            return redirect("/file/")
    else:
        form = FileUploadModelForm()

    return render(request, 'file_upload/upload_form.html', {'form': form,
                                        'heading': 'Upload files with ModelForm'})

def ajax_form_upload(request):
    form = FileUploadModelForm()
    return render(request, 'file_upload/ajax_upload_form.html', {'form': form,
                                        'heading': 'File Upload with AJAX'})
```

- 方法 ajax_upload()处理 Ajax 请求的视图。首先将 Ajax 发过来的数据与 FileUpload ModelForm 结合，然后调用方法 form.save()保存，最后以 JSON 格式返回更新过的文件列表。如果用户上传的文件不符合要求，则会输出错误信息。

```
def ajax_upload(request):
    if request.method == "POST":
        # 1. Regular save method
        # upload_method = request.POST.get("upload_method")
        # raw_file = request.FILES.get("file")
        # new_file = File()
        # new_file.file = handle_uploaded_file(raw_file)
        # new_file.upload_method = upload_method
        # new_file.save()

        # 2. Use ModelForm als ok.
        form = FileUploadModelForm(data=request.POST, files=request.FILES)
        if form.is_valid():
            form.save()
```

```
     # Obtain the latest file list
     files = File.objects.all().order_by('-id')
     data = []
     for file in files:
         data.append({
             "url": file.file.url,
             "size": filesizeformat(file.file.size),
             "upload_method": file.upload_method,
             })
     return JsonResponse(data, safe=False)
    else:
     data = {'error_msg': "Only jpg, pdf and xlsx files are allowed."}
     return JsonResponse(data)
return JsonResponse({'error_msg': 'only POST method accpeted.'})
```

2．实现文件下载模块

文件下载模块的具体实现代码如下所述。

1）通过如下命令定位到 file_project 根目录，然后创建一个名为 startapp file_upload 的 app。

```
cd file_project
python manage.py startapp file_upload
```

2）打开文件 settings.py，将上面创建的 startapp file_upload 这个 app 加入到 INSTALLED_APPS 中。

3）新建路径导航文件 urls.py，在 URL 中包含了一个文件的相对路径 file_path 作为参数，其对应视图是 file_download。具体实现代码如下所示。

```
urlpatterns = [
    re_path(r'^download/(?P<file_path>.*)/$', views.file_download, name='file_download'),
]
```

4）在视图文件 views.py 中定义 3 种下载文件的方式，具体实现流程如下所述。

● 编写方法 file_download()，功能是使用 HttpResonse 方式下载文件。首先从 URL 参数获取下载文件的 file_path，然后打开并读取文件，最后通过方法 HttpResponse()输出。此处的方法 file_download()存在一个问题，如果下载文件是一个二进制文件，通过 HttpResponse 输出后将会显示为乱码。对于一些二进制文件（如图片、PDF），大家可能更希望直接将他们作为附件进行下载。当把二进制文件下载到本机后，用户就可以用自己喜欢的程序（如 Adobe）打开并阅读文件了。

```
def file_download(request, file_path):
    with open(file_path) as f:
        c = f.read()
    return HttpResponse(c)
```

● 编写方法 media_file_download()，功能是使用 SteamingHttpResonse 方式下载文件。为了实现下载二进制文件的功能，特意在 response 中设置了两个属性：content_type

和 Content-Disposition。

```
def media_file_download(request, file_path):
    with open(file_path, 'rb') as f:
        try:
            response = HttpResponse(f)
            response['content_type'] = "application/octet-stream"
            response['Content-Disposition'] = 'attachment; filename=' +
                                              os.path.basename(file_path)
            return response
        except Exception:
            raise Http404
```

● 编写方法 file_response_download1(), 功能是使用 FileResonse 方式下载文件。
FileResponse 是 SteamingHttpResponse 的子类, 当给 file_response_download1 加上
login_required 装饰器后, 就可以设置用户必须先登录才能下载某些文件。但是即使
加上了 login_required 装饰器, 用户只要获取了下载文件的 URL 地址, 依然可以通过
浏览器直接访问那些文件, 这是开发者需要考虑的一个问题。

```
def file_response_download1(request, file_path):
    try:
        response = FileResponse(open(file_path, 'rb'))
        response['content_type'] = "application/octet-stream"
        response['Content-Disposition'] = 'attachment; filename=' +
                                          os.path.basename(file_path)
        return response
    except Exception:
        raise Http404
```

● 编写方法 file_response_download(), 设置不能随便下载所有的文件, 这对维护系统的
安全性非常重要。在编写下载方法时, 一定要限定哪些文件可以下载, 哪些文件不
能下载, 或者限定用户只能下载 media 目录中的文件。例如, 在方法 file_response_
download()中, 设置不能下载 Python 文件、db 文件和 sqlite3 文件。

```
def file_response_download(request, file_path):
    ext = os.path.basename(file_path).split('.')[-1].lower()
    # 设置不能下载 Python 文件, db 文件和 sqlite3 文件
    if ext not in ['py', 'db', 'sqlite3']:
        response = FileResponse(open(file_path, 'rb'))
        response['content_type'] = "application/octet-stream"
        response['Content-Disposition'] = 'attachment; filename=' +
                                          os.path.basename(file_path)
        return response
    else:
        raise Http404
```

注意: 上面第一种下载方式 HttpResponse 有一个很大的弊端, 其工作原理是先读取文

件，载入内存，然后再输出。如果下载文件很大，该方法会占用很多内存。对于下载大文件，Django 更推荐 StreamingHttpResponse 和 FileResponse 方式，这两种方式将下载文件分批（Chunks）写入用户本地磁盘，先不将它们载入服务器内存。

输入如下所示的命令运行程序，在浏览器中输入 http://localhost:8000/file/，会显示上传文件列表，如图 8-20 所示。

```
python manage.py runserver
```

图 8-20　上传文件列表

单击顶部导航中的 3 个链接 RegularFormUpload、ModelFormUpload 和 AjaxUpload，会弹出 3 种方式的上传表单界面，并实现对应的文件上传功能。例如，单击 ModelForm Upload 链接，执行效果如图 8-21 所示。

图 8-21　执行效果

8.4　使用 Cookie 和 Session

通过使用 Cookie 和 Session，服务器就可以记录客户端的访问状态，这样用户就不用在每次访问不同页面时都重新登录了。就像本书前面介绍的 Tornado 那样，Cookie 和 Session 可以存储用户在购物网站的会员信息，这样用户下次登录时无须输入用户名和密码即可登录，并且通过 Cookie 还可以实现购物车功能。

8.4.1　Django 框架中的 Cookie

在 Django 框架中，可以通过如下所示的代码设置 Cookie。

```
response.set_cookie(key,value,expires)
```

- key：表示 Cookie 的名称。
- value：表示 Cookie 的值。
- expires：表示保存 Cookie 的时间，以 s 为单位，超过 expires 设置的这个时间会过期。

下面设置了一个 Cookie 的例子，设置的数据将被保存到客户端的浏览器中。

```
response.set_cookie('username','John',60*60*24)
```

通常在 Django 的视图中先生成不包含 Cookie 的 response，然后使用 set_cookie 设置一个 Cookie，最后把 response 返回给客户端浏览器。

下面演示了 3 个设置 Cookie 的例子。

```
#例子 1、不使用模板
response = HttpResponse("hello world")
response.set_cookie(key,value,expires)
return response
#例子 2、使用模板
response = render(request,'xxx.html', context)
response.set_cookie(key,value,expires)
return response
#例子 3、重定向
response = HttpResponseRedirect('/login/')
response.set_cookie(key,value,expires)
return response
```

在 Django 框架中，通过如下所示的代码获取用户请求中的 Cookie。

```
request.COOKIES['username']
request.COOKIES.get('username')
```

在 Django 框架中，通过如下所示的代码检查 Cookie 是否已经存在。

```
request.COOKIES.has_key('<cookie_name>')
```

在 Django 框架中，通过如下所示的代码删除一个已经存在的 Cookie。

```
response.delete_cookie('username')
```

下面演示了使用 Cookie 验证用户是否已登录。

```
# 如果登录成功，设置 cookie
def login(request):
    if request.method == 'POST':
        form = LoginForm(request.POST)
```

```
        if form.is_valid():
            username = form.cleaned_data['username']
            password = form.cleaned_data['password']

            user = User.objects.filter(username__exact=username, password__exact=password)

            if user:
                response = HttpResponseRedirect('/index/')
                # 将 username 写入浏览器 cookie，失效时间为 360 秒
                response.set_cookie('username', username, 3600)
                return response

            else:
                return HttpResponseRedirect('/login/')

    else:
        form = LoginForm()

    return render(request, 'users/login.html', {'form': form})



# 通过 cookie 判断用户是否已登录
def index(request):

    #提取浏览器中的 cookie，如果不为空，表示为已登录账号
    username = request.COOKIES.get('username', '')
    if not username:
        return HttpResponseRedirect('/login/')
    return render(request, 'index.html', {'username': username})
```

下面的实例代码演示了在 DjangoWeb 程序中使用 Cookie 实现用户注册和登录验证功能的过程。

源码路径：daima\8\8-3\mysite5

1）通过如下命令新建一个名为 mysite5 的工程，然后定位到工程根目录新建一个名为 online 的 app。

```
django-admin.py startproject mysite5
cd mysite5
python manage.py startapp online
```

2）在设置文件 setting.py 的 INSTALLED_APPS 中加入 online，并将 MIDDLEWARE 中的 django.middleware.csrf.CsrfViewMiddleware 注释掉，最终代码如下所示。

```
INSTALLED_APPS = [
    'django.contrib.admin',
    'django.contrib.auth',
    'django.contrib.contenttypes',
    'django.contrib.sessions',
```

```
        'django.contrib.messages',
        'django.contrib.staticfiles',
        'online',
]

MIDDLEWARE = [
        'django.middleware.security.SecurityMiddleware',
        'django.contrib.sessions.middleware.SessionMiddleware',
        'django.middleware.common.CommonMiddleware',
        #'django.middleware.csrf.CsrfViewMiddleware',
        'django.contrib.auth.middleware.AuthenticationMiddleware',
        'django.contrib.messages.middleware.MessageMiddleware',
        'django.middleware.clickjacking.XFrameOptionsMiddleware',
]
```

3）在工程主目录编写路径导航文件 urls.py，主要实现代码如下所示。

```
urlpatterns = [
path(r'online/',include("online.urls")),

]
```

4）在 app 目录 online 中编写路径导航文件 urls.py，分别设置登录验证表单、注册表单、主页和退出 4 个页面的导航链接，主要实现代码如下所示。

```
urlpatterns = [
    path(r'', views.login, name='login'),
    path(r'login/', views.login, name='login'),
    path(r'regist/', views.regist, name='regist'),
    path(r'index/', views.index, name='index'),
    path(r'logout/', views.logout, name='logout'),
]
```

5）编写模型文件 online/models.py，创建数据库表 User，表中有两个字段 username 和 password，主要实现代码如下所示。

```
from django.db import models
class User(models.Model):
    username = models.CharField(max_length=50)
    password = models.CharField(max_length=50)

    def __unicode__(self):
        return self.username
```

6）通过如下命令创建数据库表。

```
python manage.py makemigrations
python manage.py migrate
```

7）编写视图文件 online/views.py，分别实现用户注册、登录验证、退出、登录成功功能，主要实现代码如下所示。

```python
#表单
class UserForm(forms.Form):
    username = forms.CharField(label='用户名',max_length=100)
    password = forms.CharField(label='密码',widget=forms.Password())

#注册
def regist(req):
    if req.method == 'POST':
        uf = UserForm(req.POST)
        if uf.is_valid():
            #获得表单数据
            username = uf.cleaned_data['username']
            password = uf.cleaned_data['password']
            #添加到数据库
            User.objects.create(username= username,password=password)
            return HttpResponse('regist success!!')
    else:
        uf = UserForm()
    return render_to_response('regist.html',{'uf':uf}, RequestContext(req))

#登录

def login(req):
    if req.method == 'POST':
        uf = UserForm(req.POST)
        if uf.is_valid():
            #获取表单用户密码
            username = uf.cleaned_data['username']
            password = uf.cleaned_data['password']
            #获取的表单数据与数据库进行比较
            user = User.objects.filter(username__exact = username,password__exact = password)
            if user:
                #比较成功，跳转到 index
                response = HttpResponseRedirect('/online/index/')
                #将 username 写入浏览器 Cookie,失效时间为 3600s
                response.set_cookie('username',username,3600)
                return response
            else:
                #比较失败，停留在 login
                return HttpResponseRedirect('/online/login/')
    else:
        uf = UserForm()
    return render_to_response('login.html',{'uf':uf},RequestContext(req))

#登录成功
def index(req):
    username = req.COOKIES.get('username','')
    return render_to_response('index.html' ,{'username':username})
```

```
#退出
def logout(req):
    response = HttpResponse('logout !!')
    #清理 Cookie 中保存的 username
    response.delete_cookie('username')
    return response
```

省略模板文件的实现过程，输入 http://127.0.0.1:8000/online/login/，跳转到系统登录表单界面，单击"注册"链接跳转到注册表单页面，登录成功会显示提示信息，执行效果如图 8-22 所示。

图 8-22　执行效果

a) 登录表单页面　b) 注册页面　c) 登录成功页面

8.4.2　Django 框架中的 Session

在 Web 应用程序中，Session 又被称为会话，其功能和使用场景与 Cookie 类似。和前面介绍的 Cookie 相比，Session 数据被存储在服务器上，而不是像 Cookie 那样被保存在客户端上，所以 Session 比 Cookie 更加安全。所以在现实应用中，通常用 Session 保存后台管理员的登录信息，因为管理员的信息对于一个 Web 来说是非常重要的。另外，使用 Session 的另一个好处是即使用户关闭了浏览器，Session 仍将保持到会话过期。

Session 工作的流程如下所述。

1）当客户端向服务器发送请求时，首先查看本地是否有 Cookie 文件。如果有，则会在 HTTP 的请求头（Request Headers）中包含一行 Cookie 信息。

2）当服务器接收到请求后，根据 Cookie 信息得到 sessionId，根据 sessionId 找到对应的 Session，通过这个 Session 可以判断用户是否已经登录。

在 Django 框架中，使用如下所示的代码设置 Session 的值。

```
request.session['key'] = value
request.session.set_expiry(time)          #设置过期时间，0 表示浏览器关闭则失效
```

- 如果 time 是整数，Session 会在这些秒数后失效。
- 如果 time 是 datatime 或 timedelta，Session 会在这个时间后失效。
- 如果 time 是 0，Session 会在用户关闭浏览器后失效。

● 如果 time 是 None，Session 会依赖全局 Session 失效策略。

在 Django 框架中，使用如下所示的代码获取 Session 的值。

```
request.session.get('key', None)
```

在 Django 框架中，使用如下所示的代码删除 Session 的值。

```
del request.session['key']
```

在 Django 框架中，使用如下所示的代码判断是否在 Session 中。

```
'fav_color' in request.session
```

在 Django 框架中，使用如下所示的代码获取所有 Session 的 key 和 value。

```
request.session.keys()
request.session.values()
request.session.items()
```

在 Django 框架中，可以在配置文件 settings.py 中设置项目的 Session。

```
SESSION_COOKIE_AGE = 60 * 30                        #表示 60*30s，即 30min
SESSION_EXPIRE_AT_BROWSER_CLOSE = True
```

如果设置 SESSION_EXPIRE_AT_BROWSER_CLOSE 的值为 False，表示会话 Session 可以在用户关闭浏览器之前保持有效。如果设置为 True，表示关闭浏览器则 Session 失效。

下面的代码演示了在 Django 中使用 Session 判断用户是否已登录的方法。

```python
# 如果登录成功，设置 Session
def login(request):
    if request.method == 'POST':
        form = LoginForm(request.POST)

        if form.is_valid():
            username = form.cleaned_data['username']
            password = form.cleaned_data['password']

            user = User.objects.filter(username__exact=username, password__exact=password)

            if user:
                # 将 username 写入 Session，存入服务器
                request.session['username'] = username
                return HttpResponseRedirect('/index/')

            else:
                return HttpResponseRedirect('/login/')

    else:
        form = LoginForm()
```

```
        return render(request, 'users/login.html', {'form': form})


# 通过 Session 判断用户是否已登录
def index(request):

    # 获取 Session 中 username
    username = request.session.get('username', '')
    if not username:
        return HttpResponseRedirect('/login/')
    return render(request, 'index.html', {'username': username})
```

通过 Session 控制不让用户连续评论两次的演示代码如下所示。在现实应用中，还可以通过 Session 来控制用户的登录时间，单位时间内连续输错密码的次数等。

```
from django.http import HttpResponse


def post_comment(request, new_comment):
    if request.session.get('has_commented', False):
        return HttpResponse("You've already commented.")
    c = comments.Comment(comment=new_comment)
    c.save()
    request.session['has_commented'] = True
    return HttpResponse('Thanks for your comment!')
```

下面的实例代码演示了在 DjangoWeb 程序中使用 Session 存储登录数据的过程。

源码路径：daima\8\8-3\test_session\

1）通过如下命令新建一个名为 test_session 的工程，然后定位到工程根目录新建一个名为 online 的 app。

```
django-admin.py startproject test_session
cd test_session
python manage.py startapp online
```

2）在设置文件 setting.py 的 INSTALLED_APPS 中加入 online，并将 MIDDLEWARE 中的 django.middleware.csrf.CsrfViewMiddleware 注释掉，最终代码如下所示。

```
INSTALLED_APPS = [
    'django.contrib.admin',
    'django.contrib.auth',
    'django.contrib.contenttypes',
    'django.contrib.sessions',
    'django.contrib.messages',
    'django.contrib.staticfiles',
    'online',
]

MIDDLEWARE = [
```

```
    'django.middleware.security.SecurityMiddleware',
    'django.contrib.sessions.middleware.SessionMiddleware',
    'django.middleware.common.CommonMiddleware',
    #'django.middleware.csrf.CsrfViewMiddleware',
    'django.contrib.auth.middleware.AuthenticationMiddleware',
    'django.contrib.messages.middleware.MessageMiddleware',
    'django.middleware.clickjacking.XFrameOptionsMiddleware',
]
```

3）编写路径导航文件 urls.py，分别设置登录表单、主页和退出 3 个页面的导航链接，主要实现代码如下所示。

```
from online import views
urlpatterns = [
path(r'login/', views.login),
path(r'index/', views.index),
path(r'logout/', views.logout),
]
```

4）视图文件 online/views.py 的主要实现代码如下所示。

```
class UserForm(forms.Form):
    username = forms.CharField()
    password = forms.CharField()


# 用户登录
def login(req):
    if req.method == "POST":
        uf = UserForm(req.POST)
        if uf.is_valid():
            username = uf.cleaned_data['username']
            password = uf.cleaned_data['password']
            # 把获取表单的用户名传递给 session 对象
            req.session['username'] = username
            req.session['password'] = password

            return HttpResponseRedirect('/index/')
    else:
        uf = UserForm()
    return render_to_response('login.html', {'uf': uf})


# 登录之后跳转页
def index(req):
    username = req.session.get('username', 'anybody')
    password = req.session.get('password', '')

    return render_to_response('index.html', {'username': username})
```

213

```
# 注销动作
def logout(req):
    del req.session['username']  # 删除 Session
    del req.session['password']
    return HttpResponse('logout ok!')
```

5）登录表单页面的模板文件是 login.html，具体实现代码如下所示。

```
<form method = 'post'>
{{uf.as_p}}
<input type="submit" value = "ok"/>
</form>
```

6）系统主页的模板文件是 index.html，具体实现代码如下所示。

```
<div>
<h1>welcome {{username}}</h1>
<a href="/logout">logout</a>
</div>
```

执行后登录表单界面效果如图 8-23 所示。输入用户名和密码，例如，分别输入用户名 admin 和密码 admin，单击 ok 按钮跳转到系统主页，效果如图 8-24 所示。其中 welcome 后面的 admin 是用 Session 存储的。

图 8-23　登录表单　　　　　　　　　　　图 8-24　系统主页

第9章
Django 高级开发实战

经过前面内容的学习，相信读者已经掌握了 Django 框架的基本知识，并且可以开发出基本的动态 Web 程序。本章，将进一步讲解使用 Django 框架开发动态 Web 程序的高级知识，为读者学习本书后面的知识打下基础。

9.1 系统配置文件

　　在创建好一个 Django Web 工程后，会自动生成一个名为 settings.py 的系统配置文件，通过这个文件可以配置和管理 Django 项目的管理和运维相关的信息。本节将详细讲解系统配置文件 settings.py 的知识。

9.1.1 配置文件的特性

　　大多数情况下，系统配置文件 settings.py 的大部分内容无须开发者自定义设置，因为这些内容系统已经默认设置，开发者只需要根据项目的实际情况（如数据库名、app 名）修改其中的几个选项即可。在 Django 框架中，系统配置文件 settings.py 中的默认设置来自于文件 django/conf/global_settings.py。在编译 Django 框架时，会先载入文件 global_settings.py 中的默认配置信息，然后加载工程中的系统配置文件 settings.py，并重写开发者自定义的设置信息。

　　在 Django Web 工程中，系统配置文件 settings.py 的主要特性如下所述。

　　（1）配置选项

　　在系统配置文件 settings.py 中，所有配置项都是大写的，例如，在本书前面多次用到的 INSTALLED_APPS 就是大写形式。

　　（2）默认值

　　在创建好一个 Django Web 工程后，在系统配置文件 settings.py 中会自动初始化一些默认的配置，这些默认值设置了最基础的工程信息。

（3）查看配置区别

在配置过程中，可以通过如下命令随时查看当前系统配置文件 settings.py 和默认设置的区别。

```
python manage.py diffsettings
```

（4）安全性

因为通常在系统配置文件 settings.py 中会包含很多敏感信息，如邮箱账户信息和联系信息等，所以为了提高工程的安全性，需要严格控制系统配置文件 settings.py 的访问权限。

9.1.2　基本配置

下面将详细讲解系统配置文件 settings.py 中常用的配置选项的含义和作用。

1）INSTALLED_APPS：一个由字符串构成的列表，其中包含了运行本 Django 工程的所需要的所有 app。每个字符串是一个可以供 Django 工程调用的 Python 包的路径全称。在新建一个 Django 工程和一个 app 后，开发者需要在 INSTALLED_APPS 中添加 app 的名字，否则 Django 工程会找不到执行的项目。在下面的代码中，app1 就是一个新建的 app 的名字。

```
INSTALLED_APPS = [
 'django.contrib.admin',
 'django.contrib.auth',
 'django.contrib.contenttypes',
 'django.contrib.sessions',
 'django.contrib.messages',
 'django.contrib.staticfiles',
 'app1',
 # 默认已有，如果没有只要添加 app 名称即可，例如，app1
 # 新建的应用都要在后面添加
]
```

2）MIDDLEWARE：中间件配置信息。中间件就是一个类，在请求到来和结束后，Django 会根据自己的规则在合适的时机执行中间件中的方法。例如，创建一个 Django 项目后，默认添加的 django.contrib.sessions.middleware.SessionMiddleware 就是一个中间件，此中间件的功能是启用 Session 验证功能。

3）ROOT_URLCONF：新建 Django 工程后自动生成一个字符串，用于表示根 URL 路径导航文件的模块名。

4）TEMPLATES：设置模板文件的位置，在 Django 2.0 以上的版本中，无须开发者填写 templates 的路径，Django 会自动检索当前工程下的 templates 目录。

5）SECRET_KEY：创建 Django 工程后自动生成的密钥，也可以从系统环境、配置文件或硬编码的配置中得到密钥。

6）DEBUG：用于设置是否打开调试模式，默认值是 False。

7）ALLOWED_HOSTS：设置允许访问 Web 的 host 列表，只有在列表中的 host 才能访问当前的 Django 工程。后面所跟的属性值是一个字符串列表值，这个列表值表示当前的 Django 站点可以提供的 host/domain(主机/域名)。ALLOWED_HOSTS 是一个 Web 安全机制，能够有效地防止黑客攻击。

8）DATABASES：设置数据库连接参数，默认使用 SQLite3 数据库，此时开发者不用做任何修改。如果使用的是其他数据库工具，则需要开发者自定义设置连接参数。例如，使用 MySQL 数据库，可以通过如下代码设置和数据库的连接。

```
DATABASES = {
    'default': {
        'ENGINE': 'django.db.backends.mysql',
        'NAME': 'blog',                #这里的 blog 是数据库名
        'USER': 'root',                #用户名
        'PASSWORD': '123',             #密码
        'HOST':'localhost',            #默认为 localhost
        'PORT':'3306'                  #默认端口 3306
    }
}
```

9）AUTH_PASSWORD_VALIDATORS：设置密码验证规则，例如，在运行创建超级管理员用户的命令时，要求输入的密码必须满足其中的验证条件，这些验证条件是由 AUTH_PASSWORD_VALIDATORS 设置的。在创建一个 Django 工程后，在 AUTH_PASSWORD_VALIDATORS 中会默认启用如下所示的验证规则。

```
AUTH_PASSWORD_VALIDATORS = [
    {#用户属性相似性验证器
        'NAME': 'django.contrib.auth.password_validation.UserAttributeSimilarityValidator',
    },
    {#最小长度验证
        'NAME': 'django.contrib.auth.password_validation.MinimumLengthValidator',
    },
    {#通用密码验证器
        'NAME': 'django.contrib.auth.password_validation.CommonPasswordValidator',
    },
    {#数字密码验证器
        'NAME': 'django.contrib.auth.password_validation.NumericPasswordValidator',
    },
]
```

10）LANGUAGE_CODE：用于设置默认语言，默认值是 en-us。

11）TIME_ZONE：用于设置时区，国内用户的默认值是 UTC。

12）USE_TZ：用于设置时区，通常和上面的 TIME_ZONE 选项一起使用，默认值为 True。当将 USE_TZ 设置为 True 时，Django 会使用系统默认的 America/Chicago，此时的 TIME_ZONE 不管是否设置都不会起作用。如果将 USE_TZ 设置为 False，而将 TIME_ZONE 设置为 None，则 Django 会使用默认的 America/Chicago 时间。

13）USE_I18N：用于设置当前的 Django 工程是否开启国际化功能，默认是开启的。如果不需要国际化功能，可以将此项设置为 False，此时 Django 不会加载国际化模块。

14）USE_L10N：用于设置当前的 Django 工程是否开启本地化功能，默认值是 True，表示是开启的。将一个程序本地化后，需要根据从 I18n 抽取出来的块进行翻译和格式本地化。USE_L10N 需要和 USE_I18N 选项一起使用。

15）STATIC_URL：用于设置当前工程的静态文件目录，默认值为'/static/'。这个 static 是在 Django 工程的具体 app 下建立的 static 目录，用来存放静态资源。而 STATICFILES_DIRS 一般用来设置通用的静态资源，对应的目录不放在 app 下，而是放在工程根目录中。

9.2 静态文件

在开发 Web 程序的过程中，除了模板文件外，还会经常使用其他类型的文件，如图片、脚本和 CSS 文件。在 Django 框架中，将这些文件统称为"静态文件"。本节将详细讲解 Django 静态文件的知识。

9.2.1 静态文件介绍

在 Django 框架中，使用 django.contrib.staticfiles 将各个应用程序的静态文件（和一些开发者指明的目录中的文件）统一收集起来，这样在开发项目的过程中，这些文件就会被集中在一个便于分发的地方。假设现在有一个名为 img 的 app，那么应该首先在 img 目录下创建一个名为 static 的目录。Django 会自动在这个目录下查找静态文件，这种方式和 Diango 自动在 img/templates/目录下查找模板目录 template 的方式类似。

注意：对于小型 Web 项目来说，对图片、脚本和 CSS 等静态文件的保存要求可能会很低。但是在大型 Web 项目中，特别是由好几个应用组成的大型 Web 项目，如果静态文件保存得杂乱无章，会直接影响项目的开发效率和后期维护。

假设在上面刚创建的 static 文件夹中创建一个名为 img 的文件夹，然后在 img 文件夹中创建一个名为 style.css 的样式文件。也就是说，样式表文件的路径是 img/static/img/style.css。因为 AppDirectoriesFinder 的存在，可以在 Django 中使用 img/style.css 的形式引用此文件，具体方法类似于引用模板路径的方式。

注意：虽然可以像管理模板文件一样，把静态文件直接放入 img/static 目录，而不是创建另一个名为 img 的子文件夹，但这实际上是不建议的。Django 只会使用第一个找到的静态文件。如果在其他应用中有一个相同名字的静态文件，Django 将无法区分它们。这时需要设置 Django 选择正确的静态文件，其中最简单的方式就是把它们放入各自的命名空间，也就是把这些静态文件放入另一个与应用名相同的目录中。

样式文件 img/static/img/style.css 的代码如下所示。

```
img/static/img/style.css
li a {
color: green;
}
```

在模板文件 img/templates/img/index.html 中，可以通过如下代码使用上面的静态样式文件。

```
img/templates/img/index.html
{% load static %}

<link rel="stylesheet" type="text/css" href="{% static 'img/style.css' %}" />
```

在上述代码中，{% static %}模板标签会生成静态文件的绝对路径。

接下来创建一个用于保存图像文件的目录，假设在 img/static/img 目录下创建一个名为 images 的文件夹，在这个目录中存放一张名为 background.gif 的图片。换言之，这张静态图片的路径是 img/static/img/images/background.gif。然后在静态样式文件 img/static/img/style.css 中添加如下代码。

```
body {
background: white url("images/background.gif") no-repeat;
}
```

此时在浏览器中执行模板文件会显示上面设置的图片。

注意：{% static %}模板标签在静态文件（如样式表）中是不可用的，因为它们不是由 Django 生成的。仍然需要使用“相对路径”的方式在静态文件之间实现互相引用。这样就可以任意改变 STATIC_URL（ttag:`static 模板标签用于生成 URL），而无须修改大量的静态文件。

9.2.2　在登录表单中使用静态文件

下面的实例文件演示了在 Django Web 登录程序中使用静态文件的过程。

源码路径：daima\9\9-1\denglu

1）使用如下命令创建一个名为 jingtai 的工程，定位到工程根目录，然后创建一个名为 blog 的 app。

```
django-admin.py startproject jingtai
cd jingtai
python manage.py startapp blog
```

2）在 blog 目录下分别新建 static 和 templates 文件夹，分别用于保存静态文件和模板文件。将样式文件 other.min.css 和 amazeui.css 放在 static/css 文件里。

219

3）在模板文件中使用静态文件。首先创建模板文件 home.html，然后通过代码/static/css/ amazeui.css 使用静态 CSS 文件 amazeui.css，读者需要注意，在 static 前面必须加/。模板文件 home.html 的具体实现代码如下所示。

```
<!DOCTYPE html>
<html lang="en">
<head>
<meta charset="UTF-8">
<meta name="viewport" content="width=device-width, initial-scale=1.0">
<meta http-equiv="X-UA-Compatible" content="ie=edge">
<title>Document</title>
<link rel="stylesheet" href="/static/css/amazeui.css" />
<link rel="stylesheet" href="/static/css/other.min.css" />
</head>
<body class="login-container">
<div class="login-box">
<div class="logo-img">
<img src="/static/img/logo2_03.png" alt="" />
</div>
<form action="" class="am-form" data-am-validator>
<button class="am-btn am-btn-secondary" type="submit"><a href="login.html">跳转到登录界面
</a></button>
</form>
</div>
</body>
</html>
```

在模板文件 login.html 中也使用了静态 CSS 文件，主要实现代码如下所示。

```
<link rel="stylesheet" href="/static/css/amazeui.css" />
<link rel="stylesheet" href="/static/css/other.min.css" />
</head>
<body class="login-container">
<div class="login-box">
<div class="logo-img">
<img src="/static/img/logo2_03.png" alt="" />
</div>
<form action="" class="am-form" data-am-validator>
<div class="am-form-group">
<label for="doc-vld-name-2"><i class="am-icon-user"></i></label>
<input type="text" id="doc-vld-name-2" minlength="3" placeholder="输入用户名（至少 3 个字符）
" required/>
</div>

<div class="am-form-group">
<label for="doc-vld-email-2"><i class="am-icon-key"></i></label>
<input type="email" id="doc-vld-email-2" placeholder="输入邮箱" required/>
</div>
```

```
<button class="am-btn am-btn-secondary" type="submit">登录</button>
</form>
```

4）路径导航文件 urls.py 设置了项目的 URL 链接，主要实现代码如下所示。

```
urlpatterns = [
    path('admin/', admin.site.urls),
    path(r'', views.home),
    path(r'login.html', views.login),
]
```

在浏览器中输入 http://127.0.0.1:8000/会跳转到系统主页，如图 9-1 所示。单击"跳转到登录界面"按钮来到登录表单界面，如图 9-2 所示。

图 9-1　系统主页　　　　　　　　　　　　　　图 9-2　登录表单界面

9.3　使用模块 auth

在 Django 框架中，模块 auth 是一个标准权限管理系统，可以实现用户身份认证、用户组和权限管理功能。创建一个 Django 工程后，会默认使用模块 auth，即在 INSTALLED_APPS 选项中默认使用模块 auth 对应的选项：

```
django.contrib.auth
```

本节将详细讲解使用模块 auth 的知识。

9.3.1　模块 auth 的基础

1．User

在 Django 框架中，对象 User 在数据库中被命名为 auth_user，在模块 auth 中使用对象 User 维护用户的关系信息（继承了 models.Model）。表 User 对应的 SQL 定义如下所示。

```
CREATE TABLE "auth_user" (
    "id" integer NOT NULL PRIMARY KEY AUTOINCREMENT,
    "password" varchar(128) NOT NULL, "last_login" datetime NULL,
    "is_superuser" bool NOT NULL,
    "first_name" varchar(30) NOT NULL,
    "last_name" varchar(30) NOT NULL,
    "email" varchar(254) NOT NULL,
    "is_staff" bool NOT NULL,
    "is_active" bool NOT NULL,
    "date_joined" datetime NOT NULL,
    "username" varchar(30) NOT NULL UNIQUE
)
```

User 是一个表示用户的对象，在创建好 User 对象后，Django 会自动创建表 auth_user，表中的各个字段和上面 SQL 语句一一对应。User 对象中包含的成员如下所述。

- 类 models.User：用于定义表示用户信息的对象 User。
- username：表示用户名，用户名可以包含字母、数字、_、@、+、.和-字符，长度必须少于等于 30 个字符。username 是一个必选成员。
- first_name：可选成员，表示用户的 First Name，要求长度少于等于 30 个字符。
- last_name：可选成员，表示用户的 Last Name，要求长度少于 30 个字符。
- password：必选成员，表示密码的哈希及元数据。为了提高系统的安全性，在 Django 程序中只会保存加密后的密码。
- groups：用于设置用户与用户组 groups 之间的多对多关系。
- user_permissions：用于设置用户与权限 permissions 之间的多对多关系。
- email：可选成员，表示邮箱地址。
- is_staff：一个布尔值，用于设置用户是否可以访问后台管理站点。
- is_superuser：一个布尔值，用于设置用户是否是超级管理员用户。当设置 is_superuser 为 true 后，这个用户会拥有所有的权限。
- last_login：用于记录用户最后一次登录系统的时间。
- date_joined：表示创建当前用户账户的时间。当创建一个新的账号时，设置此值为当前的时间。
- is_active：一个布尔值，用于设置是否激活用户的账号。

为了方便开发者使用认证功能，在模块 auth 中提供了多个 API 接口，开发者在需要认证功能时，可以通过如下代码导入表 User，这样就可以调用模块 auth 中的用户认证功能。

```
from django.contrib.auth.models import User
```

2. 新建用户

在模块 auth 中，通过如下代码可以创建一个新的用户。

```
user = User.objects.create_user(username, email, password)
```

在建立好 User 对象后，需要调用方法 save()将新用户数据会写入到数据库中。

```
user.save()
```

　　假如正在开发一个会员注册系统，在使用函数 User.objects.create_user()新建用户之前需要先判断用户是否存在，请看下面的代码：

```
User.objects.get(username=xxx)
```

　　在上述代码中，通过方法 User.objects.get()去获取一个 username 值为 xxx 的 User 对象。如果用户不存在，会抛出 User.DoesNotExist 异常，并在异常后面创建这个用户，具体实现代码如下所示。

```
# 注册操作
from django.contrib.auth.models import User
try:
  User.objects.get(username=username)
  data = {'code': '-7', 'info': u'用户已存在'}
except User.DoesNotExist:
  user = User.objects.create_user(username, email, password)
  if user is not None:
    user.is_active = False
    user.save()
```

3．认证用户

使用模块 auth 认证用户的具体流程如下所述。

1）首先通过如下所示的代码导入方法 authenticate()。

```
from django.contrib.auth import authenticate
```

　　2）然后使用 authenticate 关键字参数传递用户名和密码。例如，通过下面的代码认证用户的用户名和密码是否有效，如果有效则返回代表该用户的 user 对象，如果无效则返回None。

```
user = authenticate(username=username, password=password)
```

4．修改密码

在模块 auth 中，使用 User 对象的实例方法 set_password()修改用户密码，方法 set_password()不会验证用户的身份。

```
user.set_password(new_password)
```

　　在现实应用中，方法 set_password()通常需要和 authenticate 配合使用，演示代码如下所示。

```
user = auth.authenticate(username=username, password=old_password)
if user is not None:
   user.set_password(new_password)
   user.save()
```

5．登录

使用模块 auth 实现用户登录功能的流程如下所述。

1）先使用 import 语句导入方法 login()。

```
from django.contrib.auth import login
```

2）使用方法 login()向 session 中添加 SESSION_KEY，便于对用户进行跟踪。

```
'login(request, user)'
```

读者需要注意，方法 login()不进行用户身份认证，也不会检查 is_active 标志位，一般和 authenticate 配合使用。

```
user = authenticate(username=username, password=password)
if user is not None:
    if user.is_active:
        login(request, user)
```

实现用户登录验证的演示代码如下所示。

```
from django.contrib.auth import authenticate, login, logout
#认证操作
ca = Captcha(request)
if ca.validate(captcha_code):
  user = authenticate(username=username, password=password)
  if user is not None:
    if user.is_active:
      # 登录成功
      login(request, user)  # 登录用户
      data = {'code': '1', 'info': u'登录成功', 'url': 'index'}
    else:
      data = {'code': '-5', 'info': u'用户未激活'}
  else:
      data = {'code': '-4', 'info': u'用户名或密码错误'}
else:
  data = {'code': '-6', 'info': u'验证码错误'}
```

6．退出登录

在模块 auth 中，可以使用方法 logout()删除 request 中的用户信息，在刷新 Session 后实现用户退出功能。演示代码如下所示。

```
from django.contrib.auth import logout

def logout_view(request):
    logout(request)
from django.contrib.auth import authenticate, login, logout
def logout_system(request):
    """
    退出登录
```

```
:param request:
:return:
"""
logout(request)
return HttpResponseRedirect('/')
```

7. 只允许登录的用户访问 Web

在模块 auth 中，使用装饰器 login_required 装饰 view 函数后，会先使用 session key 检查用户是否已经登录。如果已经登录，那么这个用户可以正常拥有某些操作权限。如果未登录，那么访问用户会将被重定向到 login_url 指定的位置，如通常被重定向到登录表单页面。如果没有设置重定向参数 login_url，那么用户会被重定向到 settings.LOGIN_URL 设置的URL 地址。在下面的代码中，如果用户未通过验证，则重定向到/accounts/login/。

```
from django.contrib.auth.decorators import login_required
@login_required(login_url='/accounts/login/')
def my_view(request):
    ...
from django.contrib.auth.decorators import login_required
@login_required
def user_index(request):
    """
    用户管理首页
    :param request:
    :return:
    """
    if request.method == "GET":
        # 用户视图实现
Group
```

在模块 auth 中，django.contrib.auth.models.Group 定义了用户组的模型，例如，可以设置某个用户为管理员用户组或超级管理员用户组。每个用户组都拥有 id 和 name 两个字段，用户组模型在数据库中被映射为数据表 auth_group。在 User 对象中有一个名为 groups 的多对多字段，通过数据表 auth_user_groups 维护多对多的关系。Group 对象可以通过 user_set 反向查询用户组中的用户。可以新建或删除 Group 用户组，演示代码如下所示。

```
# 添加新用户组
group = Group.objects.create(name=group_name)
group.save()
# 删除用户组
group.delete()
```

在 Django Web 程序中，可以使用标准的多对多字段管理用户与用户组之间的关系。

- user.groups.add(group)或 group.user_set.add(user)：将用户加入某个用户组。
- user.groups.remove(group)或 group.user_set.remove(user)：设置用户退出当前用户组。
- user.groups.clear()：设置当前用户退出所有的用户组。
- group.user_set.clear()：设置用户组中的所有用户退出当前组。

225

8．Permission

为了便于管理不同用户的权限，模块 auth 提供了模型级的权限控制功能，这样可以检查用户是否拥有增加（add）、修改（change）或删除（delete）某个数据表的权限。在目前版本中，模块 auth 还暂时无法提供对象级的权限控制，也就是无法检查用户是否对数据表中某条记录拥有增加、修改和删除的权限。假设在一个博客系统中，使用数据库表 article 来保存所有博客文章的信息。此时虽然模块 auth 可以检查某个用户是否拥有管理所有博客文章的权限，但是无法检查用户是否拥有管理某一篇具体的博客文章的权限。

9．检查用户权限

在模块 auth 中，可以使用方法 user.has_perm()检查用户是否拥有操作某个模型的权限。下面的演示代码可以检查用户是否拥有在 blog 这个 app 中添加、修改和删除 article 模型的权限，如果拥有则返回 True。

```
user.has_perm('blog.add_article')
user.has_perm('blog.change_article')
user.has_perm('blog.delete_article')
```

在上述代码中，方法 has_perm()仅仅是进行权限检查，即使用户没有相应的权限，也不会阻止程序员执行进一步的操作。

在模块 auth 中，可以使用装饰器 permission_required 代替方法 has_perm()，并在用户没有相应权限时重定向到登录页面或抛出异常页面。举例如下。

```
@permission_required('blog.add_article')
def post_article(request):
    pass
```

在模型 django.contrib.auth.models.Permission 中保存了项目中所有权限，这些权限有增加（add）、修改（change）和删除（delete）。该模型在数据库中被保存为 auth_permission 数据表，每条权限拥有 4 个字段：id、name、content_type_id 和 codename。

10．管理用户权限

在模块 auth 中，User 和 Permission 通过多对多字段 user.user_permissions 进行关联，在数据库中由数据表 auth_user_user_permissions 负责数据维护。管理用户权限的主要成员如下所述。

- user.user_permissions.add(permission)：添加新的权限。
- user.user_permissions.delete(permission)：删除已存在的权限。
- user.user_permissions.clear()：清空所有的权限。

11．自定义权限

在模块 auth 中定义 Model 时，可以使用 Meta 模型自定义一个权限。在下面的演示代码中，自定义创建了两个权限 create_discussion 和 reply_discussion。

```
class Discussion(models.Model):
    ...
```

```
class Meta:
    permissions = (
        ("create_discussion", "可以创建讨论"),
        ("reply_discussion", "可以回复讨论"),
    )
```

9.3.2　使用模块 auth 开发一个简易新闻系统

下面的实例演示了使用 Django 中的模块 auth 开发一个简易新闻系统的过程。本实例具有如下所述的功能。

- 前台会员注册：用户可以注册成为系统会员。
- 登录验证：验证会员登录信息是否合法。
- 前台显示新闻信息：包括列表显示新闻和显示某条新闻的详情信息。
- 后台管理：管理员可以发布、修改或删除新闻信息。

源码路径：**daima\9\9-2\yanzheng**

1）通过如下命令新建一个名为 yanzheng 的工程，在 yanzheng 目录下新建一个名为 blog 的 app 项目。

```
django-admin.py startproject yanzheng
cd yanzheng
python manage.py startapp blog
```

2）在文件 settings.py 中，将上面创建的名 blog 的 app 添加到 INSTALLED_APPS 中。

```
INSTALLED_APPS = [
    'django.contrib.admin',
    'django.contrib.auth',
    'django.contrib.contenttypes',
    'django.contrib.sessions',
    'django.contrib.messages',
    'django.contrib.staticfiles',
    'blog',
]
```

3）在路径导航文件 urls.py 中设置 URL 链接，主要实现代码如下所示。

```
urlpatterns = [
    path(r'admin/', admin.site.urls),
    path(r'', views.index),
    path(r'regist/', views.regist),
    path(r'login/', views.login),
    path(r'logout/', views.logout),
    path(r'article/', views.article),
    path(r'(?P<id>\d+)/', views.detail, name='detail'),
]
```

4）在视图文件 views.py 中分别实现各个页面的视图。

● index：来到系统主页。

● regist：实现会员注册视图，将表单中的注册数据添加到系统数据库中。

● login：实现登录验证视图，对登录表单中的数据进行验证。

● logout：实现用户退出视图。

● article：获取系统数据库中的表 article 中的信息，将 article 标题列表显示出来。

● detail：获取并显示某条 article 的详细信息。

文件 views.py 的主要实现代码如下所示。

```python
class UserForm(forms.Form):
    username = forms.CharField(label='用户名', max_length=100)
    password = forms.CharField(label='密_码', widget=forms.PasswordInput())


# Django 的 form 的作用:
# 1. 生成 html 标签
# 2. 用来做用户提交的验证
# 前端: form 表单
# 后台: 创建 form 类, 当请求到来时, 先匹配, 匹配出正确和错误信息。
def index(request):
    return render(request, 'index.html')


def regist(request):
    if request.method == 'POST':
        uf = UserForm(request.POST)  # 包含用户名和密码
        if uf.is_valid():
            # 获取表单数据
            username = uf.cleaned_data['username']  # cleaned_data 类型是字典, 里面是提交成功后的
信息
            password = uf.cleaned_data['password']
            # 添加到数据库
            # registAdd = User.objects.get_or_create(username=username,password=password)
            registAdd = User.objects.create_user(username=username, password=password)
            # print registAdd
            if registAdd == False:
                return render(request,'share1.html',{'registAdd':registAdd,'username':username})

            else:
                # return HttpResponse('ok')
                return render(request, 'share1.html', {'registAdd': registAdd})
                # return render_to_response('share.html',{'registAdd':registAdd}, context_
                instance = RequestContext(request))
    else:
        # 如果不是 POST 提交数据, 就不传参数创建对象, 并将对象返回给前台, 直接生成 input 标签, 内容为空
        uf = UserForm()
    # return render_to_response('regist.html',{'uf':uf},context_instance = Request
Context(request))
```

228

```
        return render(request, 'regist1.html', {'uf': uf})


def login(request):
    if request.method == 'POST':
        username = request.POST.get('username')
        password = request.POST.get('password')
        print(username, password)

        re = auth.authenticate(username=username, password=password)  # 用户认证
        if re is not None:  # 如果数据库里有记录（即与数据库里的数据相匹配）
            auth.login(request, re)  # 登录成功
            return redirect('/', {'user': re})  # 跳转--redirect 指从一个旧的 url 跳转到一个新的 url
        else:  # 数据库中不存在与之对应的数据
            return render(request, 'login.html', {'login_error':'用户名或密码错误'})  # 注册失败
    return render(request, 'login.html')


def logout(request):
    auth.logout(request)
    return render(request, 'index.html')


def article(request):
    article_list = Article.objects.all()
    # print article_list
    # print type(article_list)
    # QuerySet 是一个可遍历结构，包含一个或多个元素，每个元素都是一个 Model 实例
    # QuerySet 类似于 Python 中的 list，list 的一些方法 QuerySet 也有，如切片、遍历
    # 每个 Model 都有一个默认的 manager 实例，名为 objects。QuerySet 有两种来源：通过 manager 的方法得
到、通过 QuerySet 的方法得到。mananger 的方法和 QuerySet 的方法大部分同名同含义，如 filter()、update()等，但
也有些不同，如 manager 有 create()、get_or_create()，而 QuerySet 有 delete()等
    return render(request, 'article.html', {'article_list': article_list})


def detail(request, id):
    # print id
    try:
        article = Article.objects.get(id=id)
        # print type(article)
    except Article.DoesNotExist:
        raise Http404
    return render(request, 'detail.html', locals())
```

5）在模型文件 models.py 中创建数据库表 Article，因为本实例并没有特意创建会员信息表，而是直接使用了 Django 自带的 user 表，所以在文件 models.py 中没有创建表 user。文件 models.py 的主要实现代码如下所示。

```
class Article(models.Model):
    title = models.CharField(u'标题', max_length=256)
    content = models.TextField(u'内容')
    pub_date = models.DateTimeField(u'发表时间', auto_now_add=True, editable=True)
    update_time = models.DateTimeField(u'更新时间', auto_now=True, null=True)

    def __unicode__(self):  # 在 Python3 中用 __str__ 代替 __unicode__
        return self.title
```

根据上面的模型，通过如下命令创建数据库。

```
python manage.py makemigrations
python manage.py migrate
```

6）在文件 admin.py 中设置后台显示 ArticleAdmin 模块，只有这样才能在后台显示文章管理模块。文件 admin.py 的主要实现代码如下所示。

```
from blog.models import Article
class ArticleAdmin(admin.ModelAdmin):
    list_display = ('title', 'title','pub_date', 'update_time',)
admin.site.register(Article, ArticleAdmin)
```

7）在模板文件 login.html 中实现用户登录表单效果，一定要在<form>标记后面添加{% csrf_token %}，否则无法通过 Session 验证。文件 login.html 的主要实现代码如下所示。

```
<form action="/login/" method="POST">{% csrf_token %}
    <h2>请登录</h2>
    <input type="text" name="username" />
    <input type="password" name="password" />
    <button type="submit">登录</button>
    <p style="color: red">{{ login_error }}</p>
</form>
```

在模板文件 regist1.html 中实现用户注册界面效果，一定要在<form>标记后面添加{% csrf_token %}，否则无法通过 Session 验证。文件 regist1.html 的主要实现代码如下所示。

```
    <form method="POST" enctype="multipart/form-data">
{% csrf_token %}
        {{uf.as_p}}
        <input type="submit" value="OK" />
    </form>
{#    <a href="http://127.0.0.1:8000/login">登录</a>#}
{% endblock %}
```

前台新闻列表 http://127.0.0.1:8000/article/的执行效果如图 9-3 所示。

用户注册界面 http://127.0.0.1:8000/regist/的执行效果如图 9-4 所示。

图 9-3　前台新闻列表界面　　　　　　　　　图 9-4　用户注册界面

后台新闻管理界面效果如图 9-5 所示。

图 9-5　后台新闻管理界面

9.4　发送邮件

　　　　　在 Django Web 程序中，可以使用 Python 内置的 smtplib 模块发送电子邮件。另外，Django 框架提供了轻量级包 django.core.mail，可以更加快捷地发送电子邮件。本章将详细讲解在 Django Web 程序中发送电子邮件的知识。

9.4.1　django.core.mail 基础

在 Django 框架中，django.core.mail 模块集成了发送邮件功能。创建一个 Django 工程和 app 项目后，通过配置文件 settings.py 中可以设置邮件服务器的信息。

```
EMAIL_USE_SSL = True                      #设置是否开启 SSL 验证
EMAIL_HOST = 'smtp.qq.com'                # 邮件服务器地址是 smtp.qq.com
EMAIL_PORT = 25
```

```
EMAIL_HOST_USER = '150649826@qq.com'          # 邮箱账号
EMAIL_HOST_PASSWORD = ''                       # 邮箱密码
DEFAULT_FROM_EMAIL = EMAIL_HOST_USER
```

在 DjangoWeb 程序中，通过 EMAIL_HOST 和 EMAIL_PORT 设置发送邮箱的 SMTP 主机和端口，通过 EMAIL_HOST_USER 和 EMAIL_HOST_PASSWORD 设置发送邮箱的邮箱名和密码，通过 EMAIL_USE_TLS 和 EMAIL_USE_SSL 设置是否使用安全连接功能。

在 Django 的 django.core.mail 模块中，主要包含如下所述的成员。

1）send_mail()：用于发送电子邮件，此方法的原型如下所示。

```
send_mail (subject, message, from_email, recipient_list, fail_silently = False, auth_user =
None, auth_password = None, connection = None, html_message = None)
```

其中参数 subject、message、from_email 和 recipient_list 是必需的。

● subject：邮件主题，是一个字符串。

● message：邮件正文内容，是一个字符串。

● from_email：发送者邮箱，是一个字符串。

● recipient_list：邮件接收者的邮件地址，是一个字符串列表，每个字符串都是电子邮件地址。每个成员都将在电子邮件的"收件人："字段中看到其他收件人。

● fail_silently：发送异常参数，是一个布尔值。如果值是 False，send_mail 会显示一个 smtplib.SMTPException 异常。

● auth_user：向 SMTP 服务器进行身份验证的可选用户名。如果没有提供，Django 将使用 EMAIL_HOST_USER 设置的值。

● auth_password：向 SMTP 服务器进行身份验证的可选密码。如果没有提供，Django 将使用 EMAIL_HOST_PASSWORD 设置的值。

● html_message：如果提供了此参数，发送的将是一个嵌入式 HTML 类型的电子邮件。

2）send_mass_mail()：用于群发电子邮件，此方法的原型如下所示。

```
send_mass_mail (datatuple, fail_silently = False, auth_user = None, auth_password = None,
connection = None)
```

参数 datatuple 是一个元组，其中每个元素都采用以下格式。

```
(subject, message, from_email, recipient_list)
```

参数 fail_silently、auth_user 和 auth_password 的功能与方法 send_mail()相同。通过如下所示的代码，可以将向两组不同的收件人发送两条不同的邮件，但是只打开一个与邮件服务器的连接。

```
message1 = ('Subject here', 'Here is the message', 'from@example.com', ['first@example.
com', 'other@example.com'])
message2 = ('Another Subject', 'Here is another message', 'from@example.com', ['second@
test.com'])
send_mass_mail((message1, message2), fail_silently=False)
```

3）django.core.mail.mail_admins()：功能是按照 ADMINS 的设置参数向网站管理员发送电子邮件。

4）mail_managers()：功能类似于 mail_admins()，但是它除了向网站管理员发送一封电子邮件外，还可以根据 MANAGERS 设置的参数发送邮件。在下面的演示代码中，会向邮箱 xxx@ example 和 yyy@ example.com 发送电子邮件，这两个邮箱都会收到一封单独的电子邮件。

```
send_mail(
    'Subject',
    'Message.',
    'from@example.com',
    ['xxx@example.com', 'yyy@example.com'],
)
```

下面的代码也会向邮箱 xxx@example.com 和 yyy@example.com 发送电子邮件，并且这两个邮箱也都会收到一封单独的电子邮件。

```
datatuple = (
    ('Subject', 'Message.', 'from@example.com', ['xxx@example.com']),
    ('Subject', 'Message.', 'from@example.com', ['yyy@example.com']),
)
send_mass_mail(datatuple)
```

下面的代码演示了一次性发送多封邮件的过程。

```
from django.core.mail import send_mass_mail
message1 = ('主题', '这是信息', 'from@example.com', ['first@example.com', 'other@example.com'])
message2 = ('另一个主题', '另一个信息', 'from@example.com', ['second@test.com'])
send_mass_mail((message1, message2), fail_silently=False)
```

注意：方法 send_mail()每次发送一封电子邮件都会建立一个连接，发送多封邮件会建立多个连接。而方法 send_mass_mail()是建立单个连接发送多封邮件，所以在一次性发送多封邮件时，方法 send_mass_mail()的效率要优于 send_mail()。

如果想在邮件中通过附件发送 HTML 格式的内容，可以通过如下所示的代码实现。

```
from django.conf import settings
from django.core.mail import EmailMultiAlternatives

from_email = settings.DEFAULT_FROM_EMAIL
# subject 表示主题，content 表示内容，to_addr 是一个接收者列表
msg = EmailMultiAlternatives(subject, content, from_email, [to_addr])
msg.content_subtype = "html"
# 添加附件（可选）
msg.attach_file('./aa.jpg')
```

Python Web 开发从入门到精通

```
# 发送
msg.send()
```

9.4.2 使用 smtplib 开发邮件发送程序

下面的实例代码演示了使用 Django+smtplib 开发一个邮件发送程序的过程。

源码路径：daima\9\9-3\youjian

1）通过如下命令创建一个名为 youjian 的工程，然后在工程目录下新建一个名为 lizi 的 app。

```
django-admin.py startproject youjian
cd youjian
python manage.py startapp lizi
```

2）编写视图文件 views.py，获取 forms 表单中的发送信息，然后通过 smtplib 模块发送邮件，主要实现代码如下所示。

```
def index(request):
    response = HttpResponse()
    response.write("<a href=\"contact\"><font color=red>联系我吧</font></a>")
    return response


def contact(request):
    form_class = ContactForm(request.POST or None)
    if form_class.is_valid():
        from_email = request.POST.get('frommail')
        password = request.POST.get('mima')
        to_list = request.POST.get('tomail')
        aa = request.POST.get('content')
        msg = MIMEText(aa)
        zhuzhu=request.POST.get('zhuti')
        msg['Subject'] = zhuzhu
        smtp_server = 'smtp.qq.com'
        server = smtplib.SMTP(smtp_server, 25)
        server.login(from_email, password)
        server.sendmail(from_email, to_list, msg.as_string())
        server.quit()
        return HttpResponseRedirect('thankyou')
    return render(request, 'form.html', {'form': form_class})


def thankyou(request):
    response = HttpResponse()
    response.write('<body bgcolor=silver><center><h1><font color =red>谢谢你, </font><br>
<font color=blue>刚刚发了一封邮件给你! <blue></h1></center></body>')
    return response
```

3）编写视图文件 forms.py，设置发送邮件表单，主要实现代码如下所示。

```
class ContactForm(forms.Form):
    frommail = forms.CharField(label='你的邮箱',required=True)
    mima = forms.CharField(label='邮箱密码', required=True)
    zhuti = forms.CharField(label='邮箱主题',required=True)
    content = forms.CharField(label='邮件内容',required=True, widget=forms.Textarea)
    tomail = forms.CharField(label='发送给谁', required=True)
```

4）URL 路径导航文件 urls.py 的主要实现代码如下所示。

```
urlpatterns = [
    url(r'^admin/', admin.site.urls),
    url(r'^$', index),
    url(r'^contact$', contact),
    url(r'^thankyou/$' , thankyou ),
]
```

5）在模板文件 form.html 中调用视图表单，显示完整的发送邮件表单，具体实现代码如下所示。

```
{% block content %}
    <h1><font color="#d2691e">邮件发送系统</font></h1>
    <body bgcolor="#ffe4b5">
<form name="form" action="" method="post">
    {% csrf_token %}
    {{form.as_p}}
    <button type="submit">发送</button>
</form>
    </body>
{% endblock %}
```

在浏览器中输入 http://127.0.0.1:8000/contact 会显示邮件发送表单，执行效果如图 9-6 所示。填写表单信息，单击"发送"按钮会发送邮件。

9.4.3　使用 django.core.mail 开发邮件发送程序

下面的实例代码演示了使用 Django 框架的内置模块 django.core.mail 开发一个邮件发送程序的过程。

源码路径：daima\9\9-3\email_sending

1）通过如下命令创建一个名为 sending_mail 的工程，然后在工程目录下新建一个名为 mytest 的 app。

图 9-6　执行效果

```
django-admin.py startproject sending_mail
cdsending_mail
python manage.py startapp mytest
```

2）在文件 settings.py 中设置发件箱的账号信息，主要实现代码如下所示。

235

```
EMAIL_HOST ='smtp.qq.com'
EMAIL_HOST_USER ='729017304@qq.com'
EMAIL_HOST_PASSWORD = 'xxx'
EMAIL_USE_TLS = True
EMAIL_PORT = 25
```

3）编写视图文件 views.py，获取 forms 表单中的发送信息，然后通过 django.core.mail 模块发送邮件，主要实现代码如下所示。

```
def index(request):
    response = HttpResponse()
    response.write("<a href=\"contact\"><font color=red>联系我吧</font></a>")
    return response


def contact(request):
    form_class = ContactForm(request.POST or None)
    if form_class.is_valid():
        subject = '我好想你'
        messege = '你的信息是：' + request.POST.get('content')
        from_email = settings.EMAIL_HOST_USER
        usermail = request.POST.get('contact_email')
        to_list = [usermail, settings.EMAIL_HOST_USER]
        send_mail(subject, messege, from_email, to_list, fail_silently=False)
        return HttpResponseRedirect('thankyou')
    return render(request, 'form.html', {'form': form_class})


def thankyou(request):
    response = HttpResponse()
    response.write('<body bgcolor=silver><center><h1><font color =red>谢谢你，</font><br>
<font color=blue>刚刚发了一封邮件给你！<blue></h1></center></body>')
    return response
```

4）编写视图文件 forms.py，设置发送邮件表单，主要实现代码如下所示。

```
from django import forms
class ContactForm(forms.Form):
    contact_name = forms.CharField(label='名字',required=True)
    contact_email = forms.EmailField(label='邮箱',required=True)
    content = forms.CharField(label='内容',required=True, widget=forms.Textarea)
```

5）URL 路径导航文件 urls.py 的主要实现代码如下所示。

```
urlpatterns = [
    url(r'^admin/', admin.site.urls),
    url(r'^$', index),
    url(r'^contact$', contact),
    url(r'^thankyou/$' , thankyou ),
]
```

6）在模板文件 form.html 中调用视图表单，显示完整的发送邮件表单，具体实现代码如下所示。

```
{% block content %}
    <h1><font color="#d2691e">邮件发送系统</font></h1>
    <body bgcolor="#ffe4b5">
<form name="form" action="" method="post">
    {% csrf_token %}
    {{form.as_p}}
    <button type="submit">发送</button>
</form>
    </body>
{% endblock %}
```

在浏览器中输入 http://127.0.0.1:8000/contact 会显示邮件发送表单，执行效果如图 9-7 所示。填写表单信息，单击"发送"按钮会发送邮件。

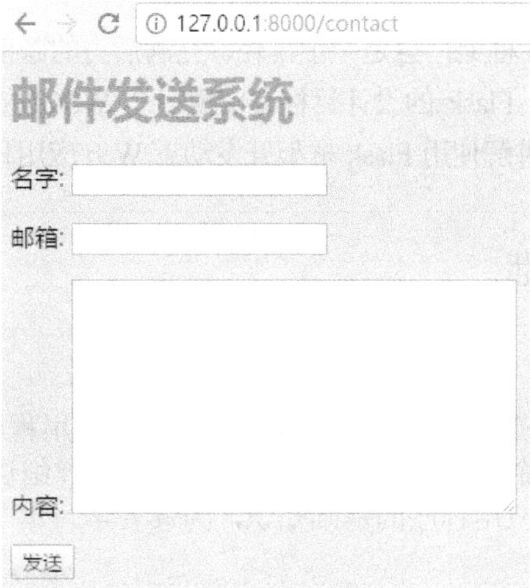

图 9-7　执行效果

第 10 章
Flask Web 开发基础

Flask 是一个免费的 Web 框架，也是一个年轻、充满活力的微框架，有着众多的拥护者，开发文档齐全，社区活跃度高。Flask 的设计目标是实现一个 WSGI 的微框架，其核心代码保持简单和可扩展性。本章将详细讲解使用 Flask 框架开发动态 Web 应用程序的基础知识。

10.1 Flask 开发基础

Flask 是一个开发轻量级 Web 应用程序的 Python 框架，深受中小型企业和个人用户的青睐。本节将详细讲解使用 Flask 开发 Python Web 应用程序的基础知识，为读者学习本书后面的知识打下基础。

10.1.1 Flask 框架介绍

Flask 框架的基本结构如图 10-1 所示。

Flask 框架主要依赖如下两个外部库。

● Werkzeug：一个 WSGI（Web 应用程序和多种服务器之间的标准 Python 接口）工具集，可以作为一个 Web 框架的底层库。在 Flask 框架中，Werkzeug 正是作为 Flask 框架底层库而存在的。

● Jinja2：Python 语言的经典模板引擎，负责渲染模板文件。

为了理解 Flask 框架是如何抽象出 Web 开发中的共同部分，先来看看 Web 应用程序的一般流程。对于 Web 应用程序来说，当客户端想要获取动态资源时，就会发起一个 HTTP 请求（如用浏览器访问一个 URL），Web 应用程序会在后台模块中实现相应的业务处理，例如，从数据库中获取用户需要的数据，然后生成相应的 HTTP 响应。如果想访问静态资源，

238

直接返回这些资源即可，而无须实现和业务处理相关的功能。整个 Web 应用程序的处理过程如图 10-2 所示。

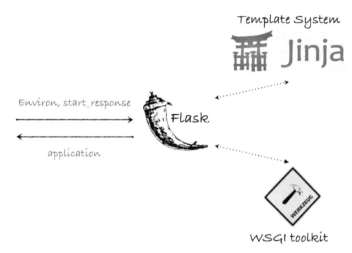

图 10-1　Flask 框架的基本结构

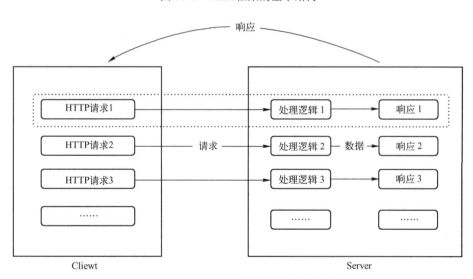

图 10-2　整个 Web 应用程序的处理过程

在实际应用中，不同的客户端请求可能会调用相同的处理逻辑。例如，在论坛站点中，无论想查看哪一个帖子的内容，都可以用"帖子/<帖子_id>/"之类 URL 实现请求处理，这里的帖子<帖子_id>用来区分不同的帖子，这里的 id 通常表示帖子的 id 号。在处理程序中，可以定义函数 get_topic(topic_id)来获取指定 id 帖子的详细信息。这个 URL 请求"帖子/<帖子_id>/"和函数之间是一一对应的关系，这就是 Web 开发中的路由分发，具体说明如图 10-3 所示。

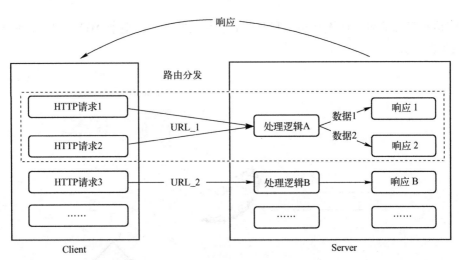

图 10-3　Web 开发中的路由分发

在 Flask 框架的底层使用 Werkzeug 实现路由分发，具体实现代码如下所示。

```
@app.route('/topic/<int:topic_id>/')
defget_topic(topic_id):
```

通过处理函数 defget_topic 获取帖子的详细信息后，接下来需要根据获取数据生成 HTTP 响应。Web 开发中的常用做法是先设计一个 HTML 模板，然后将获取帖子的数据按照模板样式显示出来，最终在浏览器中看到的结果是按照 HTML 样式显示出来的帖子信息。由此可见，对于帖子来说，只需提供一个 HTML 模板，然后传入不同帖子的数据，就可以得到不同的 HTTP 响应。这个过程就是模板渲染，具体过程如图 10-4 所示。

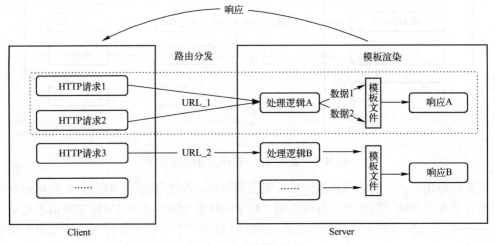

图 10-4　模板渲染

10.1.2　Flask 和 Django 的对比

Flask 和 Django 的对比如下所述。

1）Flask 是一个轻量级框架，主要用于开发小型应用程序。而 Django 是一个企业级框架，主要面向大型应用，并且学习成本比较高。

2）Django 是一个非常成熟的框架，最早于 2006 年发布。而 Flask 框架比较年轻，诞生于 2010 年。虽然 Flask 历史相对更短，但它能够吸收之前框架的优点，致力于小型项目。Flask 不但具有很强大的功能，而且还具有易于学习的特性，所以深受开发者喜爱。

3）Django 内建了 Bootstrapping 工具，使创建的 Web 项目更加专业。而 Flask 没有包含类似的工具，因为 Flask 的目标用户不是那种试图构建大型 MVC 应用的人。

10.2　安装 Flask

在使用 Flask 框架开发 Web 应用程序之前，需要先安装 Flask 框架。本节将详细讲解安装 Flask 框架的知识，为读者学习本书后面的知识打下基础。

10.2.1　快速安装 Flask

建议读者使用 pip 命令快速安装 Flask，因为它会自动安装 Flask 框架和所依赖的第三方库。

（1）在 Windows 系统安装 Flask

在 Windows 系统中，可以在命令行界面使用如下命令安装 Falsk。

```
pip install flask
```

成功安装时的界面效果如图 10-5 所示。

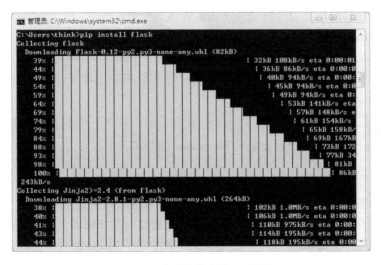

图 10-5　成功安装时的界面效果

安装 Flask 框架后，可以在交互式环境下使用 import flask 语句进行验证，如果没有错误提示，则说明已经成功安装 Flask 框架。另外也可以通过手动下载的方式进行手动安装，必须先下载安装 Flask 依赖的两个外部库，即 Werkzeug 和 Jinja2，分别解压并进入对应的目录，在命令提示符下使用 python setup.py install 来安装它们。Flask 依赖的外部库的下载地址如下所示。

```
https://github.com/mitsuhiko/jinja2/archive/master.zip
https://github.com/mitsuhiko/werkzeug/archive/master.zip
```

然后在下面的下载地址下载 Flask，下载后再使用 python setup.py install 命令来安装它。

```
http://pypi.python.org/packages/source/F/Flask/Flask-0.2.1.tar.gz
```

（2）在 Linux 系统安装 Flask

在 Linux 系统中，也可以在命令行界面使用如下 pip 命令安装 Flask。

```
(venv) $ pip install flask
```

10.2.2　在虚拟环境安装 Flask

每个 Python 项目会使用各种各样的库。如果要开发多个项目，需要在本地计算机安装多个库。但是有很多项目可能会同时使用同一个库，并且多个项目可能会使用不同版本的同一个库。正是因为同一个库有不同的版本，版本的不同会造成开发人员编写的程序代码的差异。要解决这个问题可以使用虚拟环境。在创建 Python 工程的同时创建一个虚拟环境，在这个虚拟环境中保存这个工程所需要指定版本的库，包括指定版本的第三方库。

对于 Python 开发人员来说，虚拟环境十分重要。如果为每个 Python 项目单独创建虚拟环境，那么可以保证程序只能使用在虚拟环境中安装的包，从而保持全局解释器的干净整洁。另外，使用虚拟环境还有个好处是不需要管理员权限。

（1）安装 Virtualenv

在开发 Flask 程序时，可以使用 Virtualenv 创建 Python 虚拟环境。使用 Virtualenv 可以创建一个包含所有必要的可执行文件的文件夹，在文件夹中包含 Python 工程所需要的包。可以使用如下命令安装 Virtualenv。

```
pip install virtualenv
```

可以使用如下命令查看已经安装的 Virtualenv 的版本。

```
virtualenv --version
```

（2）创建虚拟环境

接下来开始在 Python 工程中安装 Flask，假设新建一个 Flask 文件夹，在这文件夹下创建 Flask 项目。在 Windows 系统中，使用 CMD 命令定位到 Flask 目录，然后使用如下命令激活当前目录。

```
virtualenv venv
Using base prefix 'c:\\program files\\anaconda3'
New python executable in Flask\venv\Scripts\python.exe
Installing setuptools, pip, wheel...done.
```

此时将成功在 Flask 中创建一个虚拟环境，在 Flask 目录中会出现一个子文件夹，名字是上述命令中指定的参数 venv，与虚拟环境相关的文件都保存在这个子文件夹 venv 中。根据开发惯例，一般将虚拟环境命名为 venv。此时在 venv 的子文件夹中保存了一个全新的虚拟环境，其中包含了私有的 Python 环境、Python 的内置模块和包，如图 10-6 所示。

图 10-6　venv 中的内容

（3）激活虚拟环境

在使用这个虚拟环境之前需要先将其"激活"。如果读者使用的是 Linux 或 Mac OS X 系统，则需要使用下面的 bash 命令激活这个虚拟环境。

```
$ source venv/bin/activate
```

如果读者使用的是 Windows 系统，则使用如下命令激活虚拟环境。

```
venv\Scripts\activate
 (venv) D:\Flask>
```

（4）在虚拟环境中安装 Flask

在激活虚拟环境后，可以使用 pip 命令安装开发所需要的库，安装的库将被保存在 venv 文件夹中，这样可以与全局安装的 Python 库隔绝。在虚拟环境激活状态下，使用如下 pip 命令安装 flask。

```
pip install flask
```

在虚拟环境中安装完需要的库后，可以使用如下命令停用这个虚拟环境。

```
venv/bin/deactivate
```

10.2.3　使用 PyCharm 创建虚拟环境

为了提高开发效率，可以使用可视化开发工具 PyCharm 创建虚拟环境，具体流程如下所述。

1）假设在 D:盘的 untitled1 目录下创建一个 Python 工程，那么依次单击 PyCharm 的 File→New Project 命令，在弹出的对话框中设置虚拟环境的属性，如图 10-7 所示。

243

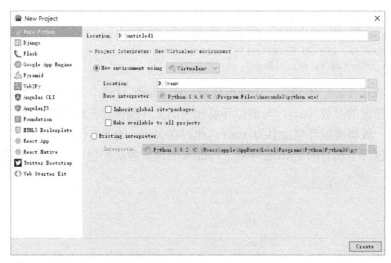

图 10-7　New Project 对话框

- 选择 New environment using 单选按钮，然后在其后面的下拉框中选择 Virtualenv，表示使用 Virtualenv 创建虚拟环境。
- Location：表示创建虚拟环境的位置。
- Inherit global site-packages：如果勾选此复选框，表示加载 Python 全局中的安装包，建议不勾选此选项。
- Make available to all projects：如果勾选此复选框，表示此虚拟环境中的包可以被其他工程所用。为了保持环境的干净整洁，建议不勾选此选项。

2）单击右下角的 Create 按钮，新建一个虚拟环境，虚拟环境的目录是 D:盘下的 venv 目录。

3）依次单击 PyCharm 的 File→Sessingts 命令，在弹出的对话框的左侧单击 Project Interpreter，在右侧的 Project Interpreter 后面选择刚创建的虚拟环境的目录 venv，在右上角中单击 "+" 按钮，如图 10-8 所示。

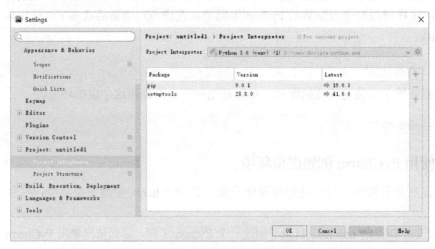

图 10-8　Project Interpreter 对话框

4）在弹出的对话框顶部的搜索框中输入 Flask，然后在下方列表框中选中 Flask，单击下方的 Install Package 按钮开始安装 Flask，如图 10-9 所示。

图 10-9　搜索并安装"Flask"

5）安装成功后，会在 D:\venv 目录下显示安装的 Flask。所有安装的库文件，都被保存在虚拟环境中的 Lib\site-packages 目录下，如图 10-10 所示。

\venv\Lib\site-packages		
名称 ^	修改日期	类型
click	2019/4/17 16:24	文件夹
Click-7.0.dist-info	2019/4/17 16:24	文件夹
flask	2019/4/17 16:24	文件夹
Flask-1.0.2.dist-info	2019/4/17 16:24	文件夹
itsdangerous	2019/4/17 16:24	文件夹
itsdangerous-1.1.0.dist-info	2019/4/17 16:24	文件夹
jinja2	2019/4/17 16:24	文件夹
Jinja2-2.10.1.dist-info	2019/4/17 16:24	文件夹
markupsafe	2019/4/17 16:24	文件夹
MarkupSafe-1.1.1.dist-info	2019/4/17 16:24	文件夹
pip-9.0.1-py3.6.egg	2019/4/17 16:18	文件夹
werkzeug	2019/4/17 16:24	文件夹
Werkzeug-0.15.2.dist-info	2019/4/17 16:24	文件夹
easy-install.pth	2019/4/17 16:18	PTH 文件
setuptools.pth	2019/4/17 16:18	PTH 文件
setuptools-28.8.0-py3.6.egg	2019/4/17 16:18	EGG 文件

图 10-10　安装的 Flask 被保存在虚拟环境中

10.3　初步认识 Flask 程序

　　　　　　经过本章前面内容的学习，相信大家已经掌握了安装 Flask 环境的方法，并且已经成功在自己的计算机中安装了 Flask。本节将详细介绍编写第一个 Flask 程序的方法，让读者初步理解 Flask 程序的基本结构和运行方法。

10.3.1　编写第一个 FlaskWeb 程序

下面的实例文件 flask1.py 演示了使用 Flask 框架开发一个简单 Web 程序的过程。

源码路径：daima\10\10-3\flask1.py

```
import flask    #导入flask模块
app = flask.Flask(__name__)    #实例化类Flask
@app.route('/')          #装饰器操作，实现URL地址
def helo():              #定义业务处理函数helo()
    return '这是第一个Flask程序!'
if __name__ == '__main__':
    app.run()            #运行程序
```

　　1）使用 import 语句导入 Flask 框架。

　　2）新建一个只返回一行字符串的函数 helo()，使用 app.route('/')装饰器将 URL 和函数 helo()联系起来，使得服务器收到对应的 URL 请求时，调用这个函数，返回这个函数生产的数据。

　　3）使用方法 run()启动一个 Flask Web 服务器，在调用时可以通过参数来设置服务器。常用的主要参数如下所述。

　　● host：服务的 IP 地址，默认为 None。

　　● port：服务的端口，默认为 None。

　　● debug：是否开启调试模式，默认为 None。

　　执行后会显示一行提示语句，如图 10-11 所示。这表示 Web 服务器已经正常启动运行了，根据红色提示语句可以看出当前运行 Flask 的服务器端口为 5000，IP 地址为 127.0.0.1。

```
Python 3.4.4rc1 (v3.4.4rc1:04f3f725896c, Dec  6 2015, 17:06:10) [MSC v.1600 64 b
it (AMD64)] on win32
Type "copyright", "credits" or "license()" for more information.
>>>
==================== RESTART: E:\daim\19-14\flask1.py ====================
 * Running on http://127.0.0.1:5000/ (Press CTRL+C to quit)
127.0.0.1 - - [04/Jan/2017 12:59:18] "GET / HTTP/1.1" 200 -
```

图 10-11　显示服务器正常运行

在浏览器中输入网址 http://127.0.0.1:5000/，可以测试上述 Web 程序的执行效果，如图 10-12 所示。如果想停止运行当前的 Flask 程序，可以按下键盘中的〈Ctrl+C〉组合键终止服务器端运行。

这是第一个Flask程序!

图 10-12　执行效果

当浏览器发出的访问请求被服务器收到后，服务器还会显示出相关信息，如图 10-13 所示，表示访问该服务器的客户端地址、访问的时间、请求的方法以及访问结果的状态码。

```
"C:\Program Files\Anaconda3\python.exe" H:/pythonweb/daima—suojianhou/10/10-1/flask1.py
 * Running on http://127.0.0.1:5000/ (Press CTRL+C to quit)
127.0.0.1 - - [17/Mar/2019 22:33:08] "GET / HTTP/1.1" 200 -
127.0.0.1 - - [17/Mar/2019 22:33:08] "GET /favicon.ico HTTP/1.1" 404 -
```

图 10-13　服务器显示相关信息

10.3.2　使用 PyCharm 开发 Flask 程序

使用 PyCharm 开发 Flask 程序的步骤如下所述。

1）打开 PyCharm，单击 Create New Project 按钮，如图 10-14 所示。

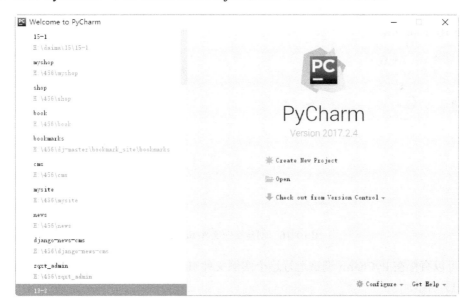

图 10-14　单击 "Create New Project" 按钮

2）在弹出的 New Project 对话框的左侧列表中选择 Flask 选项，在 Location 中设置项目的保存路径，如图 10-15 所示。

3）单击 Create 按钮，会创建一个 Flask 项目，自动创建保存模板文件和静态文件的文件夹。

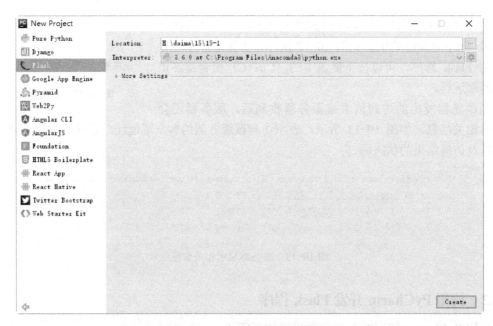

图 10-15 "New Project" 对话框

4）在工程中可以新建一个 Python 文件，其代码可以和前面的实例文件 flask1.py 完全一样，如图 10-16 所示。

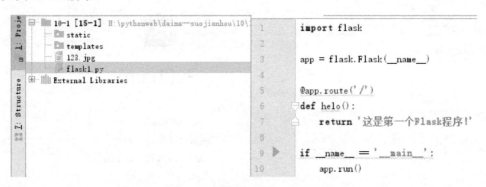

图 10-16 创建实例文件 flask1.py

5）可以直接在 PyCharm 调试运行这个实例文件 flask1.py，在 PyCharm 中会显示的效果如图 10-17 所示。

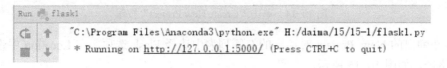

图 10-17 PyCharm 中的执行效果

单击链接 http://127.0.0.1:5000/，会显示具体的执行效果，如图 10-18 所示。

⟵ ⟶ C　ⓘ 127.0.0.1:5000

这是第一个Flask程序!

图 10-18　实例文件 flask1.py 的执行效果

10.4　分析 Flask 程序的基本结构

本章前面的实例文件 flask1.py 已经演示了简单 Flask 程序的功能和运行方法。本节将详细讲解 Flask 程序的基本结构，为读者学习后面的知识打下基础。

10.4.1　运行方法 run()

在前面的实例文件 flask1.py 中，有如下所示的最后一行代码。

```
app.run()                    #运行程序
```

上述代码的功能是，调用类 flask 中的方法 run()，在本地服务器上运行当前 Flask 程序，当前 Flask 程序的名字是 app。在类 flask 中，方法 run()的原型如下所示。

```
app.run(host, port, debug)
```

方法 run()中的 3 个参数都是可选的，具体说明如下所述。
- host：运行当前 Flask 程序的主机名，默认值是 127.0.0.1 或 localhost。
- port：运行当前 Flask 程序的主机对应的端口号，默认值是 5000。
- debug：设置是否显示调试信息，默认值是 False。如果设置为 True，则表示显示调试信息。

读者在开发 Flask 程序时，建议将方法 run()的参数 debug 设置为 True。

```
app.run(debug = True)
```

这样做的好处是，在调试运行 Flask 程序的过程中，如果代码发生了变化，服务器会自动快速重启并重新运行 Flask 程序，提高在此查看程序运行效果的速度。并且在代码发生异常时，会打印出对应的调试信息，如图 10-19 所示。

```
* Restarting with stat
* Debugger is active!
* Debugger PIN: 215-563-077
* Running on http://127.0.0.1:5000/ (Press CTRL+C to quit)
* Detected change in 'D:\\Flask-daima\\2\\2-2\\flask1.py', reloading
* Restarting with stat
* Debugger is active!
* Debugger PIN: 215-563-077
* Running on http://127.0.0.1:5000/ (Press CTRL+C to quit)
127.0.0.1 - - [17/Apr/2019 19:12:12] "GET / HTTP/1.1" 200 -
* Detected change in 'D:\\Flask-daima\\2\\2-2\\flask1.py', reloading
* Restarting with stat
* Debugger is active!
* Debugger PIN: 215-563-077
* Running on http://127.0.0.1:5000/ (Press CTRL+C to quit)
127.0.0.1 - - [17/Apr/2019 19:12:26] "GET / HTTP/1.1" 200 -
127.0.0.1 - - [17/Apr/2019 19:12:26] "GET / HTTP/1.1" 200 -
```

图 10-19　在 Flask 的调试窗口多次重启服务器

如果不将参数 debug 设置为 True，那么修改编写的 Flask 程序后，需要手动运行 Flask 程序，这样会降低开发效率。

10.4.2　路由处理

在 Web 开发领域中，高级框架使用路由技术实现 URL 访问导航。通过路由可以直接访问所需的页面，而无须从主页进行导航。在 Flask 程序中，浏览器客户端把请求发送给 Web 服务器，Web 服务器再把请求发送给 Flask 程序。为了帮助 Flask 程序确定每个 URL 请求该运行哪些代码，特意在路由中保存了 URL 地址到 Python 函数的映射关系。

（1）使用路由方法 route()

在 Flask 框架中，通过使用路由方法 route()可以将一个普通函数与特定的 URL 关联起来。当服务器收到一个 URL 请求时，会调用执行方法 route()关联的函数，返回对应的响应内容，演示代码如下所示。

```
#运行程序
@app.route('/hello')
def hello_world():
    return '我是 Python'
```

在上述代码中，方法 route()定义了一个路由规则：/hello，设置访问这个 URL 时执行与之对应的函数 hello_world()。如果用户访问如下所示的 URL 网址，就会执行函数 hello_world()，最终会将这个函数的执行结果"我是 Python"输出显示在浏览器中。

```
http://localhost:5000/hello
```

（2）路由方法 add_url_rule()

在 Flask 框架中，还可以使用方法 add_url_rule()将一个 URL 和函数关联起来，演示代码如下所示。

```
def hello_world():
    return '我是 Python'

app.add_url_rule('/', 'hello', hello_world)
```

如果用户访问如下所示的 URL 网址，就会执行函数 hello_world()，最终会将这个函数的执行结果"我是 Python"输出显示在浏览器中。

```
http://localhost:5000/hello
```

（3）将不同的 URL 映射到同一个函数

在 Flask Web 程序中，可以使用多个 URL 来装饰同一个函数。这样在访问多个不同的 URL 请求时，都会返回由同一个函数产生的响应内容，也就是显示相同的执行效果。下面的实例文件 flask2.py 演示了将不同的 URL 映射到同一个函数的过程。

源码路径：**daima\10\10-4\flask2.py**

```
import flask                         #导入 flask 模块
app = flask.Flask(__name__)          #实例化类
@app.route('/')                      #装饰器操作，实现 URL 地址映射
@app.route('/aaa')                   #装饰器操作，实现第 2 个 URL 地址映射
def hello():
    return '你好，这是一个 Flask 程序！'
if __name__ == '__main__':
    app.run()                        #运行程序
```

执行本实例后，无论是在浏览器中输入 http://127.0.0.1:5000/，还是 http://127.0.0.1:5000/aaa，因为在服务器端已将这两个 URL 请求映射到同一个函数 hello()，所以输入这两个 URL 地址后的执行效果一样。执行效果如图 10-20 所示。

图 10-20　执行效果

10.4.3　处理 URL 参数

在 Flask Web 程序中，有时 URL 地址中的参数是动态的，如下面的两种 URL 格式。

```
/hello/<name>          #例如，获取 URL "/hello/wang"中的参数 wang 给变量 name
/hello/<int: id>       #例如，获取 URL "/hello/5"中的参数 5，并自动转换为整数 5 给变量 id
```

要想获取和处理 URL 中传递来的参数，需要在对应业务函数的参数列表中列出变量名，具体语法格式如下所示。

```
@app.route("/hello/<name>")
    def get_url_param (name):
    pass
```

这样在列表中列出变量名后，就可以在业务函数 get_url_param()中引用这个变量值，并可以进一步使用从 URL 中传递过来的参数。

下面的实例文件 can1.py 演示了给 URL 地址设置参数的方法。

源码路径：**daima\10\10-4\can1.py**

```python
from flask import Flask
app = Flask(__name__)

@app.route('/hello/<name>')
def hello_name(name):
    return '你好%s!' % name

if __name__ == '__main__':
    app.run(debug = True)
```

在上述代码中，使用装饰器方法 route()设置了一个带有规则参数的 URL。

```
/hello/<name>
```

其中 URL 中的参数 name 是一个变量，如果在浏览器中输入如下 URL 地址。

```
http://localhost:5000/hello/火云邪神
```

那么"火云邪神"将作为参数传递给 hello()函数，此时函数 hello_name()中的参数 name 被赋值为"火云邪神"。所以在浏览器中的执行效果如图 10-21 所示。

图 10-21　执行效果

在 Flask 框架的 URL 中，除了可以使用字符串参数外，还可以使用如下 3 种类型的参数。

● int：表示整数类型的参数，如/hello/1。

● float：表示浮点数类型的参数，如/hello/1.1。

● path：表示使用斜杠，如/hello/。

下面的实例文件 can2.py 演示了给 URL 地址分别设置整型参数和浮点型参数的方法。

源码路径：**daima\10\10-4\can2.py**

```python
from flask import Flask
app = Flask(__name__)

@app.route('/blog/<int:ID>')
def show_blog(ID):
    return '我的年龄是: %d' % ID + '岁!'

@app.route('/rev/<float:No>')
def revision(No):
    return '我身上只有%f' % No + '元钱了!'
```

```
if __name__ == '__main__':
    app.run()
```

运行上面的代码，如果在浏览器中输入的 URL 是：

```
http://localhost:5000/blog/整数形式参数
```

则会调用函数 show_blog()显示响应内容，例如，输入 http://localhost:5000/blog/29 后的执行效果如图 10-22 所示。

如果在浏览器中输入的 URL 是：

```
http://localhost:5000/rev/浮点形式参数
```

则会调用函数 revision()显示响应内容，例如，输入 http://localhost:5000/rev/0.5 后的执行效果如图 10-23 所示。

我的年龄是：29岁！

我身上只有0.500000元钱了！

图 10-22　整数参数的执行效果 　　　　图 10-23　浮点数参数的执行效果

10.4.4　传递 HTTP 请求

在计算机应用中，HTTP 协议是互联网中数据通信的基础，有如下 4 种传递 HTTP 请求的方法。

- GET：使用未加密的形式向服务器发送数据。
- POST：向服务器发送 HTML 表单中的数据，服务器不会缓存 POST 接收的数据。
- PUT：使用上传的内容替换指定的目标资源。
- HEAD：和 GET 方法相同，但是没有响应体。
- DELETE：删除由 URL 指定的目标资源。

在现实应用中，最常用的两种方式是 GET 和 POST。在 Flask 框架中，URL 装饰器默认的 HTTP 传输方法为 GET。通过使用 URL 装饰器的参数"方法类型"，可以让同一个 URL 的两种请求方法都映射在同一个函数上。

默认情况下，通过浏览器传递参数相关的数据或参数时，都是通过 GET 或 POST 请求中包含参数来实现的。其实通过 URL 也可以传递参数，此时直接将数据放入 URL 中，然后在服务器端获取传递的数据。

下面的实例文件 flask3.py 演示了使用 GET 请求获取 URL 参数的过程。

源码路径：**daima\10\10-4\flask3.py**

```
import flask                    #导入 flask 模块
html_txt = """                  #变量 html_txt 初始化，作为 GET 请求的页面
<!DOCTYPE html>
<html>
```

```
        <body>
            <h2>如果收到了 GET 请求</h2>
            <form method='post'>            #设置请求方法是 POST
                <input type='submit' value='按下我发送 POST 请求' />
            </form>
        </body>
</html>
"""
app = flask.Flask(__name__)            #实例化类 Flask
#URL 映射，不管是 GET 方法还是 POST 方法，都被映射到 helo()函数
@app.route('/aaa',methods=['GET','POST'])
def helo():                #定义业务处理函数 helo()
    if flask.request.method == 'GET':     #如果接收到的请求是 GET
        return html_txt                  #返回 html_txt 的页面内容
    else:                               #否则接收到的请求是 POST
        return '我司已经收到 POST 请求！'
if __name__ == '__main__':
    app.run()                           #运行程序
```

本实例演示了使用参数"方法类型"的 URL 装饰器的过程。在上述实例代码中，预先定义了 GET 请求要返回的页面内容字符串 html_txt，在函数 helo()的装饰器中提供了参数 methods 为 GET 和 POST 字符串列表，表示 URL 为/aaa 的请求，不管是 GET 方法还是 POST 方法，都被映射到 helo()函数。在函数 helo()内部使用 flask.request.method 来判断收到的请求方法是 GET 还是 POST，然后分别返回不同的内容。

执行本实例，在浏览器中输入 http://127.0.0.1:5000/aaa 后的效果如图 10-24 所示。单击"按下我发送 POST 请求"按钮后的效果如图 10-25 所示。

图 10-24　执行效果　　　图 10-25　单击"按下我发送 POST 请求"按钮后的效果

另外，在 Flask Web 程序中处理 URL 请求时，可以使用网页重定向方法 url_for()跳转到指定的 URL。方法 url_for()的语法格式如下所示：

```
url_for(endpoint,**values)
```

方法 url_for()可以传递如下两个参数。
● endpoint：表示将要传递的函数名。
● **values：是关键字参数，即有多个 key=value 的形式参数。

方法 url_for()中的每个参数对应于 URL 的变量部分，下面的实例文件 flask4.py 演示了使用方法 url_for()的过程。

源码路径：daima\10\10-4\flask4.py

```python
from flask import Flask, redirect, url_for
app = Flask(__name__)

@app.route('/admin')
def hello_admin():
    return '你好管理员！'

@app.route('/guest/<guest>')
def hello_guest(guest):
    return '你好%s，你是游客！' % guest

@app.route('/user/<name>')
def hello_user(name):
    if name =='admin':
        return redirect(url_for('hello_admin'))
    else:
        return redirect(url_for('hello_guest',guest = name))

if __name__ == '__main__':
    app.run(debug = True)
```

在上述代码中，函数 hello_user()接受来自如下 URL 的参数值：

```
/user/<name>
```

如果接收上述 URL 的参数是 admin，则使用方法 url_for()将执行重定向到函数 hello_admin()，即显示函数 hello_admin()的返回结果；如果接收上述 URL 的参数不是 admin，则使用方法 url_for()将执行重定向到函数 hello_guest()，即显示函数 hello_guest()的返回结果。

运行文件 flask4.py，在浏览器中输入 http://127.0.0.1:5000/user/admin，会执行函数 hello_admin()，将 URL 重定向到 http://127.0.0.1:5000/admin，执行效果如图 10-26 所示。

在浏览器中输入的 URL 的 name 参数不是 admin，例如，输入的 URL 是 http://127.0.0.1:5000/user/火云邪神，会执行函数 hello_guest()，将 URL 重定向到 http://127.0.0.1:5000/user/，执行效果如图 10-27 所示。

你好管理员！

图 10-26　执行效果

你好火云邪神，你是游客！

图 10-27　执行效果

10.4.5　模拟实现最简单的用户登录系统

1）编写表单文件 index.html，功能是实现一个静态 HTML 表单，在表单中可以输入名字，单击提交按钮，会使用 POST 方法将表单中的数据发送到指定的 URL：http://localhost:5000/login。

文件 index.html 的具体实现代码如下所示。

源码路径：daima\10\10-4\index.html

```
<html>
<body>

<form action = "http://localhost:5000/login" method = "post">
<p>请输入名字:</p>
<p><input type = "text" name = "biaodan" /></p>
<p><input type = "submit" value = "登录" /></p>
</form>


</body>
</html>
```

2）编写程序文件 login.py，使用 POST 将 HTML 表单数据发送到表单标签的 action 子句中的 URL，http://localhost/login 会映射到 login()函数。服务器通过 POST 方法接收数据，因此通过以下代码获得从表单数据传递过来的参数 biaodan 的值。

```
user = request.form[' biaodan ']
```

参数 biaodan 的值作为变量被传递给 URL：/ success，所以会在浏览器中显示对应的欢迎消息。

文件 login.py 的具体实现代码如下所示。

源码路径：daima\10\10-4\login.py

```
from flask import Flask, redirect, url_for, request
app = Flask(__name__)

@app.route('/success/<name>')
def success(name):
    return '欢迎%s' % name +'登录本系统'

@app.route('/login',methods = ['POST', 'GET'])
def login():
    if request.method == 'POST':
        user = request.form['biaodan']
        return redirect(url_for('success',name = user))   #URL 重定向
    else:
        user = request.args.get('biaodan')
        return redirect(url_for('success',name = user))   #URL 重定向

if __name__ == '__main__':
    app.run(debug = True)
```

首先运行 Python 程序，然后双击打开 HTML 文件，此时将显示一个登录表单，如图 10-28 所示。在表单中输入“火云邪神”并单击“登录”按钮，表单数据“火云邪神”将作为参数

被传递给/success/后面的参数 name，会在页面中显示对应的欢迎信息，如图 10-29 所示。

请输入名字:

登录

图 10-28　登录表单　　　　　　　　图 10-29　显示欢迎信息

10.5　使用 Session 和 Cookie

通过本书前面内容的学习可知，使用 Cookie 和 Session 可以存储客户端和服务器端的用户状态信息。Flask 框架提供了存储并处理 Cookie 和 Session 的模块，本节将详细讲解在 Flask 中使用 Session 和 Cookie 的知识。

10.5.1　使用 Cookie

在 Flask 框架中，可以通过如下所示的代码获取 Cookie 的值。

```
flask.request.cookies.get('name ')
```

在 Flask 框架中，可以使用 make_response 对象设置 Cookie，演示代码如下所示。

```
resp = make_response (content)              #content 返回页面内容
resp.set_cookie ('username', 'the username')   #设置名为 username 的 cookie
```

下面的实例文件 flask4.py 演示了在 FlaskWeb 中获取 Cookie 的过程。

源码路径：daima\10\10-5\flask4.py

```
import flask                              #导入 flask 模块
html_txt = """                           #变量 html_txt 初始化，作为 GET 请求的页面
<!DOCTYPE html>
<html>
    <body>
        <h2>可以收到 GET 请求</h2>
        <a href='/get_xinxi'>点击我获取 Cookie 信息</a>
    </body>
</html>
"""
app = flask.Flask(__name__)              #实例化类 Flask
@app.route('/set_xinxi/<name>')         #URL 映射到指定目录中的文件
def set_cks(name):                      #函数 set_cks()用于从 URL 中获取参数并将其存入 Cookie 中
    name = name if name else 'anonymous'
```

257

```
    resp = flask.make_response(html_txt)          #构造响应对象
    resp.set_cookie('name',name)                  #设置 Cookie
    return resp
@app.route('/get_xinxi')
def get_cks():                                     #函数 get_cks()用于从 Cookie 中读取数据并显示在页面中
    name = flask.request.cookies.get('name')       #获取 Cookie 信息
    return '获取的cookie信息是:' + name             #打印显示获取的 Cookie 信息
if __name__ == '__main__':
    app.run(debug=True)
```

在上述实例代码中定义了如下所示的两个功能函数。

● 第一个功能函数 set_cks：用于从 URL 中获取参数并将其存入 Cookie 中。

● 第二个功能函数 get_cks：功能是从 Cookie 中读取数据并显示在页面中。

当在浏览器中使用 http://127.0.0.1:5000/set_xinxi/xuanwuji 浏览时，表示设置了名为 name（langchao）的 Cookie 信息，执行效果如图 10-30 所示。当单击"单击我获取 Cookie 信息"的链接跳转到/get_xinxi，会在新页面中显示在 Cookie 中保存的 name 名称 xuanwuji 的信息，效果如图 10-31 所示。

图 10-30　执行效果

图 10-31　单击"单击我获取 Cookie 信息"链接的效果

10.5.2　使用 Session

在 Flask 框架中，Session 的存储方式与其他 Web 框架不同。Flask 中的 Session 使用了密钥签名的方式进行了加密，加密之后被放到了 Cookie 中。也就是说，Flask 中的 Session 以 Cookie 的形式被保存在客户端。

在 Flask Web 程序中，在使用 Session 之前需要先配置 SECRET_KEY。SECRET_KEY 是一个全局宏变量，一般设置为 24 位的字符。有如下两种配置 SECRET_KEY 的方法。

1）新建一个配置文件 config.py，在其中配置 SECRET_KEY，文件 config.py 的具体实现代码如下所示。

```
SECRET_KEY = 'XXXXXXXXX'
```

可以在主程序文件中调用 config 文件中的内容，演示代码如下所示：

```
from flask import Flask,session
import config

app = Flask(__name__)
```

2）不使用配置文件配置 SECRET_KEY，直接在主程序文件中配置，演示代码如下所示：

```
from flask import Flask,session

app = Flask(__name__)
app.config['SECRET_KEY'] = 'XXXXX'
```

在 Python 程序中，可以使用 OS 模块中的方法生成一个 24 位的随机字符串作为 SECRET_KEY，演示代码如下所示：

```
import os
app.config['SECRET_KEY'] = os.urandom(24)
```

注意：在使用上述方法生成 SECRET_KEY 时，服务器每次重启后这个 SECRET_KEY 的值都会发生变化。

下面的实例文件 flask51.py 演示了在 FlaskWeb 中设置并获取 Session 值的过程。
源码路径：**daima\10\10-5\flask51.py**

```
from flask import Flask,session
import os

app = Flask(__name__)
app.config['SECRET_KEY'] = os.urandom(24)

# 设置 session
@app.route('/')
def set():
    session['username'] = 'xunwuji' # 设置一个 Session 值, 是一个 "字典" 键值对
    return 'success'

# 读取 session
@app.route('/get')
def get():
    return session.get('username') # 读取 Session 值

if __name__ == '__main__':
    app.run()
```

在浏览器中输入 http://127.0.0.1:5000/，会设置一个名为 xunwuji 的 Session，在浏览器中输入 http://127.0.0.1:5000/get，会显示设置的 Session 名为 xunwuji，如图 10-32 所示。

xunwuji

图 10-32　显示设置的 Session

259

10.6 使用 Flask-Script 扩展

Flask 被设计为可扩展形式，并没有提供一些重要的功能，例如数据库和用户认证，开发者可以自由选择最适合程序的包，或按需求自行开发。社区成员开发了大量不同用途的扩展，如果这些不能满足需求，开发者还可使用所有 Python 标准包或代码库。

虽然用 Flask 框架开发的 Web 服务器支持很多启动设置选项，但是只能在脚本中作为参数传给 app.run()函数。这种方式并不十分方便，传递设置选项的最佳方式是使用命令行参数。Flask-Script 是一个著名的 Flask 扩展，为 Flask 程序添加了一个命令行解析器。Flask-Script 自带了一组常用选项，而且还支持自定义命令。可以通过如下所示的 pip 命令安装Flask-Script 扩展：

```
pip install flask-script
```

下面的实例文件 hello.py 演示了使用 Flask-Script 扩展增强程序功能的过程。实例文件hello.py 的具体实现代码如下所示。

源码路径：daima\10\10-6\hello.py

```
from flask import Flask
from flask_script import Manager


app = Flask(__name__)


manager = Manager(app)


@app.route('/')
def index():
    return '<h1>Hello World!</h1>'


@app.route('/user/<name>')
def user(name):
    return '<h1>Hello, %s!</h1>' % name


if __name__ == '__main__':
    manager.run()
```

在上述代码中，Flask-Script 输出了一个名为 Manager 的类，这可以从 Flask_Script 中引入。这个扩展的初始化方法也适用于其他扩展，例如，把程序实例作为参数传给构造函数，初始化主类的实例。创建的对象可以在各个扩展中使用，上述代码中的服务器由manager.run()启动，启动后就能解析命令行了。这样在 PyCharm 中运行上述代码后输出的结果如下所示：

```
usage: hello.py [-?] {shell,runserver} ...

positional arguments:
  {shell,runserver}
    shell          Runs a Python shell inside Flask application context.
    runserver      Runs the Flask development server i.e. app.run()

optional arguments:
  -?, --help       show this help message and exit
```

shell 命令用于在程序的上下文中启动 Python shell 会话。可以使用这个会话运行维护任务或测试，还可调试异常。顾名思义，runserver 命令用来启动 Web 服务器。运行 python hello.py runserver 会以调试模式启动 Web 服务器。在现实应用中，还有如下所示的可用选项：

```
$ python hello.py runserver --help
usage: hello.py runserver [-h] [-t HOST] [-p PORT] [--threaded]
[--processes
```

使用 app.run()运行 Flask 开发服务器后：

```
optional arguments:
-h, --help 显示帮助信息并退出
-t HOST, --host HOST
-p PORT, --port PORT
--threaded
--processes PROCESSES
--passthrough-errors
-d, --no-debug
-r, --no-reload
```

在上述输出中，参数--host 是一个很有用的选项，它告诉 Web 服务器在哪个网络接口上监听来自客户端的连接。默认情况下，Flask 开发的 Web 服务器监听 localhost 上的连接，所以只接受来自服务器所在计算机发起的连接。通过下面的命令可以让 Web 服务器监听公共网络接口上的连接，允许同网中的其他计算机连接服务器。

```
$ python hello.py runserver --host 127.0.0.1
* Running on http://127.0.0.1:5000/
* Restarting with reloader
```

现在，Web 服务器可使用 http://a.b.c.d:5000/网络中的任意一台计算机进行访问，其中 a.b.c.d 是服务器所在计算机的外网 IP 地址。

11

第 11 章
使用 **Flask** 模板

模板是一个包含响应文本的文件,其中包含用占位变量表示的动态部分,其具体值只在请求的上下文中才能获知。使用真实值替换变量,返回最终得到的响应字符串,这一过程称为渲染。本章的内容将详细讲解在 Flask Web 程序中使用模板的知识。

11.1 使用 **Jinja2** 模板引擎

在本书前面介绍 Tornado 和 Django 框架时,讲解了模板的作用。在 Flask 框架中,使用了一个名为 Jinja2 的模板引擎来渲染模板文件。本节将简要介绍 Jinja2 模板引擎的知识。

对于一名 Web 程序员来说,要想开发出易于维护的程序,必须编写形式简洁且结构良好的代码。在 Flask 框架中,视图函数的作用是生成请求的响应。一般来说,请求会改变程序的状态,而这种变化也会在视图函数中产生。在 Flask Web 程序中,为了实现业务和逻辑的分离,把表现逻辑的部分放到模板中实现,这样能够提高程序的可维护性。下面的实例演示了在 Flask Web 项目中使用 Jinja2 模板的过程。

源码路径:daima\11\11-1\moban

1)首先定义两个模板文件保存在 templates 文件夹中,将这两个模板文件分别命名为 index.html 和 user.html,其中模板文件 index.html 只有一行代码,具体实现代码如下所示。

```
<h1>Hello World!</h1>
```

模板文件 user.html 也只有一行代码，具体实现代码如下所示。

```
<h1>Hello, {{ name }}!</h1>
```

2）默认情况下，Flask 在程序文件夹中的 templates 子文件夹中寻找模板。接下来可以在 Python 程序中通过视图函数处理上面的模板文件，以便渲染这些模板。实例文件 moban.py 的具体实现代码如下所示。

　　　源码路径：**daima\11\11-2\moban\moban.py**

```
import flask
from flask import Flask, render_template
app = flask.Flask(__name__)

@app.route('/')
def index():
  return render_template('index.html')
@app.route('/user/<name>')
def user(name):
  return render_template('user.html', name=name)

if __name__ == '__main__':
    app.run()
```

在上述代码中，使用 Flask 内置函数 render_template 引用 Jinja2 模板引擎。函数 render_template 的具体说明如下所述。

● 第一个参数：表示本程序使用的模板文件名是 user.html。

● 第二个参数：是一个键值对，表示模板中变量对应的真实值。上述代码中的 name=name 是关键字参数，其中左边的 name 是参数名，表示模板中使用的占位符；右边的 name 是当前作用域中的变量，表示同名参数的值。

执行 http://127.0.0.1:5000/会调用模板文件 index.html，执行效果如图 11-1 所示。执行 http://127.0.0.1:5000/user/Python 大神会调用模板文件 user.html，显示用户名为 "Python 大神"，执行效果如图 11-2 所示。

图 11-1　调用模板文件 index.html

图 11-2　用户名为 "Python 大神"

11.2 Jinja2 模板的基本元素

在前面使用的 Jinja2 模板文件 index.html 和 user.html 中，页面元素比较简单。其实在 Jinja2 模板文件中可以有更多的元素，本节将简要介绍 Jinja2 模板元素的知识。

11.2.1 变量

在本章前面实例的模板文件 user.html 中，{{ name }}代码部分表示一个变量，功能是告诉模板引擎这个位置的信息由业务逻辑处理渲染。Jinja2 引擎的功能十分强大，可以识别出所有类型的变量，甚至是一些复杂的类型，如列表、字典和对象。在模板中使用变量的演示代码如下所示。

```
<p>字典的值：{{ mydict['key'] }}.</p>
<p>列表的值 {{ mylist[3] }}.</p>
<p>列表中的值，具有可变索引：{{ mylist[myintvar] }}.</p>
<p>对象方法中的值：{{ myobj.somemethod() }}.</p>
```

开发者要想修改变量的值，可以将过滤器名添加在变量名后面，中间使用竖线分隔。下面的演示代码中，模板文件以首字母大写的形式显示变量 name 的值。

```
Python, {{ name|capitalize }}
```

在模板 Jinja2 中，比较常用的过滤器如下所述。

1）safe：在渲染变量值时不进行转义。默认情况下，出于安全方面的考虑，Jinja2 会转义所有变量。例如，一个变量的值为'<h1>Hello</h1>'，Jinja2 会将其渲染成：

```
&lt;h1&gt;Hello&lt;/h1&gt;
```

浏览器能显示这个 h1 元素，但不会进行解释。很多情况下需要显示变量中存储的 HTML 代码，这时就可使用 safe 过滤器。

2）capitalize：把所有变量值的首字母转换成大写，将其他字母转换成小写。

3）lower：把所有变量值转换为小写。

4）upper：把所有变量值转换成大写。

5）title：把所有变量值中的每个单词的首字母都转换成大写。

6）trim：删除变量值中的首、尾空格。

7）striptags：在渲染前删除变量值中所有的 HTML 标签。

下面的实例代码演示了在 Flask Web 程序的模板中使用变量的过程。

源码路径：daima\11\11-2\untitled

1）编写 Python 文件 untitled.py，主要实现代码如下所示。

```
class Myobj(object):
    def __init__(self, name):
        self.name = name

    def getname(self):
        return self.name

app = Flask(__name__)

@app.route('/')
def index():
    mydict = {'key1': '123', 'key': 'hello'}
    mylist = (123, 234, 345, 789)
    myintvar = 0
    myobj = Myobj('Hyman')
    return render_template('index.html', mydict=mydict, mylist=mylist, myintvar=0, myobj=myobj)

if __name__ == '__main__':
    app.run()
```

在 Flask 程序中，可以将变量理解成一种特殊的占位符，告诉模板引擎这个位置的值从渲染模板时使用的数据中获取。在 Flask 模板中几乎可以识别所有数据类型的变量，如整形、浮点型、元组、列表、字典，甚至还可以识别自定义的复杂类型。例如，在上述代码中，还识别了自定义实例对象 myobj。

2）在模板文件 index.html 中显示变量的值，具体实现代码如下所示。

```
<p>一个来自字典的值:{{mydict['key']}}</p>
<p>一个来自列表的值{{mylist[2]}}</p>
<p>一个来自具有变量索引的列表的值:{{mylist[myintvar]}}</p>
<p>一个来自对象方法的值:{{myobj.getname()}}</p>
```

在浏览器中输入 http://127.0.0.1:5000/，会显示变量的值，执行效果如图 11-3 所示。

图 11-3　执行效果

注意：完整的过滤器列表可在 Jinja2 官方文档（http://jinja.pocoo.org/docs/templates/#builtin-filters）中查看。

11.2.2　使用控制结构

在 Flask 的 Jinja2 模块中提供了多种控制结构，通过使用这些控制结构可以改变模板的渲染流程。下面的演示代码展示了在模板中使用条件控制语句的过程。

```
{% if user %}
你好，{{ user }}欢迎登录！
{% else %}
登录错误！
{% endif %}
```

下面的演示代码展示了使用 for 循环在模板中渲染一组元素的过程。

```
<ul>
{% for user in users %}
<li>用户列表：{{ user }}</li>
{% endfor %}
</ul>
```

另外，模块 Jinja2 还支持宏功能，演示代码如下所示。

```
{% macro render_user(user) %}
<li>{{ user }}</li>
{% endmacro %}
<ul>
{% for user in users %}
{{ render_user(user) }}
{% endfor %}
</ul>
```

为了可以重复使用上述宏功能，可以将上述模板保存在单独的模板文件 macros.html 中，然后在需要时使用 import 语句导入即可。演示代码如下所示。

```
{% import 'macros.html' as macros %}
<ul>
{% for user in users %}
{{ macros.render_user(user) }}
{% endfor %}
</ul>
```

在 Flask 的 Jinja2 模块中，可以通过模板继承重复使用代码，这类似于 Python 语言中的类继承。在如下代码中创建了一个名为 base.html 的基模板文件。

```
<html>
<head>
{% block head %}
```

```
<title>{% block title %}{% endblock %} -多重继承演示</title>
{% endblock %}
</head>
<body>
{% block body %}
{% endblock %}
</body>
</html>
```

接下来可在子模板中修改使用标签 block 定义的元素，下面的演示代码中定义了名为 head、title 和 body 的块，其中 title 包含在 head 中。

```
{% extends "base.html" %}
{% block title %}子模板演示{% endblock %}
{% block head %}
{{ super() }}
<style>
</style>
{% endblock %}
{% block body %}
<h1>人生苦短，我用 Python!</h1>
{% endblock %}
```

上述代码通过指令 extends 声明当前模板继承自 base.html，在 extends 指令后面重新定义了基模板中的 3 个块，模板引擎会将其插入适当的位置。因为在基模板中的 head 块内容不能为空，所以在重新定义 head 块后，可以使用方法 super() 获取原来的内容。

下面的实例代码演示了在 Flask Web 程序的模板中使用控制结构的过程。

源码路径：daima\11\11-2\kong

1）编写 Python 文件 11-2.py，主要实现代码如下所示。

```
from flask import Flask
from flask import render_template

app = Flask(__name__)
@app.route('/')
def index():
    list1 = list(range(10))
    my_list = [{"id": 1, "value": "我爱工作"},
              {"id": 2, "value": "工作使人快乐"},
              {"id": 3, "value": "沉迷于工作无法自拔"},
              {"id": 4, "value": "日渐消瘦"},
              {"id": 5, "value": "以梦为马，越骑越傻"}]
    return render_template(
        # 渲染模板语言
        'index.html',
        title='hello world',
        list2=list1,
        my_list=my_list
```

```
    )

# step1 定义过滤器
def do_listreverse(li):
    temp_li = list(li)
    temp_li.reverse()
    return temp_li

# step2 添加自定义过滤器
app.add_template_filter(do_listreverse, 'listreverse')

if __name__ == '__main__':
    app.run(debug=True)
```

- 变量 list1: 使用 rang 函数生成 10 个整数, 从大到小排列 9 到 0。
- 列表 my_list: 其中保存了 5 个字典 "键-值" 对。
- 方法 do_listreverse(): 实现了一个过滤器, 过滤器返回变量 list1 的值。
- 方法 add_template_filter(): 将定义的过滤器方法 do_listreverse()添加到模板中, 在模板文件中的名字为 listreverse。

2) 在模板文件 index.html 中使用列表值和过滤器的值, 主要实现代码如下所示。

```html
<!DOCTYPE html>
<html lang="en">
<head>
    <meta charset="UTF-8">
    <title>Title</title>
</head>
<body>
    <h1>{{title | reverse | upper}}</h1>
    <br>
    {{list2 | listreverse}}
    <br>
    <ul>
        {% for item in my_list %}
        <li>{{item.id}}----{{item.value}}</li>
        {% endfor %}
</ul>

    {% for item in my_list %}
        {% if loop.index==1 %}
<li style="background-color: red;">{{ loop.index }}--{{ item.get('value') }}</li>
        {% elif loop.index==2 %}
<li style="background-color: blue;">{{ loop.index }}--{{ item.get('value') }}</li>
        {% elif loop.index==3 %}
<li style="background-color: green;">{{ loop.index }}--{{ item.get('value') }}</li>
        {% else %}
<li style="background-color: yellow;">{{ loop.index }}--{{ item.get('value') }}</li>
        {% endif %}
```

```
    {% endfor %}
</body>
</html>
```

在浏览器中输入 http://127.0.0.1:5000/，会显示控制结构中的值，执行效果如图 11-4 所示。

图 11-4 执行效果

11.2.3 包含页和宏

1. 包含页

在一个 Flask Web 项目中，为了提高程序的易维护性，通常将多次使用的 HTML 代码保存为一个单独的 HTML 模板，当用到时用 include 指令包含进来即可。下面的演示代码中，引用了 includes 目录下的文件 head.html。

```
{% include 'includes/head.html' %}
```

在上述代码中，引号中的内容表示被引用文件的相对路径，其中 includes 是模板目录 templates 下的一个文件夹。当然，也可以将引用文件 head.html 直接保存在 templates 目录下，此时引用代码变为：

```
{% include 'head.html' %}
```

2. 宏 macro

（1）宏的定义

先举一个例子，假设在如下代码中定义了一个<input/>的函数，将这个函数做成宏，将一些参数修改成默认值，然后在调用时可以像调用函数一样来操作。

```
{# 定义宏 #}
{% macro input(name,value='',type='text',size=20) %}
<input type="{{ type }}"
        name="{{ name }}"
```

269

```
        value="{{ value }}"
        size="{{ size }}"/>
{% endmacro %}
```

通过上述代码定义了一个名为 macro 的宏，接下来可以通过如下代码调用这个宏。

```
{{ input('username') }}
{{ input('password',type='password') }}
```

（2）将宏的集合做成库

在 Python 程序中，为了使模板主页文件的内容更加简练，并且可读性更强，可以在一个 HTML 中将很多宏集合在一起，在用到这些宏时可以使用 import 语句调用，就像调用库函数一样。假设将上面定义的宏 macro 放在了模板文件 hong.html 中，那么可以通过下面的代码载入到需要的文件中。

```
{% import 'hong.html' as ui %}
```

在此需要注意，必须在上述加载代码中使用 as 引用库名，否则在引用函数时不知道从哪里引入函数，就像在 Python 程序中使用函数一样。

下面的实例代码演示了在 Flask Web 程序的模板中使用宏的过程。

源码路径：daima\11\11-2\hong

1）编写 Python 文件 hong.py，主要实现代码如下所示。

```
from flask import Flask,render_template,request,url_for
app = Flask(__name__)

@app.route('/')
def index():
    return render_template('index.html',title_name = '欢迎来到主页')

@app.route('/service')
def service():
    return '产品页面'

@app.route('/about')
def about():
    return '关于我们'

@app.template_test('current_link')
def is_current_link(link):
    return link == request.path

if __name__ == '__main__':
    app.run(debug=True)
```

2）模板文件 index.html 用于显示系统主页，在此使用了模板文件 yhong.html 中的宏，具体实现代码如下所示。

```
{% extends 'base.html' %}
{% import 'yhong.html' as ui %}

{% block title %}{{ title_name }}{% endblock %}

{% block content %}
{% set links = [
    ('主页',url_for('.index')),
    ('产品',url_for('.service')),
    ('联系我们',url_for('.about')),
] %}

<nav>
    {% for label,link in links %}
        {% if not loop.first %}|{% endif %}
        <a href="{% if link is current_link %}#
        {% else %}
        {{ link }}
        {% endif %}
        ">{{ label }}</a>
    {% endfor %}
</nav>
    <p>{{ self.title() }}</p>
    {{ ui.input('username') }}
    {{ ui.input('password',type='password') }}
{% endblock content %}

{% block footer %}
    <hr>
    {{ super() }}
{% endblock %}
```

3）在模板文件 base.html 中引用文件 yhead.html，具体实现代码如下所示。

```
<!DOCTYPE html>
<html lang="en">
<head>
    {% block head %}
        {% include 'yhead.html' %}
    {% endblock %}
</head>
<body>
    <header>{% block header %}{% endblock %}</header>
    <div>{% block content %}<p>Python 大神</p>{% endblock %}</div>

    {% for item in items %}
        <li>{% block loop_item scoped %}{{ item }}{% endblock %}</li>
    {% endfor %}

    <footer>
        {% block footer %}
        <p>Python</p>
```

```
        <p>联系我们:<a href="someone@example.com">xxxxx@example.com</a></p>
      {% endblock %}
    </footer>
</body>
</html>
```

4）在模板文件 yhead.html 中引用了 CSS 样式文件，具体实现代码如下所示。

```
<meta charset="UTF-8">
<link href="{{ url_for('static',filename='site.css') }}" rel="stylesheet">
<title>{% block title %}{% endblock %}</title>
```

5）在模板文件 yhong.html 中定义了宏 macro，具体实现代码如下所示。

```
{# 定义宏 #}
{% macro input(name,value='',type='text',size=20) %}
    <input type="{{ type }}"
        name="{{ name }}"
        value="{{ value }}"
        size="{{ size }}"/>
{% endmacro %}
```

在浏览器中输入 http://127.0.0.1:5000/，会显示主页文件 index.html，此文件会引用包含文件和宏，执行效果如图 11-5 所示。

图 11-5　执行效果

11.3　使用 Flask-Bootstrap 扩展

Bootstrap 是推特（Twitter）公司开发的一个开源框架，官方地址是 http://getbootstrap.com/。使用 Bootstrap 可以快速开发出界面整洁的网页，这些网页还能兼容当前市面上所有的浏览器。本节将详细讲解在 Falsk 程序中通过 Flask-Bootstrap 扩展使用 Bootstrap 的知识。

11.3.1　Flask-Bootstrap 扩展的基础

Bootstrap 是一个客户端框架，服务器端只需提供引用 Bootstrap 层叠样式表（CSS）和 JavaScript 文件的 HTML 响应，并在 HTML、CSS 和 JavaScript 代码中实例化所要显示的内容即可。因为是一款客户端框架，所以实现静态内容展示的最佳工具是模板。

要想在 Python 程序中集成 Bootstrap，需要对模板进行一些必要的改动。不过，更简单的方法是使用一个名为 Flask-Bootstrap 的 Flask 扩展。Flask-Bootstrap 使用如下所示的 pip 命令进行安装。

```
pip install flask-bootstrap
```

在现实应用中，通常在创建程序实例时初始化 Flask 扩展，下面是初始化 Flask-Bootstrap 的演示代码。

```
from flask.ext.bootstrap import Bootstrap
# ...
bootstrap = Bootstrap(app)
```

其中，Flask-Bootstrap 从 flask.ext 命名空间中导入，然后把程序实例传入构造方法进行初始化。在导入初始化 Flask-Bootstrap 之后，就可以在程序中使用一个包含所有 Bootstrap 文件的基模板。为了让程序扩展一个具有基本页面结构的基模板，这个基模板需要使用 Jinja2 的模板继承机制来引入 Bootstrap 中的元素。

在内置的 Flask-Bootstrap 模板文件 base.html 中定义了很多块，开发者可以在衍生模板中使用这些块。在下面列出了所有可用的块。

- doc：表示整个 HTML 文档。
- html_attribs：对应<html>标签的属性。
- html：对应<html>标签中的内容。
- head：对应<head>标签中的内容。
- title：对应<title>标签中的内容。
- metas：对应一组<meta>标签的内容。
- styles：对应定义 CSS 样式表标签的内容。
- body_attribs：对应<body>标签的属性。
- body：对应<body>标签中的内容。
- navbar：对应导航条标签<navbar>的内容。
- content：对应用户定义的页面内容。
- scripts：对应声明 JavaScript 标签的内容。

上面的块都是 Flask-Bootstrap 内置定义的，就像编程语言的标识符一样，不能自定义和上面同名的标签。通常在 styles 和 scripts 块中声明 Bootstrap 所需要的文件，在程序中如果需要向已经有内容的块中添加新的内容，必须使用 Jinja2 中的 super() 函数实现调用。假如想在子模板文件中添加新的 JavaScript 文件，需要通过下面的演示代码定义 scripts 块。

```
{% block scripts %}
{{ super() }}
<script type="text/javascript" src="zidingyi-script.js"></script>
{% endblock %}
```

11.3.2　在 Flask Web 中使用 Flask-Bootstrap 扩展

下面的实例演示了在 Flask 中使用 Flask-Bootstrap 扩展的过程。

源码路径：daima\11\11-3\untitled

1）在 Python 文件 untitled.py 中，通过代码 bootstrap=Bootstrap(app) 为 Flask 扩展 Bootstrap 实现实例初始化，此行代码是 Flask-Bootstrap 的初始化方法。具体实现代码如下所示。

```
from flask import Flask,render_template
from flask_bootstrap import Bootstrap
app=Flask(__name__)
bootstrap=Bootstrap(app)
@app.route('/')
def index():
 return render_template('index.html')
if __name__=="__main__":
 app.run(debug=True)
```

2）编写模板文件 base.html，为了实现模板继承，使用 Jinja2 指令 extends 从 Flask-Bootstrap 中导入 bootstrap/base.html。在模板文件 base.html 中定义了可在子模板中重定义的块，可以将指令 block 和指令 endblock 定义的块中的内容添加到基模板中。文件 base.html 的具体实现代码如下所示。

```
{% block title %}人生苦短，我用Python! {% endblock %}
{% block navbar %}
<div class="navbar navbar-inverse" role="navigation">
<div class="container">
<div class="navbar-header">
<button type="button" class="navbar-toggle" data-toggle="collapse" data-taget=".navbar-
collapse">
<span class="sr-only">切换导航界面</span>
<sapn class="icon-bar">AAA</sapn>
<span class="icon-bar">BBB</span>
<span class="icon-bar">CCC</span>
</button>
<a class="navbar-brand" href="/">人生苦短，我用 Python! </a>
</div>
<div class="navbar=collapse collapse">
<ul class="nav navbar-nav">
<li>
<a href="/">主页</a>
</li>
```

```
</ul>
</div>
</div>
</div>
{% endblock %}


{% block content %}
<div class="container">
 {% block page_content %}{% endblock %}
</div>
{% endblock %}
```

在上述模板文件 base.html 中定义了基模板提供的 3 个块，可以在子模板中重新定义这 3 个块。这 3 个块的具体说明如下所述。

- title：其中的内容在渲染后的 HTML 文档的<title>标签中显示。
- navbar：表示页面中的导航条，在本例中使用 Bootstrap 组件定义了一个简单的导航条。
- content：表示页面中的主体内容，在 content 块中有一个<div>容器，在本实例中包含了欢迎信息。

3）在模板文件 index.html 中继承了模板文件 base.html 的内容，具体实现代码如下所示。

```
{% extends "bootstrap/base.html" %}
{% block title %}首页{% endblock %}
{% block page_content %}
<h2>欢迎登录首页</h2>
人生苦短，我用 Python。
{% endblock %}
```

这样，执行 http://127.0.0.1:5000/，会显示指定的模板样式，实现一个导航效果，执行效果如图 11-6 所示。

图 11-6 执行效果

275

11.4 使用 Flask-Moment 扩展本地化日期和时间

Flask-Moment 是一个比较常用的 Flask 扩展，功能是将日期处理类库 moment.js 集成到了 Jinja2 模板中。本节将详细讲解使用 Flask-Moment 扩展本地化日期和时间的知识。

11.4.1 Flask-Moment 基础

Moment.js 是一个轻量级的 JavaScript 日期处理类库，实现了日期格式化和日期解析等功能。可以在浏览器和 NodeJS 两种环境中运行 Moment.js，通过使用类库 Moment.js 可以实现如下所述的功能。

- 将指定的任意日期转换成多种不同的显示格式。
- 实现日期计算功能，如两个日期相隔多少天。
- 内置了能够显示各种日期格式的函数。
- 支持多种语言，开发者可以选择或者新增一种语言包。

Flask-Moment 是一个 Flask 扩展，初始化 Flask-Moment 的演示代码如下所示。

```
from flask.ext.moment import Moment
moment = Moment(app)
```

安装 Flask-Moment 的指令如下所示。

```
pip install flask-moment
```

因为 Flask-Moment 扩展依赖于两个 JS 文件：moment.js 和 jquery.js，所以在使用 Flask-Moment 时需要将这两个 JS 文件包含在 HTML 文档中。通过如下所示的代码，可以在模板文件 base.html 中的 head 标签中导入 moment.js 和 jquery.js。

```
<html>
   <head>
      {{ moment.include_jquery() }}
      {{ moment.include_moment() }}

   <!--默认是英语的,可以选择使用中文: CN-->
      {{ moment.lang("zh-EN") }}

   </head>
<body> ... </body>
</html>
```

因为在 Bootstrap 中包含了 jquery.js，所以如果在 Flask Web 项目中使用了 Bootstrap，可

以不用再导入 jquery.js。

11.4.2　自定义错误页面

读者应该有这样的体验：如果在浏览器中输入了一个不可用的 URL 地址，那么会显示一个状态码为 404 的错误页面。但这个错误页面的外观不够美观，严重影响了用户体验，所以在市面上的站点中都设计了一个美观的页面作为 URL 出错时显示的页面。在 Flask Web 程序中，可以使用基于模板的自定义错误页面。

现实应用中，最常见的找不到 URL 的错误代码有两个。

● 404：客户端请求未知页面或路由时显示。

● 500：因无法解析发生的错误。

为了更加友好地处理上述两种错误类型，提高用户体验，可以编写两个函数来设置当发生上述错误时所显示的页面。下面的演示代码演示了为上述两个错误代码设置自定义处理程序的方法。

```
@app.errorhandler(404)
def page_not_found(e):
    return render_template('404.html'), 404

@app.errorhandler(500)
def internal_server_error(e):
    return render_template('500.html'), 500
```

接下来在模板目录 templates 下创建模板文件 404.html 和文件 500.html，然后使用这两个文件分别设置要显示的提示信息。但是这样做比较烦琐，需要开发者编写一些代码才能实现。

令 Flask 开发者幸运的是，Jinja2 的模板继承机制可以很好地帮助开发者解决这一问题。可以在程序中定义一个基模板，其中包含处理两种错误的导航条，然后在子模板中定义页面内容。在下面的演示文件 templates/base.html 中，定义了一个继承自 bootstrap/base.html 的新模板，在其中定义了导航条。这个模板本身也可作为其他模板的基模板，如 templates/user.html、templates/404.html 和 templates/500.html。

```
{% extends "base.html" %}
{% block title %}人生苦短，我用 Python！{% endblock %}
{% block navbar %}
<div class="navbar navbar-inverse" role="navigation">
  <div class="container">
    <div class="navbar-header">
      <button type="button" class="navbar-toggle"
        data-toggle="collapse" data-target=".navbar-collapse">
        <span class="sr-only">导航</span>
        <span class="icon-bar"></span>
        <span class="icon-bar"></span>
        <span class="icon-bar"></span>
```

```
        </button>
        <a class="navbar-brand" href="/">Flasky</a>
        </div>
    <div class="navbar-collapse collapse">
    <ul class="nav navbar-nav">
        <li><a href="/">主页</a></li>
    </ul>
  </div>
</div>
</div>
{% endblock %}
{% block content %}
<div class="container">
    {% block page_content %}{% endblock %}
</div>
{% endblock %}
```

在上述模板文件 content 块中的<div>容器中包含了一个名为 page_content 的新空块，块中的内容由衍生模板定义。此时在程序中使用的模板继承自这个模板，而不是直接继承自 Flask-Bootstrap 的基模板。可以编写一个显示 404 错误提示信息的页面，这可以通过继承模板文件 templates/base.html 自定义实现，演示代码如下所示。

```
{% extends "base.html" %}
{% block title %}人生苦短，我用 Python! {% endblock %}
{% block page_content %}
<div class="page-header">
<h1>发生了 404 错误</h1>
</div>
{% endblock %}
```

11.4.3 使用 Flask-Moment 显示时间

下面的实例演示了在 Flask Web 程序中使用 Flask-Moment 扩展的过程，在本实例中还实现了错误处理功能。

源码路径：daima\11\11-4\flasky3e

1）编写程序文件 hello.py，为了处理时间戳，Flask-Moment 向模板开放了 moment 类，把变量 current_time 传入模板进行渲染，具体实现代码如下所示。

```
from datetime import datetime
from flask import Flask, render_template
from flask_script import Manager
from flask_bootstrap import Bootstrap
from flask_moment import Moment


app = Flask(__name__)


manager = Manager(app)
```

```
bootstrap = Bootstrap(app)
moment = Moment(app)

@app.errorhandler(404)
def page_not_found(e):
    return render_template('404.html'), 404

@app.errorhandler(500)
def internal_server_error(e):
    return render_template('500.html'), 500

@app.route('/')
def index():
    return render_template('index.html', current_time=datetime.utcnow())

@app.route('/user/<name>')
def user(name):
    return render_template('user.html', name=name)

if __name__ == '__main__':
    manager.run()
```

2）在模板文件 index.html 中，使用 Flask-Moment 扩展设置使用指定的格式显示时间，具体实现代码如下所示。

```
{% extends "base.html" %}

{% block title %}Flask 教程{% endblock %}

{% block page_content %}
<div class="page-header">
    <h1>Hello World!</h1>
</div>
<p>当前时间是：{{ moment(current_time).format('LLL') }}.</p>
<p>这是{{ moment(current_time).fromNow(refresh=True) }}.</p>
{% endblock %}
```

format('LLL')：会根据客户端计算机中的时区和区域设置渲染日期和时间。参数 LLL 设置了渲染的方式，其中'L' 到'LLLL' 分别对应不同的复杂度。

fromNow()：用于显示当前时间，随着时间的推移自动刷新显示当前时间。最开始显示为 a few seconds ago，在设置参数 refresh 后，会随着时间的推移而及时更新。如果一直浏览这个页面而不关闭，在几分钟后会看到文本内容变成"这是 40 minutes ago"之类的提示文本。

在浏览器中输入"http://127.0.0.1:5000/"，执行效果如图 11-7 所示。

279

Hello World!

当前时间是：January 10, 2018 1:35 PM.

这是38 minutes ago.

图 11-7　显示本地化时间

11.5　链接

　　在一个 Flask Web 项目中可能会有大量的 URL 地址，为了快速实现精准的 URL 导航，可以使用函数 url_for()以视图函数名作为参数，返回对应的 URL。本节将详细讲解使用函数 url_for()处理 URL 链接的知识。

　　在 Flask Web 程序中使用 url_for()生成动态地址时，会将动态 URL 部分作为关键字参数拼接并传递过去。下面的演示代码的最终返回结果是 http://localhost:5000/ user/admin。

```
url_for('user', name='admin', _external=True)
```

　　在使用 url_for()函数时，不但可以将动态路由中的参数传入其关键字参数，而且能够将所有的额外参数添加到查询字符串中。下面的演示代码的最终返回结果是/?page=11。

```
url_for('index', page=11)
```

　　注意：如果要生成在浏览器之外使用的链接，如在电子邮件中发送的 URL 链接，则必须使用绝对地址。

　　下面是 Flask 官方文档中的一个例子，使用 url_for()设置了 4 个 URL 的链接。

```
>>> from flask import Flask, url_for
>>> app = Flask(__name__)
>>> @app.route('/')
... def index(): pass
...
>>> @app.route('/login')
... def login(): pass
...
>>> @app.route('/user/<username>')
```

```
... def profile(username): pass
...
>>> with app.test_request_context():
...     print url_for('index')
...     print url_for('login')
...     print url_for('login', next='/')
...     print url_for('profile', username='John Doe')
```

执行后会分别输出在当前服务器设置的 4 个 URL 链接。

```
/
/login
/login?next=/
/user/John%20Doe
```

11.6　使用静态文件

　　和本书前面介绍的 Django 框架一样，在 Flask Web 程序中也可以使用静态文件，如在模板中使用的 HTML 源码、JavaScript 源码和 CSS 文件。本节将详细讲解在 Flask Web 程序中使用静态文件的知识。

11.6.1　静态文件介绍

　　在 Web 应用程序中经常用到静态文件，如 JavaScript 文件或支持网页显示的 CSS 文件。为了便于系统维护，通常将这些文件集中保存到一个文件夹中进行管理。在 Flask Web 程序中，通常将静态文件保存到 static 目录中，此时对静态文件的引用被当成一个特殊的路由，即/static/<filename>，演示代码如下所示。

```
url_for('static', filename='css/styles.css', _external=True)
```

　　上述代码设置调用的静态文件地址是：

```
http://localhost:5000/static/css/styles.css
```

　　默认情况下，Flask 会定位到 Web 程序根目录中名为 static 的子目录，然后在 static 目录中寻找静态文件。如果 Web 程序非常大，可以继续在 static 中创建多个不同含义的子目录，然后在子目录中保存不同的静态文件。

11.6.2　使用静态文件

　　下面的实例演示了在 Flask Web 程序中使用静态文件的过程。

源码路径：**daima\11\11-6\jingtai**

在模板文件 templates/base.html 中将一张图片作为系统的图标，图标文件 img1.ico 被保存在静态文件目录 static 中，这个图标文件 img1.ico 会显示在浏览器的地址栏中。文件 base.html 的具体实现代码如下所示。

```
{% block head %}
{{ super() }}
<link rel="shortcut icon" href="{{ url_for('static', filename = 'img1.ico') }}"
type="image/x-icon">
<link rel="icon" href="{{ url_for('static', filename = 'img1.ico') }}"
type="image/x-icon">
{% endblock %}
```

通过上述代码可知，通常将图标的声明代码放到 head 块的末尾。

下面的实例演示了在 Flask Web 程序中使用静态脚本文件的过程。

源码路径：**daima\11\11-6\jingtai**

1）编写 Flask 文件 jing.py，设置程序运行后加载执行模板文件 default.html。文件 jing.py 的具体实现代码如下所示。

```
from flask import Flask, render_template
app = Flask(__name__)

@app.route("/")
def index():
  return render_template("default.html")

if __name__ == '__main__':
  app.run(debug = True)
```

2）在文件夹 templates 中新建模板文件 index.html，设置一个 HTML 按钮的 OnClick 事件，单击按钮后通过方法 url_for()设置调用文件 hello.js 中定义的 JavaScript 函数。文件 index.html 的具体实现代码如下所示。

```
<html>
<head>
<script type = "text/javascript"
        src = "{{ url_for('static', filename = 'hello.js') }}" ></script>
</head>
<body>
<input type = "button" onclick = "sayHello()" value = "点击我啊" />
</body>
</html>
```

3）文件 hello.js 被保存在静态文件目录 static 中，功能是通过函数 sayHello()显示一个提醒框效果。文件 hello.js 的具体实现代码如下所示。

```
function sayHello() {
```

```
    alert("你好大官人！")
}
```

运行文件 jing.py，在浏览器中输入 http://127.0.0.1:5000/，会加载显示模板文件 index.html，如图 11-8 所示。单击按钮"点击我啊"，会显示一个提醒框，如图 11-9 所示。

图 11-8　HTML 按钮　　　　　　　　　　　　　　　　图 11-9　提醒框

11.7　可插拔视图（**Pluggable Views**）

在一些教程中，Pluggable Views 被翻译为"即插视图"，本书统一称为"可插拔视图"。可插拔视图的含义是可以在一个文件中编写很多功能类，这些功能类对应显示一个视图功能。当在 Flask 程序中需要显示某个视图页面时，只需调用对应的功能类即可。调用这个功能类的方法就像插拔计算机中的 U 盘那样，非常方便。

11.7.1　使用可插拔视图技术

从 Flask 0.7 版本开始便引入了可插拔视图这一概念。可插拔视图的灵感来自于 Django 框架中的通用视图，其基本原理是使用类来代替函数。使用可插拔视图的主要功能是利用可定制的、可插拔的视图灵活显示不同的页面内容。

假设现在想从数据库中查询用户数据，将查询到的数据载入到一个对象列表中并渲染到视图，上述功能可以通过下面的函数 show_users()实现。

```
@app.route('/users/')
def show_users(page):
    users = User.query.all()
    return render_template('users.html', yonghus=yonghus)
```

通过上述代码，使用函数 query.all()查询数据库中的用户信息，将查询到的信息渲染到模板文件 yonghus.html 中并显示出来。这种函数实现的方法简单、灵活，但是如果想要用一种通用的、可以适应其他模型和模板文件的方式来提供这个视图，就需要更加灵活的机制。例如，想在多个视图中使用上面的用户信息、在其他模板页面中使用数据库中的用户信息，可以使用基于类的可插拔视图技术来实现，具体实现流程如下所述。

（1）编写类

将上述查询并获取数据库中用户信息的功能转换为基于类的视图，演示代码如下所示。

```
from flask.views import View
class ShowYonghus(View):
    def dispatch_request(self):
        yonghus = Yonghu.query.all()
        return render_template('yonghus.html', objects=yonghus)

app.add_url_rule('/yonghus/', ShowYonghus.as_view('show_yonghus'))
```

在上述代码中创建了类 ShowYonghus，并且定义了方法 dispatch_request()。然后使用类
ShowYonghus 的方法 as_view()把此类转换成一个实际的视图函数，传递给这个函数的字符
串是视图之后的最终名称。

（2）代码重构

上面的实现方法还不够完美，接下来稍微重构一下代码。

```
from flask.views import View

class ListView(View):

    def get_template_name(self):
        raise NotImplementedError()

    def render_template(self, context):
        return render_template(self.get_template_name(), **context)

    def dispatch_request(self):
        context = {'objects': self.get_objects()}
        return self.render_template(context)

class YonghuView(ListView):

    def get_template_name(self):
        return 'yonghus.html'

    def get_objects(self):
        return Yonghu.query.all()
```

虽然上面的例子非常简单，但是对于解释基本原则已经很有用了。当有一个基于类的视
图时，那么参数 self 会创建一个请求实例，通常用于指向模板文件的名字。它工作的方式是
无论何时调度请求都会创建这个类的一个新实例，并且方法 dispatch_request()会以 URL 规则
进行参数调用。这个类本身会用传递到方法 as_view()的参数来实现实例化操作。可以编写如
下所示的类。

```
class RenderTemplateView(View):
    def __init__(self, template_name):
        self.template_name = template_name
    def dispatch_request(self):
        return render_template(self.template_name)
```

然后可以通过如下代码进行注册。

```
app.add_url_rule('/about', view_func=RenderTemplateView.as_view(
    'about_page', template_name='about.html'))
```

（3）方法提示

通过可插拔视图，可以像常规函数一样用 route() 或 add_url_rule() 附加到应用中。但是在进行附加操作时，必须提供 HTTP 方法的名称。为了将这个信息加入到类中，可以使用属性 methods 来进行承载。

```
class MyView(View):
    methods = ['GET', 'POST']

    def dispatch_request(self):
        if request.method == 'POST':
            ...
        ...

app.add_url_rule('/myview', view_func=MyView.as_view('myview'))
```

（4）基于调度的方法

要想对每个 HTTP 方法执行不同的函数，可以通过 flask.views.MethodView 技术实现，例如，将每个 HTTP 方法映射到同名函数（只有名称为小写的）。

```
from flask.views import MethodView
class YonghuAPI(MethodView):

    def get(self):
        yonghus = Yonghu.query.all()
        ...

    def post(self):
        yonghu = Yonghu.from_form_data(request.form)
        ...

app.add_url_rule('/yonghus/', view_func=YonghuAPI.as_view('yonghus'))
```

如果不提供 methods 属性，则会自动按照类中定义的方法来设置。

（5）装饰视图

因为视图类本身不是加入到路由系统的视图函数，所以实际上装饰视图类并没有多大的意义。与之相反的是，可以手动装饰方法 as_view() 的返回值。

```
def yonghu_required(f):
    """Checks whether yonghu is logged in or raises error 401."""
    def decorator(*args, **kwargs):
        if not g.yonghu:
            abort(401)
        return f(*args, **kwargs)
```

```
    return decorator

view = yonghu_required(YonghuAPI.as_view('yonghus'))
app.add_url_rule('/yonghus/', view_func=view)
```

从 Flask 0.8 版本开始，也可以用在类的声明中设定一个装饰器列表的方法装饰视图，举例如下。

```
class YonghuAPI(MethodView):
    decorators = [yonghu_required]
```

注意：因为从调用者的角度看 self 是不明确的，所以不能在单独的视图方法上使用常规的视图装饰器。

11.7.2 可插拔视图技术实战演练

下面的实例演示了在 Flask Web 程序中使用可插拔视图技术的过程。

源码路径：**daima\11\11-7\chaba**

1）在视图文件 views.py 中定义两个可插拔视图类，在类 UserView 中设置了异常错误，执行后会调用运行异常代码。文件 views.py 的具体实现代码如下所示。

```
from flask.views import View
from flask import render_template

from myexceptions import AuthenticationException

class ParentView(View):
    def get_template_name(self):
        raise NotImplementedError()

    def render_template(self, context):
        return render_template(self.get_template_name(), **context)

    def dispatch_request(self):
        context = self.get_objects()
        return self.render_template(context)

class UserView(ParentView):
    def get_template_name(self):
        raise AuthenticationException('test')
        return 'Users.html'

    def get_objects(self):
        return {}
```

2）编写文件 myexceptions.py，定义一个和身份验证相关的异常类 AuthenticationException。在本实例中，故意设置发生上面定义的 auth_error()异常。文件 myexceptions.py 的具体实现代码如下所示。

```
class AuthenticationException(Exception):
    """
    与身份验证相关的异常
    """
    def __init__(self, message_text):
        self.message_text = message_text

    def get_message(self):
        return self.message_text
```

3）编写文件 error_handlers.py 实现基本的错误处理，通过两个函数分别实现未知错误和用户输入数据发生异常时的错误处理程序。文件 error_handlers.py 的具体实现代码如下所示。

```
from flask import render_template, jsonify
from routing import app
from myexceptions import *

#错误处理程序
@app.errorhandler(404)
def unexpected_error(error):
    """ 未知错误的错误处理程序 """
    return render_template('error.html'), 404

@app.errorhandler(AuthenticationException)
def auth_error(error):
    """ 用户输入数据发生异常时的错误处理程序用 """
    return jsonify({'error': error.get_message()})
```

4）编写文件 routing.py，在 URL 导航中使用 UserView.as_view 设置可插拔视图，具体实现代码如下所示。

```
from flask import Flask

from views import UserView

#App 配置
app= Flask(__name__)

#URLs
app.add_url_rule('/Users', view_func=UserView.as_view('User_view'), methods=['GET'])

from error_handlers import *

if __name__ == '__main__':
    app.run(debug=True)
```

5）编写两个模板文件 Users.html 和 error.html，分别用于显示出错页面和正常页面。

运行程序，在浏览器中输入 http://127.0.0.1:5000/，会发生 404 错误并显示出错页面 error.html 的内容。在浏览器中输入 http://127.0.0.1:5000/Users，会调用视图类 UserView 的内容，因为故意使用 raise 设置了异常，所以执行后最终会显示 auth_error()函数中定义的 JSON 内容，执行效果如图 11-10 所示。

图 11-10　执行效果

如果将视图文件 views.py 中的 raise 行代码删除，那么在浏览器中输入 http://127.0.0.1:5000/users，会显示模板文件 Users.html 的内容，如图 11-11 所示。

← → C ① 127.0.0.1:5000/users

这是模板文件User.html

图 11-11　删除 raise 行代码

第12章
实现表单操作

表单是动态 Web 程序开发中的核心模块之一，绝大多数的动态交互功能是通过表单实现的。本章将详细讲解在 Flask Web 程序中实现表单操作的知识，包括文件上传、会员登录验证。

12.1 使用 Flask-WTF 扩展

在开发 Flask Web 程序的过程中，Flask 框架特意提供了 Flask-WTF 扩展帮助开发者快速开发表单处理程序，如快速实现常见的用户登录验证等功能。本节将详细讲解使用 Flask-WTF 扩展的知识。

12.1.1 Flask-WTF 基础

通过使用 Flask-WTF 扩展，可以将 WTForms（一个支持多个 Web 框架的 Form 组件，主要用于对用户请求数据进行验证）包进行包装，然后集成到 Flask Web 项目中。可以使用如下所示的 pip 命令安装 Flask-WTF 及其依赖的包。

```
pip install flask-wtf
```

Flask-WTF 扩展具有极高的安全性，能够保护所有表单避免受到跨站请求伪造（Cross-Site Request Forgery，CSRF）攻击。Flask-WTF 实现 CSRF 保护的原理如下所述。

1）在程序中使用 Flask-WTF 时需要设置一个密钥。

2）Flask-WTF 使用此密钥生成一个加密令牌。

3）使用生成的加密令牌验证请求中表单数据的真伪。

下面是一段设置 Flask-WTF 密钥的演示代码。

```
app = Flask(__name__)
app.config['SECRET_KEY'] = 'aaabbb ccc'
```

在 Flask 框架中，通常使用配置文件 app.config 来设置工程属性，这些属性通过字典的形式实现变量设置。在配置文件 app.config 中，使用标准的字典格式来设置 SECRET_KEY 密钥。这是一个通用密钥，可以在 Flask 工程和其他第三方扩展中使用。因为不同的程序需要使用不同的密钥，所以密钥的加密强度是不同的，这取决于变量值的机密程度。建议读者在文件 app.config 中设置 SECRET_KEY 密钥变量时，尽量使用比较生僻的字符串。

使用 Flask-WTF 时，可以用一个继承自 Form 的类来表示每个 Web 表单。在编写这个类的实现代码时，可以用类对象表示表单中每一组字段。每个字段对象可对应一个或多个验证函数，通过验证函数可以验证用户在表单中提交的数据是否合法。

在 Flask Web 程序中，因为类 FlaskForm 由 Flask-WTF 扩展定义，所以可以从 flask.wtf 中导入 FlaskForm。而字段和验证函数可以直接从 WTForms 包中导入，WTForms 可以支持如下所述的 HTML 标准字段。

- StringField：表示文本字段。
- TextAreaField：表示多行文本字段。
- PasswordField：表示密码文本字段。
- HiddenField：表示隐藏文本字段。
- DateField：表示日期的文本字段，值为 datetime.date 格式。
- DateTimeField：表示时间的文本字段，值为 datetime.datetime 格式。
- IntegerField：表示整数的文本字段值。
- DecimalField：表示 Decimal 类型的文本字段值。
- FloatField：表示浮点数类型的文本字段值。
- BooleanField：表示复选框，取值只有两个：True 和 False。
- RadioField：表示单选框字段。
- SelectField：表示下拉列表字段。
- SelectMultipleField：表示下拉列表字段，可以同时选择多个值。
- FileField：表示文件上传字段，可以上传一个文件。
- SubmitField：表示提交表单按钮字段。
- FormField：把表单作为字段嵌入到另一个表单中。
- FieldList：表示一组指定类型的字段。

在 WTForms 中包含如下所述的内置验证函数。

- Email：验证电子邮件地址是否合法。
- EqualTo：比较两个字段的值是否相等，如验证注册时两次输入的密码是否相等。
- IPAddress：验证是否是 IPv4 格式的 IP 地址。

- Length：验证输入字符串的长度是否合法。
- NumberRange：验证输入的值是否在某个范围内，如要求用户名的长度大于 6 小于 12 便是一个范围。
- Optional：无输入值时跳过其他验证函数。
- Required：用于确保在字段中有数据，可以保证输入值不为空。
- Regexp：使用正则表达式验证输入值。
- URL：验证 URL 地址是否合法。
- AnyOf：用于确保输入值在可选值列表中。
- NoneOf：用于确保输入值不在可选值列表中。

12.1.2　使用 Flask-WTF 处理表单

下面的实例演示了使用 Flask-WTF 实现表单验证处理的过程。

源码路径：daima\12\12-1\biaodan01

1）首先编写程序文件 hello.py，创建一个简单的 Web 表单，表单中包含一个 StringField 文本字段和一个 SubmitField 提交按钮。然后将所有表单中的字段定义为类变量，类变量的值和字段类型的对象相对应。文件 hello.py 的具体实现代码如下所示。

```python
from flask import Flask, render_template
from flask_script import Manager
from flask_bootstrap import Bootstrap
from flask_moment import Moment
from flask_wtf import FlaskForm
from wtforms import StringField, SubmitField
from wtforms.validators import Required

app = Flask(__name__)
app.config['SECRET_KEY'] = 'aaabbb ccc'

manager = Manager(app)
bootstrap = Bootstrap(app)
moment = Moment(app)

class NameForm(FlaskForm):
    name = StringField('你叫什么名字?', validators=[Required()])
    submit = SubmitField('提交')
@app.route('/', methods=['GET', 'POST'])
def index():
    name = None
    form = NameForm()
    if form.validate_on_submit():
        name = form.name.data
        form.name.data = ''
    return render_template('index.html', form=form, name=name)
```

- 字段构造函数 NameForm：在视图函数中创建一个 NameForm 类实例用于表示表单，

设置表单中有两个元素，一个名为 name 的文本字段和一个名为 submit 的提交按钮。类 StringField 表示这个表单的属性为 type="text"的\<input\>类型的元素，类 SubmitField 表示这个表单的属性为 type="submit"的\<input\>类型的元素。

● 视图函数 index()：渲染表单并接收表单中的数据。

● app.route：用于传递在装饰器中添加的 methods 参数，通过此参数告诉 Flask 在 URL 中把这个视图函数注册为 GET 和 POST 请求的处理程序。

注意：如果没有设置 methods 参数，只会把视图函数 index()注册为 GET 请求的处理程序。建议读者把 POST 加入到 methods 列表中，因为使用 POST 请求方式处理提交表单数据的方法更加简洁。

● 验证函数 validate_on_submit()：提交表单后，如果数据通过验证函数的校验，函数 validate_on_submit()的返回值为 True，否则返回 False。

2）在模板文件 index.html 中使用 Flask-WTF 和 Flask-Bootstrap 来渲染表单，具体实现代码如下所示。

```
{% extends "base.html" %}
{% import "bootstrap/wtf.html" as wtf %}

{% block title %}人生苦短{% endblock %}

{% block page_content %}
<div class="page-header">
   <h1>欢迎登录, {% if name %}{{ name }}{% else %}出错了!{% endif %}!</h1>
</div>
{{ wtf.quick_form(form) }}
{% endblock %}
```

上述模板代码的内容区有两部分，其中第一部分是页面头部，使用模板条件语句显示欢迎消息。Jinja2 条件语句格式为{% if condition %}...{% else %}...{%endif %}，会根据条件的计算结果显示相应的内容。

● 如果条件的计算结果为 True，会显示 if 和 else 指令之间的值。

● 如果条件的计算结果为 False，则会渲染 else 和 endif 指令之间的值。

在上述代码中，如果没有定义模板变量 name，则会渲染字符串"欢迎登录, 出错了!"。内容区的第二部分使用函数 wtf.quick_form()渲染 NameForm 对象。

开始运行本项目，在命令行交互界面使用如下命令运行项目。

```
python hello.py runserver
```

在浏览器中输入 http://127.0.0.1:5000/，执行效果如图 12-1 所示。在表单中输入一个用户名，例如，输入 aaa 并单击"提交"按钮后，会在表单上面显示对用户名 aaa 的欢迎信息，如图 12-2 所示。

| 图 12-1　初始执行效果 | 图 12-2　显示对用户名 aaa 的欢迎信息 |

如果在表单为空时单击"提交"按钮，会显示"这是必填字段"的提示，如图 12-3 所示。

图 12-3　表单为空时的提示

12.2　重定向和会话处理

　　在用户浏览动态 Web 网站过程中的信息交互应用中经常用到 URL 重定向和用户会话处理功能。本节将详细讲解在 Flask Web 程序中实现重定向处理和用户会话处理的过程。

12.2.1　Flask 中的重定向和会话处理

　　在 Web 程序中，重定向是一种特殊的响应，能够响应的是 URL 中的内容，而不是包含 HTML 代码的字符串。当浏览器收到重定向响应时，会向重定向的 URL 发起 GET 请求并显示网页中的内容。但是读者需要注意的是，这个过程需要先把第二个请求发给服务器，所以在加载这个页面时可能需要花费些许时间（可能只有几微秒）。当然对于浏览用户来说，用肉眼不会发现这个极短时间造成的视觉差异。

　　上面介绍的重定向方式被称为 POST/重定向/GET 模式，但是这种方法会带来一个问题：当在 Flask 程序中处理 POST 请求时，会使用 form.name.data 获取用户输入的信息。但是如果这个请求结束，数据也会随之丢失。因为这个 POST 请求使用重定向处理，所以最好的解决办法是设置程序保存用户输入的信息，此时即使重定向请求后延也可以使用这个名字，这样才会构建真正的响应。在 Flask Web 程序中，可以将数据存储在用户会话中，在多次请求处理之间保存数据。

用户会话是一种保存用户数据的存储手段，例如，可以使用 Session 用户会话请求上下文中的变量，就像 Python 中的字典一样进行操作。默认情况下，在客户端的 Cookie 中保存用户会话，使用设置的 SECRET_KEY 加密签名。如果修改了 Cookie 中的内容，签名和会话也会随之失效。有关 Flask 的 Cookie 和 Session 的知识，已经本书前面的章节中进行了讲解。

12.2.2 实现重定向和会话处理

下面的实例演示了在 Flask Web 程序中实现重定向和会话处理的过程。

源码路径：daima\12\12-2\biaodan02

1）首先编写程序文件 biaodan02.py，创建一个简单的 Web 表单，在视图函数 index()中实现重定向和用户会话处理。因为已经将登录信息保存在用户会话 session['name']中，所以即使在代码中使用@app.route 实现了两次请求处理，在这两次请求之间也可以记住输入的登录信息。文件 biaodan02.py 的主要实现代码如下所示。

```
@app.route('/', methods=['GET', 'POST'])
@app.route('/', methods=['GET', 'POST'])
def index():
  form = NameForm()
  if form.validate_on_submit():
      session['name'] = form.name.data
      return redirect(url_for('index'))
  return render_template('index.html', form=form, name=session.get('name'))


if __name__ == '__main__':
    app.run()
```

- 函数 form.validate_on_submit：验证表单中的数据是否合法。
- 函数 redirect()：如果验证的表单数据合法，则使用 url_for()生成 HTTP 重定向响应。函数 redirect()的参数是重定向的 URL，因为在上面代码中使用的重定向 URL 是程序的根地址'/'，所以可以将重定向响应写成 redirect('/')。
- 函数 render_template()：使用 session.get('name')从会话中直接读取参数 name 的值。具体方法和普通的字典操作一样，只需使用 get()即可获取字典中某个 key 键对应的值。如果要获取的键不存在，get()会返回默认值 None。

注意：建议读者使用函数 url_for()生成 URL，因为 url_for()可以保证 URL 和定义的 route 路由相互兼容，并且在修改路由名字后继续可用。在上述代码中，因为处理根地址的视图函数是 index()，所以传递给函数 url_for()的名字是 index。

2）模板主页文件 index.html 的具体实现代码如下所示。

```
{% extends "base.html" %}
{% import "bootstrap/wtf.html" as wtf %}

{% block title %}人生苦短{% endblock %}

{% block page_content %}
<div class="page-header">
    <h1>欢迎登录, {% if name %}{{ name }}{% else %}出错了! {% endif %}!</h1>
</div>
{{ wtf.quick_form(form) }}
{% endblock %}
```

执行后在表单中可以输入信息，例如，输入"python 大侠"并单击"提交"按钮，执行效果如图 12-4 所示。如果刷新页面，依然会在页面中显示刚刚在表单中输入的"python 大侠"。

图 12-4　执行效果

12.3　Flash 闪现提示

　　在 Flask 框架中，方法 flash() 的功能是实现消息闪现提示效果，官方的解释是对用户请求做出无刷新反馈响应，类似于 Ajax 无刷新效果。本节将详细讲解在 Flask Web 程序中实现闪现提示的方法。

12.3.1　Flash 基础

在本章上一个实例中，当用户通过表单发送完请求后，有时需要通过提示让用户知道状态发生了变化，如使用确认消息、警告或错误提示实现提醒。现实中的一个典型例子是如果用户提交了错误的登录信息，服务器会返回含有错误提示的响应，如在表单上面显示一个提示消息，提示用户的用户名或密码错误。

为了提高程序的美观性和用户体验，Flask 提供了 flash()函数实现闪现提示的效果，会在发送给客户端的下一个响应中显示一个消息。

下面的实例演示了在 Flask Web 程序中使用 flash()函数实现闪现提示效果的过程。

源码路径：daima\12\12-3\jianyi

编写程序文件 jianyi.py，首先引入方法 flash()和 get_flashed_message()，然后定义两个方法，一个用于记录 flash，一个用于显示 flash。文件 jianyi.py 的主要实现代码如下所示。

```python
@app.route("/add")
def addFlash():
    flash("这是一个无刷新闪现")
    return "added a flash"


@app.route("/get/")
def getFlash():
    msgs = get_flashed_messages()
    msgStr = ""
    formsg in msgs:
        msgStr += msg+","
    return msgStr


if __name__ == '__main__':
    app.run()
```

运行程序，在浏览器中输入 http://127.0.0.1:5000/add，会显示设置的返回信息"添加了一个闪现"，如图 12-5 所示。此时已经记录了一个值为"这是一个无刷新闪现"的 flash，然后在浏览器中输入 http://127.0.0.1:5000/get，会获取并显示这个 flash，如图 12-6 所示。

← → C ① 127.0.0.1:5000/add	← → C ① 127.0.0.1:5000/get/
添加了一个闪现	这是一个无刷新闪现,

图 12-5 设置的闪现信息 　　　　　　　　　图 12-6 显示获取的 flash

由此可见，现在已经获取到了值为"这是一个无刷新闪现"的这个 flash。这个 flash 只存在于两次相邻的请求中，即如果再次刷新，/get 重新发起一个请求时，不会获取到这个值为"这是一个无刷新闪现"的 flash。例如，接下来刷新页面 http://127.0.0.1: 5000/get，会得到一个一片空白的执行效果，如图 12-7 所示。

　　　　　　← → C ① 127.0.0.1:5000/get/

图 12-7 一片空白的执行效果

注意：在 Flask 框架中，flash()只是一个记录信息的方法，在某一个请求中记录信息，在下一个请求中获取信息，然后做相应的处理。也就是说 flask 只在两个相邻的请求中"闪现"，这说明只调用 flash()函数并不能显示提示信息，还需要借助于模板来渲染这些消息。

12.3.2　使用模板渲染 flash()函数的闪现提示信息

下面的实例演示了在 Flask Web 程序中使用模板文件渲染 flash()函数闪现提示信息的过程。

源码路径：**daima\12\12-3\biaodan03**

1）编写程序文件 biaodan03.py，创建一个简单的 Web 表单，在视图函数 index()中通过函数调用模板实现闪现提示功能。文件 biaodan03.py 的主要实现代码如下所示。

```
@app.route('/', methods=['GET', 'POST'])
@app.route('/', methods=['GET', 'POST'])
def index():
    form = NameForm()
    if form.validate_on_submit():
        old_name = session.get('name')
        if old_name is not None and old_name != form.name.data:
            flash('你刚刚修改了用户名！')
        session['name'] = form.name.data
        return redirect(url_for('index'))
    return render_template('index.html',
        form = form, name = session.get('name'))
```

在上述代码中，每当在表单中提交用户名后，都会比较提交的用户名和存储在 Session 用户会话中的名字。如果两者相同则不会显示任何提示信息；如果不同则会调用函数 flash()，在发送给客户端的下一个响应中显示提示信息"你刚刚修改了用户名！"。

2）只是调用函数 flash()并不会显示提示信息，此时还需要借助模板来渲染这些信息。建议大家在基模板中渲染 flash 信息，这样做可以让所有的页面都能使用这些信息。请看下面的模板文件 templates/base.html，使用函数 get_flashed_messages()在模板中渲染获取的提示信息"你刚刚修改了用户名！"，主要实现代码如下所示。

```
{% block content %}
<div class="container">
{% for message in get_flashed_messages() %}
<div class="alert alert-warning">
<button type="button" class="close" data-dismiss="alert">&次;</button>
{{ message }}
</div>
{% endfor %}
{% block page_content %}{% endblock %}
</div>
{% endblock %}
```

执行后的初始效果如图 12-8 所示，此时在表单上方显示的用户名是 aaa。如果再次在表单中输入 aaa 并提交，不会显示设置的闪现提示信息。但是如果再次在表单中输入的不是 aaa 的用户名并提交，就会显示们设置的闪现提示信息 "你刚刚修改了用户名！"。例如，输入用户名 bbb 并提交后的效果如图 12-9 所示。

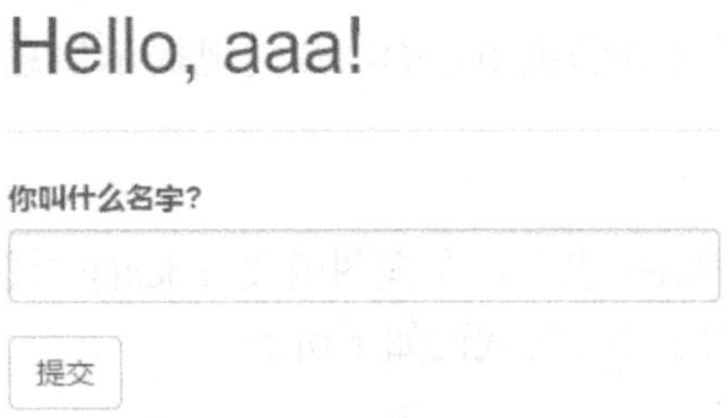

你刚刚修改了用户名！ 　　　　　　　　　×

Hello, aaa!

你叫什么名字?

提交

图 12-8　执行效果

Hello, bbb!

你叫什么名字?

提交

图 12-9　显示闪现提示信息

12.4　文件上传

在 Flask Web 程序中，实现文件上传系统的方法非常简单，与传递 GET 或 POST 参数十分相似。基本流程如下所述。

1）将在客户端被上传的文件保存在 flask.request.files 对象中。

2）使用 flask.request.files 对象获取上传来的文件名和文件对象。

3）调用文件对象中的方法 save()将文件保存到指定的目录中。

12.4.1　简易文件上传程序

下面的实例演示了在 Flask 框架中实现文件上传的过程。

源码路径：daima\12\12-4\up

1）编写实例文件 flask5.py，只定义一个实现文件上传功能的函数 upload()，此函数能够同时处理 GET 和 POST 请求。其中将 GET 请求返回到上传页面，获得 POST 请求时获取上传文件，并保存到当前的目录下。文件 flask5.py 的具体实现代码如下所示。

```python
import flask                                          #导入flask模块
app = flask.Flask(__name__)                           #实例化类Flask
#URL映射操作，设置处理GET请求和POST请求
@app.route('/upload',methods=['GET','POST'])
def upload():                                          #定义文件上传函数upload()
    if flask.request.method == 'GET':                 #如果是GET请求
        return flask.render_template('upload.html')   #返回上传页面
    else:                                             #如果是POST请求
        file = flask.request.files['file']            #获取文件对象
```

```
        if file:                        #如果文件不为空
            file.save(file.filename)      #保存上传的文件
            return '上传成功!'             #打印显示提示信息
if __name__ == '__main__':
app.run(debug=True)
```

2）模板文件 upload.html 实现一个文件上传表单界面，具体实现代码如下所示。

```
<!DOCTYPE html>
<html>
<body>
<h2>请你选择一个文件上传</h2>
<form method='post' enctype='multipart/form-data'>
<input type='file' name='file' />
<input type = 'submit' value='点击我上传'/>
</form>
</body>
</html>
```

当在浏览器中输入 http://127.0.0.1:5000/upload，会显示一个文件上传表单界面，执行效果如图 12-10 所示。单击"浏览…"按钮可以选择一个要上传的文件，单击"上传"按钮后会上传这个文件，并显示上传成功的提示，执行效果如图 12-11 所示。

图 12-10　执行效果

图 12-11　显示上传成功提示

12.4.2　查看上传的图片

下面的实例演示了在 Flask Web 程序中上传图片并浏览上传图片的过程。

源码路径：daima\12\12-4\fuza

1）编写程序文件 fuza.py，主要实现代码如下所示。

```
#新建 images 文件夹，UPLOAD_PATH 就是 images 的路径
UPLOAD_PATH = os.path.join(os.path.dirname(__file__),'images')

@app.route('/upload/',methods=['GET','POST'])
def settings():
    if request.method == 'GET':
        return render_template('upload.html')
    else:
        desc = request.form.get('desc')
```

```
        avatar = request.files.get('avatar')
        # 对文件名进行包装，因为对中文文件名的显示有问题，所以建议用英文文件名
        filename = secure_filename(avatar.filename)
        avatar.save(os.path.join(UPLOAD_PATH,filename))
        print(desc)
        return '文件上传成功'

#访问上传的文件
#浏览器访问：http://127.0.0.1:5000/images/django.jpg/   就可以查看文件了
@app.route('/images/<filename>/',methods=['GET','POST'])
def get_image(filename):
    return send_from_directory(UPLOAD_PATH,filename)

@app.route('/')
def hello_world():
    return 'Hello World!'

if __name__ == '__main__':
    app.run(debug=True)
```

- 方法 settings()：调用模板文件 upload.html 显示上传表单，然后获取表单中的上传信息，并将上传文件保存到 images 目录中。
- 方法 get_image()：重定向上传图片的 URL 地址。

2）在模板文件 upload.html 中实现一个上传表单界面，具体实现代码如下所示。

```
<form action="" method="post" enctype="multipart/form-data">
<table>
<tbody>
<tr>
<td>头像：</td>
<td><input type="file" name="avatar"></td>
</tr>
<tr>
<td>描述：</td>
<td><input type="text" name="desc"></td>
</tr>
<tr>
<td><input type="submit" value="提交"></td>
</tr>
</tbody>
</table>
</form>
```

执行程序，输入 http://127.0.0.1:5000/upload/，会显示一个上传表单，可以上传普通的文本文件和图片文件，如图 12-12 所示。如果上传的是图片文件，则可以通过 "http://127.0.0.1: 5000/images/文件名" 的方式浏览这幅图片。

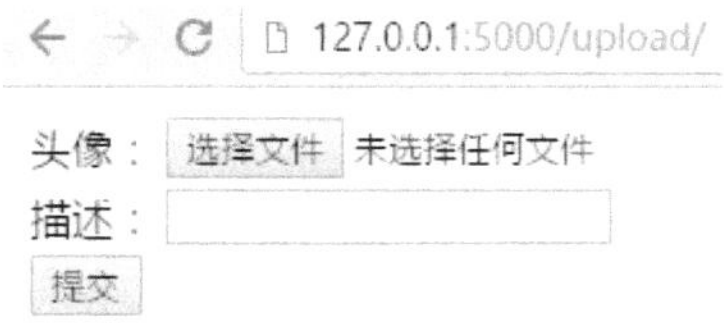

图 12-12　上传表单界面

12.4.3　使用 Flask-WTF 实现文件上传

通过使用 Flask-WTF 扩展内置的表单元素，可以快速实现文件上传系统。下面的实例演示了在 Flask Web 程序中实现文件上传系统的过程，使用 Flask-WTF 验证过滤上传文件的格式。

源码路径：daima\12\12-4\yanzheng

1）编写文件 forms.py，使用 Flask-WTF 中的设置允许上传文件的格式，具体实现代码如下所示。

```
fromwtforms import Form,FileField,StringField
fromwtforms.validators import InputRequired
fromflask_wtf.file import FileRequired,FileAllowed

classUploadForm(Form):
    avatar = FileField(validators=[FileRequired(),          #FileRequired: 必须上传
                        FileAllowed(['jpg','png','gif'])    #FileAllowed:必须为指定格式的文件
                        ])
    desc = StringField(validators=[InputRequired()])
```

2）编写程序文件 upload_file_demo.py，主要实现代码如下所示。

```
# 新建 images 文件夹, UPLOAD_PATH 就是 images 的路径
UPLOAD_PATH = os.path.join(os.path.dirname(__file__), 'images')

@app.route('/upload/', methods=['GET', 'POST'])
def settings():
    if request.method == 'GET':
        return render_template('upload.html')
    else:
        # 文件是从 request.files 中获取, 这里使用 CombinedMultiDict 把 form 和 files 的数据组合起来, 一
起验证
        form = UploadForm(CombinedMultiDict([request.form, request.files]))
        if form.validate():
            desc = request.form.get('desc')
            avatar = request.files.get('avatar')
            # 对文件名进行包装, 为了安全,不过对中文的文件名显示有问题
            filename = secure_filename(avatar.filename)
            avatar.save(os.path.join(UPLOAD_PATH, filename))
            print(desc)
            return '文件上传成功'
        else:
```

```
            print(form.errors)
            return "fail"

# 访问上传的文件
# 浏览器访问：http://127.0.0.1:5000/images/django.jpg/  就可以查看文件了
@app.route('/images/<filename>/', methods=['GET', 'POST'])
def get_image(filename):
    return send_from_directory(UPLOAD_PATH, filename)



@app.route('/')
def hello_world():
    return 'Hello World!'
```

- UPLOAD_PATH：保存上传文件的路径。
- 方法 settings()：使用方法 render_template()渲染模板文件，获取上传表单。获取在 UploadForm 中设置的文件类型，使用 CombinedMultiDict 将表单中 form 和 files 的数据进行验证。如果表单中的数据符合在 UploadForm 中设置的要求，则将上传文件保存到 images 目录中。
- 方法 get_image()：浏览显示上传的图片。

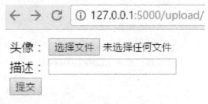

执行程序，输入 http://127.0.0.1:5000/upload/，会显示一个上传表单，只能上传 jpg、png 和 gif 这 3 种格式的图片文件，如图 12-13 所示。如果上传的文件类型符合要求，则可以通过"http://127.0.0.1:5000/images/文件名"的方式浏览这幅图片。

图 12-13　上传表单界面

12.5　登录验证

在开发动态 Web 程序的过程中，经常需要开发登录验证系统。本节将详细讲解在 Flask Web 程序中开发登录验证系统的方法，为读者学习本书后面的知识打下基础。

12.5.1　验证两次密码是否相等

下面的实例演示了在 Flask Web 表单程序中验证两次密码是否相等的过程。

源码路径：**daima\12\12-5\yanzheng**

1）编写文件 yanzheng.py，实现一个简单的用户登录的逻辑处理，具体实现流程如下所述。

- 路由处理两种请求方式：GET 和 POST，然后判断请求方式。
- 获取请求的参数（从表单中拿到数据）。

● 判断两次输入的密码是否相同。

● 如果在表单中输入的数据合法，则返回成功提示。

文件 yanzheng.py 的主要实现代码如下所示。

```python
@app.route('/', methods=['GET','POST'])
def index():
    #request: 请求对象 -->获取请求方式、数据
    #1. 判断请求方式
    if request.method == 'POST':
        # 2.获取请求的参数 request(通过 input 中的 name 值)
        username = request.form.get('username')
        password = request.form.get('password')
        password2 = request.form.get('password2')
        print(username,password,password2)

        # 3.判断参数是否填写&密码是否相同(u 是为了解决编码问题)
        if not all([username,password,password2]):
            # print('参数不完整')
            flash(u'参数不完整')
        elif password != password2:
            # print('密码不一致')
            flash(u'密码不一致')
        else:
            return 'success'

    return render_template('form.html')

if __name__ == '__main__':
    app.run(debug=True)
```

2）在模板文件 form.html 中遍历 flash 消息，具体实现代码如下所示。

```html
<body>
    <form method="post">
        <lable>用户名: </lable><input type="text" name="username"><br>
        <lable>输入密码: </lable><input type="password" name="password"><br>
        <label>确认密码: </label><input type="password" name="password2"><br>
        <input type="submit" value="提交"><br>
    </form>
    {# 使用遍历获取闪现的信息 #}
    {% for message in get_flashed_messages() %}
        {{ message }}
    {% endfor %}
</body>
```

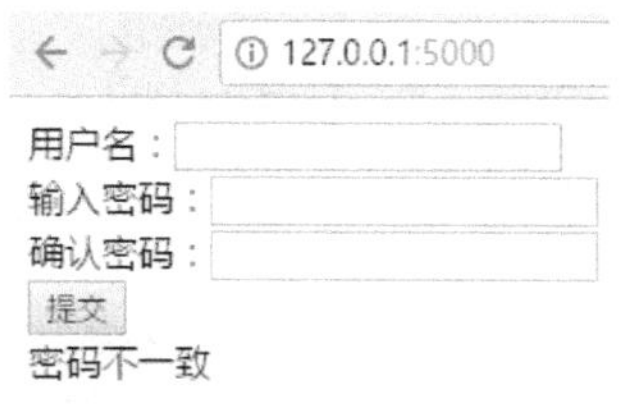

执行后不但能够验证在文本框中输入的数据是否完整，而且也可以验证两次输入的密码是否一致。例如，输入用户名而两次密码不一致时的执行效果如图 12-14 所示。

图 12-14　执行效果

303

12.5.2 注册验证和登录验证

下面的实例将分别实现一个简单的会员注册系统和登录系统，这两个系统是独立的，并没有使用数据库保存数据。

源码路径：daima\12\12-5\WTF

1. 用户注册验证

1）编写文件 register.py，通过 RegisterForm 分别验证各个注册表单中数据的合法性，如果所有的数据合法，通过 register()显示用户提交的注册数据。文件 register.py 的主要实现代码如下所示。

```python
class RegisterForm(Form):
    name = simple.StringField(
        label='用户名',
        validators=[
            validators.DataRequired()
        ],
        widget=widgets.TextInput(),
        render_kw={'class': 'form-control'},
        default='alex'
    )

    pwd = simple.PasswordField(
        label='密码',
        validators=[
            validators.DataRequired(message='密码不能为空.')
        ],
        widget=widgets.PasswordInput(),
        render_kw={'class': 'form-control'}
    )

    pwd_confirm = simple.PasswordField(
        label='重复密码',
        validators=[
            validators.DataRequired(message='重复密码不能为空.'),
            validators.EqualTo('pwd', message='两次密码输入不一致')
        ],
        widget=widgets.PasswordInput(),
        render_kw={'class': 'form-control'}
    )

    email = html5.EmailField(
        label='邮箱',
        validators=[
            validators.DataRequired(message='邮箱不能为空.'),
            validators.Email(message='邮箱格式错误')
        ],
        widget=widgets.TextInput(input_type='email'),
        render_kw={'class': 'form-control'}
    )
```

```python
gender = core.RadioField(
    label='性别',
    choices=(
        (1, '男'),
        (2, '女'),
    ),
    coerce=int
)
city = core.SelectField(
    label='城市',
    choices=(
        ('bj', '北京'),
        ('sh', '上海'),
    )
)

hobby = core.SelectMultipleField(
    label='爱好',
    choices=(
        (1, '篮球'),
        (2, '足球'),
    ),
    coerce=int
)

favor = core.SelectMultipleField(
    label='喜好',
    choices=(
        (1, '篮球'),
        (2, '足球'),
    ),
    widget=widgets.ListWidget(prefix_label=False),
    option_widget=widgets.CheckboxInput(),
    coerce=int,
    default=[1, 2]
)

def __init__(self, *args, **kwargs):
    super(RegisterForm, self).__init__(*args, **kwargs)
    self.favor.choices = ((1, '篮球'), (2, '足球'), (3, '羽毛球'))

def validate_pwd_confirm(self, field):
    """
    自定义 pwd_confirm 字段规则，例：与 pwd 字段是否一致
    :param field:
    :return:
    """
    # 最开始初始化时，self.data 中已经有所有的值

    if field.data != self.data['pwd']:
        # raise validators.ValidationError("密码不一致")  # 继续后续验证
        raise validators.StopValidation("密码不一致")  # 不再继续后续验证
```

305

```
@app.route('/register', methods=['GET', 'POST'])
def register():
    if request.method == 'GET':
        form = RegisterForm(data={'gender': 1})
        return render_template('register.html', form=form)
    else:
        form = RegisterForm(formdata=request.form)
        if form.validate():
            print('用户提交数据通过格式验证, 提交的值为: ', form.data)
        else:
            print(form.errors)
        return render_template('register.html', form=form)
```

2）注册页面模板文件 register.html 的具体实现代码如下所示。

```html
<html lang="en">
<head>
    <meta charset="UTF-8">
    <title>Title</title>
</head>
<body>
<h1>用户注册</h1>
<form method="post" novalidate style="padding:0 50px">
    {% for item in form %}
    <p>{{item.label}}: {{item}} {{item.errors[0] }}</p>
    {% endfor %}
    <input type="submit" value="提交">
</form>
</body>
```

在浏览器中输入 http://127.0.0.1:5000/register，会显示一个注册表单，注册数据合法后会在控制台显示注册信息，执行效果如图 12-15 所示。

图 12-15 执行效果

2. 用户登录验证

1）编写文件 login.py，通过 LoginForm 分别验证登录表单数据的合法性，包括用户名和密码。如果所有的数据合法，通过 login()在控制台显示成功提示和用户提交的登录数据。文件 login.py 的主要实现代码如下所示。

```
class LoginForm(Form):
    name = simple.StringField(
        label='用户名',
        validators=[
            validators.DataRequired(message='用户名不能为空.'),
            validators.Length(min=6, max=18, message='用户名长度必须大于%(min)d且小于%(max)d')
        ],
        widget=widgets.TextInput(),
        render_kw={'class': 'form-control'}

    )
    pwd = simple.PasswordField(
        label='密码',
        validators=[
            validators.DataRequired(message='密码不能为空.'),
            validators.Length(min=8, message='用户名长度必须大于%(min)d'),
validators.Regexp(regex="^(?=.*[a-z])(?=.*[A-Z])(?=.*\d)(?=.*[$@$!%*?&])[A-Za-z\d$@$!%*?&]{8,}",
                message='密码至少8个字符，至少1个大写字母、1个小写字母、1个数字和1个特殊字符')

        ],
        widget=widgets.PasswordInput(),
        render_kw={'class': 'form-control'}
    )


@app.route('/login', methods=['GET', 'POST'])
def login():
    if request.method == 'GET':
        form = LoginForm()
        return render_template('login.html', form=form)
    else:
        form = LoginForm(formdata=request.form)
        if form.validate():
            print('用户提交数据通过格式验证，提交的值为：', form.data)
        else:
            print(form.errors)
        return render_template('login.html', form=form)
```

2）模板文件 login.html 的具体实现代码如下所示。

```
<form method="post">
    <!--<input type="text" name="name">-->
    <p>{{form.name.label}} {{form.name}} {{form.name.errors[0] }}</p>

    <!--<input type="password" name="pwd">-->
```

```
    <p>{{form.pwd.label}} {{form.pwd}} {{form.pwd.errors[0] }}</p>
    <input type="submit" value="提交">
</form>
```

在浏览器中输入 http://127.0.0.1:5000/login，会显示一个登录表单，如果登录数据不合法则会显示对应的提示，如果合法则会在控制台显示登录信息，执行效果如图 12-16 所示。

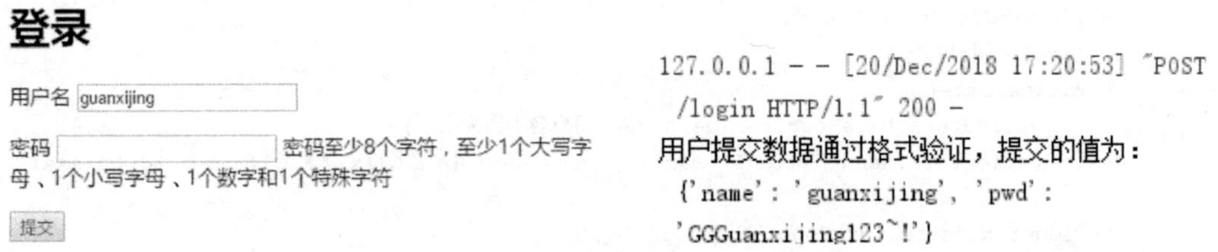

登录

用户名 guanxijing

密码 _____ 密码至少8个字符，至少1个大写字母、1个小写字母、1个数字和1个特殊字符

提交

```
127.0.0.1 - - [20/Dec/2018 17:20:53] "POST
/login HTTP/1.1" 200 -
```
用户提交数据通过格式验证，提交的值为：
{'name': 'guanxijing', 'pwd':
'GGGuanxijing123~!'}

图 12-16　执行效果

第 13 章
Flask 数据库操作

在现实项目中，绝大多数的动态 Web 技术都是通过数据库实现。数据库负责存储动态 Web 中显示的内容，可以通过程序查询、修改和删除数据库中的数据，这样可以管理在 Web 中显示的内容。本章将详细讲解使用数据库技术开发动态 Flask Web 程序的知识。

13.1 关系型数据库和非关系型数据库

现实应用中，常用的数据库可以分为关系型数据库（SQL 数据库）和非关系型数据库（NoSQL 数据库）。本节将简要介绍 SQL 数据库和 NoSQL 数据库的知识。

13.1.1 关系型数据库

关系型数据库，是指采用了关系模型来组织数据的数据库。关系模型理论最早诞生于 1970 年，由 IBM 的研究员的 E.F.Codd 博士率先提出。简单来说，在关系模型中使用一个二维表模型来存储各种类型的数据。关系型数据库的优点如下所述。

- 容易理解：通过二维表格结构表示数据，更加适合人类的学习和理解。
- 使用方便：可以使用 SQL 语言管理数据库中的数据。
- 易于维护：市面上的关系型数据库产品大多数是可视化的，提供了完整的可视化管理方案。

在使用关系型数据库时，需要将数据保存在表中，通过表模拟程序中不同的实体。例如，在订单管理程序的数据库中可能有表 customers、products 和 orders。表的列数是固定的，行数是可变的。通过列定义表所表示的实体数据属性。例如，有一个名为 customers 的表用于表示客户信息，在表中可能有 name、address、phone 等列，表中的行定义各列对应的真实数据。在表中有个特殊的列，称为主键，主键的值表示表中各行的唯一标识符。在表中还存在被称为外键的列，用于引用同一个表或不同表中某行的主键。行之间的这种联系称为关系，这是关系型数据库模型的根本。

市面中的主流关系型数据库产品有 Oracle、DB2、SQLServer、Access 和 MySQL 等。

13.1.2 非关系型数据库

非关系型数据库被简称为 NoSQL，最早在 1998 年由 Carlo Strozzi 提出这一说法，NoSQL 名字的含义是没有 SQL 功能。市面上的非关系型数据库产品有：Redis、MongodDB 和 Neo4j 等。

（1）高性能并发读写

NoSQL 数据库使用 key-value 格式存储数据，这类数据库的特点是具有极高的并发读写性能。

（2）快速访问

NoSQL 数据库的最大特点是可以在海量的数据中快速查询数据，访问速度比关系型数据库快。

（3）面向可扩展性的分布式数据库

NoSQL 数据库具有较强的可扩展性，可以适当增加新结构和更新数据结构。

注意：在开发中小型 Web 程序时，关系型数据库和非关系型数据库的性能相当。但是在开发大型 Web 项目时，非关系型数据库的性能要优于关系型数据库，特别是大数据相关项目的数据存储。

13.2 Python 语言的数据库框架

在现实应用中，主流的数据库产品都提供了 Python 语言对应的接口，开发者可以在 Python 程序中直接使用这些数据库。如果这些接口无法满足需求，还可以使用数据库抽象层代码包，如 SQLAlchemy 和 MongoEngine。本节的内容将通过一个具体实例的实现过程，详细讲解在 Flask Web 程序中使用 Python 数据库接口操作数据的知识。

下面的实例将实现一个简单的会员注册登录系统，将会员注册的信息保存到 SQLite3 数据库中。在表单中输入登录信息后，会将输入的信息和数据库中保存的信息进行对比，如果一致则成功登录，否则提示"登录失败"。

1）实例文件 flask6.py 的具体实现代码如下所示。

源码路径：daima\13\13-2\user

```
DBNAME = 'test.db'


app = flask.Flask(__name__)
```

```
app.secret_key = 'dfadff#$#5dgfddgssgfgsfgr4$T^%^'

@app.before_request
def before_request():
    g.db = connect(DBNAME)

@app.teardown_request
def teardown_request(e):
    db = getattr(g,'db',None)
    if db:
        db.close()
    g.db.close()

@app.route('/')
def index():
    if 'username' in session:
        return "你好，" + session['username'] + '<p><a href="/logout">注销</a></p>'
    else:
        return '<a href="/login">登录</a>,<a href="/signup">注册</a>'

@app.route('/signup',methods=['GET','POST'])
def signup():
    if request.method == 'GET':
        return render_template('signup.html')
    else:
        name = 'name' in request.form and request.form['name']
        passwd = 'passwd' in request.form and request.form['passwd']
        if name and passwd:
            cur = g.db.cursor()
            cur.execute('insert into user (name,passwd) values (?,?)',(name,passwd))
            cur.connection.commit()
            cur.close()
            session['username'] = name
            return redirect(url_for('index'))
        else:
            return redirect(url_for('signup'))

@app.route('/login',methods=['GET','POST'])
def login():
    if request.method == 'GET':
        return render_template('login.html')
    else:
        name = 'name' in request.form and request.form['name']
        passwd = 'passwd' in request.form and request.form['passwd']
        if name and passwd:
            cur = g.db.cursor()
            cur.execute('select * from user where name=?',(name,))
            res = cur.fetchone()
            if res and res[1] == passwd:
                session['username'] = name
```

311

```
                return redirect(url_for('index'))
            else:
                return '登录失败!'
        else:
            return '参数不全!'


@app.route('/logout')
def logout():
    session.pop('username',None)
    return redirect(url_for('index'))


def init_db():
    if not os.path.exists(DBNAME):
        cur = connect(DBNAME).cursor()
        cur.execute('create table user (name text,passwd text)')
        cur.connection.commit()
        print('数据库初始化完成!')


if __name__ == '__main__':
    init_db()
    app.run(debug=True)
```

2）本实例功能用到了模板技术，其中用户注册功能的实现模板是 signup.html，具体实现代码如下所示。

```html
<!DOCTYPE html>
<html>
    <body>
        <form method='post'>
        <input type='text' name='name' placeholder='用户名' />
        <input type='password' name='passwd' placeholder='密码' />
        <input type='submit' value='注册' />
        </form>
    </body>
</html>
```

3）用户登录功能的实现模板是 login.html，具体实现代码如下所示。

```html
<!DOCTYPE html>
<html>
    <body>
        <form method='post'>
        <input type='text' name='name' placeholder='用户名' />
        <input type='password' name='passwd' placeholder='密码' />
        <input type='submit' value='登录' />
        </form>
    </body>
</html>
```

执行后将显示登录和注册链接，如图 13-1 所示。

登录,注册

图 13-1 注册和登录链接

单击"注册"链接，跳转到注册表单界面，如图 13-2 所示。

图 13-2 注册表单界面

单击"登录"链接，跳转到登录表单界面，如图 13-3 所示。登录成功后显示"你好×××"之类的提示信息，并显示"注销"链接，执行效果如图 13-4 所示。

图 13-3 登录表单界面

你好，aaa

注销

图 13-4 登录成功界面

13.3 使用 Flask-SQLAlchemy 管理数据库

SQLAlchemy 是一个功能强大的关系型数据库框架，不但提供了高层 ORM 功能，而且也提供了使用数据库原生 SQL 的低层功能。在 Flask Web 程序中，使用 Flask-SQLAlchemy 扩展可以简化使用 SQLAlchemy 的步骤，提高开发效率。本节将详细讲解在 Flask Web 中使用使用 Flask-SQLAlchemy 的知识。

13.3.1 Flask-SQLAlchemy 基础

在使用 Flask-SQLAlchemy 之前，需要先使用如下 pip 命令进行安装。

```
pip install flask-sqlalchemy
```

在使用 Flask-SQLAlchemy 扩展时，需要使用 URL 设置要操作的数据库，使用 Flask-SQLAlchemy 连接主流数据库的语法如下所示。

● MySQL：

```
mysql://username:password@hostname/database
```

● Postgres：

```
postgresql://username:password@hostname/database
```

● SQLite（Unix）：

```
sqlite:////absolute/path/to/database
```

● SQLite（Windows）：

```
sqlite:///c:/absolute/path/to/database
```

对上述 URL 连接的具体说明如下。

● hostname：表示数据库服务器服务所在的主机，可以是本地主机（localhost），也可以是远程服务器。
● database：表示要连接的数据库名称。
● username 和 password：表示连接数据库的用户名和密码。

在 Flask Web 程序中，必须将连接数据库的 URL 保存到 Flask 配置对象的 SQLALCHEMY_DATABASE_URI 键中。在配置对象中可以将 SQLALCHEMY_COMMIT_ON_TEARDOWN 键的值设置为 True，这样在访问请求结束后会自动提交数据库中的变化。

注意：因为 SQLite 数据库是一个轻量级产品，不需要使用服务器，所以在使用时无须设置 URL 中的 hostname、username 和 password 参数。URL 中的参数 database 是在硬盘的具体保存路径。

下面的代码演示了始化并配置一个简单 SQLite 数据库的知识。

```
from flask.ext.sqlalchemy import SQLAlchemy
basedir = os.path.abspath(os.path.dirname(__file__))
app = Flask(__name__)
app.config['SQLALCHEMY_DATABASE_URI'] =\
'sqlite:///' + os.path.join(basedir, 'data.sqlite')
app.config['SQLALCHEMY_COMMIT_ON_TEARDOWN'] = True
db = SQLAlchemy(app)
```

在上述代码中，首先在 SQLALCHEMY_DATABASE_URI 中设置要连接的 SQLite 数据库的具体位置，然后创建一个 SQLAlchemy 实例对象 db，表示当前程序使用的数据库。

13.3.2 定义模型

在软件开发领域中，将在程序使用的持久化实体称为模型。在 Python 的 ORM 中，一个模型对应于一个 Python 类，类中的各个属性分别对应数据库表中的列，这一点和前面所学的 Django 框架中的 Models 类似。假如在程序中需要用到两个数据库表 rank 和 users，那么可以在 Python 程序中定义模型 Rank 和 User，演示代码如下所示。

314

```
class Rank(db.Model):
    __tablename__ = 'rank'
    id = db.Column(db.Integer, primary_key=True)
    name = db.Column(db.String(64), unique=True)
    users = db.relationship('User', backref='Rank', lazy='dynamic')

    def __repr__(self):
        return '<Rank %r>' % self.name

class User(db.Model):
    __tablename__ = 'users'
    id = db.Column(db.Integer, primary_key=True)
    username = db.Column(db.String(64), unique=True, index=True)
    Rank_id = db.Column(db.Integer, db.ForeignKey('Ranks.id'))

    def __repr__(self):
        return '<User %r>' % self.username
```

1）类变量__tablename__：用于定义在数据库中使用的数据库表的名字。如果没有定义 __tablename__ 的名字，SQLAlchemy 会使用一个没有遵守使用复数形式进行命名约定的默认名字。

2）类变量 id、name、users：都是该模型中的属性，对应于数据表中的属性成员。

3）db.Column：类 db.Column 的构造函数中，第一个参数表示数据库列和模型属性的类型，在下面列出了一些常用的列类型以及在模型中使用的 Python 类型。

● Integer：表示 int 整数类型，一般是 32 位。

● SmallInteger：表示取值范围小的 int 整数类型，一般是 16 位。

● BigInteger：表示不限制精度的整数类型 int 或 long。

● Float：表示 float 浮点数类型。

● Numeric：表示 Decimal 类型，在使用 Decimal 类型之前必须先导入 decimal 模块。

● String：表示字符串类型。

● Text：表示字符串类型，但是和上面的 Text 相比，此类型对较长或不限长度的字符串做了优化。

● Unicode：表示 Unicode 字符串类型。

● UnicodeText：表示 Unicode 字符串类型，和上面的 Unicode 类型相比，对较长或不限长度的字符串做了优化。

● Boolean：表示 Bool 布尔值类型，只有 True 和 False 两个取值。

● Date：表示 datetime.date 日期类型。

● Time：表示 datetime.time 时间类型。

● DateTime：表示 datetime.datetime 日期和时间类型。

● Interval：表示 datetime.timedelta 时间间隔类型。

● Enum：表示一组字符串类型。

● PickleType：可以是任何 Python 对象类型，自动使用 Pickle 序列化保存的数据。

315

- LargeBinary：表示二进制文件类型。

另外，在 db.Column 中还包含了其余的参数，功能是指定属性的配置选项。下面列出了一些经常用到的选项。

- unique：如果将其属性设为 True，表示不允许在当前列中出现重复的值，反之为 False。
- index：如果将其属性设为 True，表示为当前列创建提升查询效率的索引，反之为 False。
- nullable：如果将其属性设为 True，表示可以在当前列中使用空值，反之为 False。
- default：为当前列设置一个默认值。

注意：Flask-SQLAlchemy 规定，为每个模型定义主键，这个主键通常被命名为 id。

13.3.3 关系

在 Flask Web 程序中，可以使用关系型数据库把不同表中的行联系起来。如图 13-5 所示的关系图中，展示了用户和角色之间的一种关系。因为一个角色可属于多个用户，而每个用户只能有一个角色，所以在图中展示的只是角色到用户的一对多关系。

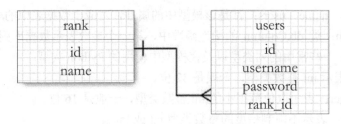

图 13-5　关系图

下面的演示代码展示了图 13-5 中的一对多关系在模型类中的表示方法。

```
class Rank(db.Model):
# ...
users = db.relationship('User', backref='rank')
class User(db.Model):
# ...
Rank_id = db.Column(db.Integer, db.ForeignKey('rank.id'))
```

在图 13-5 所示的关系中，添加到模型 User 中的列 Rank_id 被定义为外键，就是通过这个外键建立起了关系。传递给方法 db.ForeignKey() 的参数是 rank.id，表示此列显示的是表 Rank 中每一行数据的 id 值。

上面的方法 db.relationship() 有两个参数，具体说明如下所述。

- 参数 User：在定义类 Rank 的实例对象后，可以使用属性 users 表示与角色相关联的用户组成的列表。函数 db.relationship() 的第一个参数是 User，用于表示这个关系的另一端属于哪个模型。

● 参数 backref：在模型 User 中使用 Rank 属性定义反向引用关系，可以使用属性 Rank 代替 Rank_id 来访问 Rank 模型，此时获取的是模型对象，而不是外键的值。

大多数情况下，函数 db.relationship() 可以独立找到关系中的外键。但是有时无法确定把哪一列作为外键，举个例子，假如在模型 User 中将两个或两个以上的列定义为模型 Rank 的外键，那么 SQLAlchemy 无法确定应该使用哪一列作为外键，此时需要为函数 db.relationship() 提供额外的参数来设置使用哪个外键。

在使用 Flask-SQLAlchemy 时，可以通过下面的配置选项来设置模型的关系。

1）backref：在关系的另一个模型中添加反向引用。

2）primaryjoin：在不确定的关系中设置两个模型之间使用的联结条件。

3）lazy：用于设置加载相关记录的模式，可以设置的值如下所述。

● select：在首次访问时按需加载。

● Immediate：源对象加载后加载。

● joined：加载记录，但使用联结。

● subquery：立即加载，但使用子查询。

● noload：永不加载。

● dynamic：不加载记录，但提供加载记录的查询。

4）uselist：如果设置为 Fales 表示使用标量值，反之表示使用列表。

5）order_by：设置在关系中记录数据的排序方式。

6）secondary：设置多对多关系中关系表的名字。

7）secondaryjoin：当 SQLAlchemy 无法自行决定时，设置多对多关系中的二级联结条件。

注意：在数据库操作应用中，除了一对多关系之外，还有其他对应关系的关系类型。可以用上面介绍的一对多关系表示一对一的关系，但是在调用 db.relationship() 时需要把 uselist 的值设置为 False，把"多"变成"一"。也可以使用一对多关系表示多对一关系，这时候只需调两个表即可，或者把外键和 db.relationship() 都放在"多"这一侧。最复杂的关系类型是多对多，这时候需要用到第三张表，这个表被称为关系表。

13.4　使用 Flask-SQLAlchemy 操作数据库

完成数据库关系图的配置工作后，接下来就可以随时使用这个数据库了。本节将详细介绍在 Python shell 中使用 Flask-SQLAlchemy 操作数据库的知识。

13.4.1　数据表的基本操作

（1）创建数据库

在 Flask-SQLAlchemy 中，可以通过方法 db.create_all()根据模型类创建数据库。

```
python hello.py shell
>>>from hello import db
>>>db.create_all()
```

如果此时查看程序目录，会发现新建了一个名为 data.sqlite 的数据库文件。这是一个 SQLite 数据库文件，数据库名字是在 Falsk 配置文件或配置变量中指定的。如果在数据库 data.sqlite 中已经存在了数据库表，那么方法 db.create_all()不会重新创建或者更新这个表。但是如果希望在修改模型后把改动内容更新到现有的数据库中，方法 db.create_all()的这一特性会带来很大的弊端。此时可以考虑另一种解决方案，先删除旧表再重新创建表的方法，但是这样会销毁数据库中原有的数据。

```
>>>db.drop_all()
>>>db.create_all()
```

（2）创建新的角色和用户

在使用 Flask-SQLAlchemy 扩展时，可以通过如下命令创建新的角色和用户。

```
>>>from hello import Rank, User
>>>admin_rank = Rank(name='Admin')
>>>mod_rank = Rank(name='sss')
```

在创建过程中没有明确设定这些新建对象的 id 属性，此时这些对象只是存在于 Python 中，还没有被写入到数据库中，所以现在还没有给新建的用户 id 赋值。

注意：数据库会话的好处是能保证数据库的一致性，在提交数据时可以使用原子操作方式把会话中的对象全部写入数据库。如果在写入会话的过程中发生错误，那么整个会话都会失效。如果始终把相关改动放在会话中提交，就可以避免因部分更新导致的数据库不一致。

（3）修改数据

在使用 Flask-SQLAlchemy 扩展时可以修改某个对象的模型，可以通过在数据库会话中调用 add()实现。接下来继续在之前的 shell 命令行界面中进行操作，在下面的例子中，把 Admin 角色重命名为 Admin123：

```
>>> admin_rank.name = 'Admin123'
>>>db.session.add(admin_rank)
>>>db.session.commit()
```

（4）删除行

在使用 Flask-SQLAlchemy 扩展时，可以使用方法 delete()删除数据库中前面创建的名为

Admin123 的角色。

```
>>>db.session.delete(mod_rank)
>>>db.session.commit()
```

注意：删除与插入和更新一样，提交数据库会话后才会执行。

在 query 对象中使用 filter_by()等过滤器方法，可以查询到一个更精确的 query 对象。在 Flask Web 程序中，可以一次性调用多个过滤器实现复杂的查询功能。具体来说，在 SQLAlchemy 的 query 对象中可以调用如下所述的过滤器。

- filter()：把过滤器添加到原始查询上，返回一个新的查询。
- filter_by()：把指定值的过滤器添加到原始查询上，返回一个新的查询。
- limit()：使用指定的值来限制原始查询返回的结果数量，返回一个新的查询。
- offset()：偏移原始查询返回的结果，返回一个新的查询。
- order_by()：根据指定条件对原始查询结果进行排序，返回一个新的查询。
- group_by()：根据指定条件对原始查询的结果进行分组，返回一个新的查询。

在 Flask-SQLAlchemy 的查询语句中使用过滤器后，可以调用方法 all()查询并显示能够以列表的形式返回的结果。在 SQLAlchemy 中，除了可以使用方法 all()外，还可以在查询操作中使用如下所述的方法。

- all()：以列表的形式返回所有的查询结果。
- first()：返回查询结果中的第一个值，如果没有查询结果则返回 None。
- first_or_404()：返回查询结果中的第一个值，如果没有查询结果则终止请求，并返回 404 错误。
- get()：返回指定主键对应的行，如果没有对应的行则返回 None。
- get_or_404()：返回以设置的主键对应的行信息，如果没找到设置的主键则终止请求，并返回 404 错误响应。
- count()：返回查询结果的数量。
- paginate()：返回一个 Paginate 对象，它包含指定范围内的结果。

13.4.2　使用 SQLAlchemy 实现一个简易会员用户登录系统

下面的实例演示了使用 SQLAlchemy 扩展库实现一个简易登录系统的过程。

源码路径：daima\13\13-4\sql

1）编写程序文件 hello.py，具体实现流程如下所述。

- 配置数据库，其中对象 db 是 SQLAlchemy 类的实例，表示程序使用的数据库，同时还获得了 Flask-SQLAlchemy 提供的所有功能，对应的实现代码如下所示。

```
basedir = os.path.abspath(os.path.dirname(__file__))

app = Flask(__name__)
```

```
app.config['SECRET_KEY'] = 'hard to guess string'
app.config['SQLALCHEMY_DATABASE_URI'] =\
    'sqlite:///' + os.path.join(basedir, 'data.sqlite')
app.config['SQLALCHEMY_COMMIT_ON_TEARDOWN'] = True
app.config['SQLALCHEMY_TRACK_MODIFICATIONS'] = False

manager = Manager(app)
bootstrap = Bootstrap(app)
moment = Moment(app)
db = SQLAlchemy(app)
```

- 定义 Rank 和 User 模型， SQLAlchemy 创建的数据库实例为模型提供了一个基类以及一系列辅助类和辅助函数，可用于定义模型的结构。本实例中的数据库表 Ranks 和 users 可以分别定义为模型 Rank 和 User，对应的实现代码如下所示。

```
class Rank(db.Model):
    __tablename__ = 'Ranks'
    id = db.Column(db.Integer, primary_key=True)
    name = db.Column(db.String(64), unique=True)
    users = db.relationship('User', backref='Rank', lazy='dynamic')
    def __repr__(self):
        return '<Rank %r>' % self.name

class User(db.Model):
    __tablename__ = 'users'
    id = db.Column(db.Integer, primary_key=True)
    username = db.Column(db.String(64), unique=True, index=True)
    Rank_id = db.Column(db.Integer, db.ForeignKey('Ranks.id'))

    def __repr__(self):
        return '<User %r>' % self.username
```

2）模板文件 index.html 非常简单，具体实现代码如下所示。

```
{% extends "base.html" %}
{% import "bootstrap/wtf.html" as wtf %}

{% block title %}Flasky{% endblock %}

{% block page_content %}
<div class="page-header">
    <h1>Hello, {% if name %}{{ name }}{% else %}Stranger{% endif %}!</h1>
</div>
{{ wtf.quick_form(form) }}
{% endblock %}
```

在浏览器中输入 http://127.0.0.1:5000/的执行效果如图 13-6 所示。在表单中输入一个名字，例如，输入 aaa 并单击"提交"按钮，会在表单上面显示对用户 aaa 的欢迎信息。如图 13-7 所示。

图 13-6　初始执行效果　　　　图 13-7　显示对用户 aaa 的欢迎信息

如果在表单中输入另外一个名字，例如，输入 bbb，单击"提交"按钮，会显示对用户 bbb 的欢迎信息，并在上方显示"看来你改了名字！"的文本提示，如图 13-8 所示。

图 13-8　修改名字后的提示信息

13.4.3　使用 SQLAlchemy 实现一个小型 BBS 系统

下面的实例演示了使用 SQLAlchemy 扩展库实现 BBS 系统的过程。本实例不但实现了会员注册和登录验证的功能，而且还实现了发布 BBS 信息的功能。

源码路径：daima\13\13-4\myBlog

1）编写程序文件 123.py，使用 SQLAlchemy 根据类的实现创建对应的数据库表，主要实现代码如下所示。

```
from flask import Flask
from flask_sqlalchemy import SQLAlchemy


app = Flask(__name__)
# url 的格式为：数据库的协议：//用户名：密码@ip 地址：端口号（默认可以不写）/数据库名
app.config["SQLALCHEMY_DATABASE_URI"] = "mysql://root:66688888@localhost/bloguser"
# 动态追踪数据库的修改，性能不好，未来版本中会移除，目前只是为了解决控制台的提示才编写
app.config["SQLALCHEMY_TRACK_MODIFICATIONS"] = False
# 创建数据库的操作对象
db = SQLAlchemy(app)

class Category(db.Model):
    __tablename__ = 'b_category'
    id = db.Column(db.Integer, primary_key=True, autoincrement=True)
```

```
        title = db.Column(db.String(20), unique=True)
        content = db.Column(db.String(100))

        def __init__(self, title, content):
            self.title = title
            self.content = content

        def __repr__(self):
            return '<Category %r>' %self.title

class User(db.Model):
    __tablename__ = 'b_user'
    id = db.Column(db.Integer, primary_key=True, autoincrement=True)
    username = db.Column(db.String(10), unique=True)
    password = db.Column(db.String(16))

        def __init__(self, username, password):
            self.username = username
            self.password = password

        def __repr__(self):
            return '<User %r>' %self.username

@app.route('/')
def hello_world():
    return 'Hello World!'

if __name__ == '__main__':
    # 删除所有的表
    db.drop_all()
    # 创建表
    db.create_all()
```

执行后会在数据库 bloguser 中分别创建表 Category 和 User，并在表中分别创建对应的字段。

2）在文件 blog_message.py 中实现 URL 路径导航功能，每个页面的具体说明如下所述。

● 链接/：实现系统主页视图，查询数据库内的所有 categorys 信息并显示出来，对应的实现代码如下所示。

```
@app.route('/')
def show_entries():
    categorys = Category.query.all() #查询，并实例化
    print(categorys)
    return render_template('show_entries.html', entries=categorys)
```

● 链接/add_entry：实现发布 BBS 信息功能的视图，能够向数据库中添加新 BBS 信息，对应的实现代码如下所示。

```
@app.route('/add_entry', methods=['POST'])
```

```
def add_entry():
    title = request.form['title']
    content = request.form['text']
    #连接数据库
    category = Category(title, content) #实例化文本对象
    db.session.add(category)
    db.session.commit()
    flash('New entry was successfully posted')
    return redirect(url_for('show_entries'))
```

- 链接/login：实现用户登录表单视图，获取表单中的用户名和密码，然后验证数据库中是否存在，对应的实现代码如下所示。

```
@app.route('/login', methods=['POST','GET'])
def login():
    error = None
    if request.method == "POST":
        username = request.form['username']
        password = request.form['password']
        user = User.query.filter_by(username=username).first()
        passwd = User.query.filter_by(password=password).first()

        if user is None:
            error = 'Invalid username'
        elif passwd is None:
            error = 'Invalid password'
        else:
            session['logged_in'] = True
            flash('You were logged in')
            return redirect((url_for('show_entries')))
    return render_template('login.html', error=error)
```

- 链接/go2regist：跳转到用户注册界面的模板文件 regist.html，对应的实现代码如下所示。

```
@app.route('/go2regist')
def go2regist():
    return render_template('regist.html')
```

- 链接/regist：跳转到用户注册验证界面视图，验证用户输入的注册数据是否合法，如果合法则将注册信息添加到数据库中，对应的实现代码如下所示。

```
@app.route('/regist', methods=['POST', 'GET'])
def regist():
    if request.method == 'POST':
        username = request.form['username']
        password = request.form['password']

        if username is None or password is None:
            error = 'username and password is empty!'
            return render_template('login.html', error=error)
```

```
        else:
            try:
                user = User(username, password)
                db.session.add(user)
                db.session.commit()
                flash('You regist successfully!')
                return redirect(url_for('login'))
            except:
                flash('error')
                return redirect(url_for('login'))
```

● 链接/logout：实现用户注销功能，对应的实现代码如下所示。

```
@app.route('/logout')
def logout():
    session.pop('logged_in', None)
    flash('You were logged out')
    return redirect(url_for('show_entries'))
```

在浏览器中输入 http://127.0.0.1:8000/，跳转到系统主页，如图 13-9 所示。

图 13-9 系统主页

用户登录界面如图 13-10 所示，用户注册界面如图 13-11 所示。

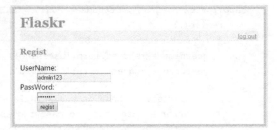

图 13-10 登录界面   图 13-11 注册界面

13.5　使用 Flask-Migrate 实现数据库迁移

在程序开发过程中，经常需要对数据库表结构进行修改，而每一次修改，都可能会影响到已经完成的程序。通过数据库迁移可以用一种非常完美的方式帮助开发者完成数据库的更新工作，提高开发者的开发效率。在现实应用中，常用的数据库迁移框架有 SQLAlchemy 提供的 Alembic 和 Flask 专用的 Flask-Migrate 扩展。扩展 Flask-Migrate 对 Alembic 实现了轻量级包装，并集成到 Flask-Script 中，所有操作都通过 Flask-Script 命令来完成。本节将详细讲解使用 Flask-Migrate 实现数据库迁移的过程。

13.5.1　创建迁移仓库

在使用 virtualenv 创建虚拟环境目录后，定位到虚拟目录，然后使用如下命令安装 Flask-Migrate。

```
(venv)pip install flask-migrate
```

初始化 Flask-Migrate 扩展的演示代码如下所示。

```
fromflask.ext.migrate import Migrate, MigrateCommand
# ...
migrate = Migrate(app, db)
manager.add_command('db', MigrateCommand)
```

为了导出数据库迁移命令，在 Flask-Migrate 中提供了类 MigrateCommand，可以附加到 Flask-Script 的 manager 对象上。在上述代码中，类 MigrateCommand 使用 db 命令实现附加。

在维护数据库迁移之前，需要使用子命令 init 创建迁移仓库。

```
(venv) $ python hello.py dbinit
Creating directory /home/flask/flasky/migrations...done
Creating directory /home/flask/flasky/migrations/versions...done
Generating /home/flask/flasky/migrations/alembic.ini...done
Generating /home/flask/flasky/migrations/env.py...done
Generating /home/flask/flasky/migrations/env.pyc...done
Generating /home/flask/flasky/migrations/README...done
Generating /home/flask/flasky/migrations/script.py.mako...done
Please edit configuration/connection/logging settings in
'/home/flask/flasky/migrations/alembic.ini' before proceeding.
```

通过上述命令会创建文件夹 migrations，所有的迁移脚本都被存放在里面。数据库迁移仓库中的文件需要和程序的其他文件一起被纳入到版本控制中。

13.5.2　创建迁移脚本

在 Alembic 中，使用迁移脚本表示数据库迁移。在脚本中有两个函数，分别是 upgrade()

和 downgrade()。其中函数 upgrade()的功能是把迁移中的改动应用到数据库中,函数 downgrade()的功能是将改动删除。因为 Alembic 具有添加和删除改动的功能,所以可以将数据库重设到修改记录中的任意一位置点。

可以使用 revision 命令手动创建 Alembic 迁移,也可使用 migrate 命令自动创建。手动创建的迁移只是一个骨架,函数 upgrade()和 downgrade()都是空的,开发者要使用 Alembic 提供的 Operations 对象指令实现具体操作。自动创建的迁移会根据模型定义和数据库当前状态之间的差异生成 upgrade() 和 downgrade()函数的内容。

注意:因为有可能会漏掉一些细节,所以不能保证自动创建的迁移总是正确的。在使用自动生成迁移脚本后,一定要仔细检查所有操作,避免遗漏细节。

13.5.3 更新数据库

检查并修改好迁移脚本后,可以使用 db upgrade 命令把迁移应用到数据库中。

```
(venv) $ python hello.py db upgrade
INFO [alembic.migration] Context implSQLiteImpl.
INFO [alembic.migration] Will assume non-transactional DDL.
INFO [alembic.migration] Running upgrade None -> 1bc594146bb5, initial migration
```

对于第一个迁移来说,其具体作用和调用方法 db.create_all()一样。但是在后续的迁移中,upgrade 命令能够把改动应用到数据库中,而且不影响其中保存的数据。

下面的实例演示了使用 Flask-Migrate 和 Flask-Script 实现数据库迁移的过程。

源码路径:daima\13\13-6

1)在项目中新建配置文件 config.py,将相关的数据库、连接等信息写入配置文件。文件 config.py 的具体实现代码如下所示。

```
DB_USER = 'root'
DB_PASSWORD = '66688888'
DB_HOST = 'localhost'
DB_DB = 'test'

DEBUG = True

SQLALCHEMY_TRACK_MODIFICATIONS = False
SQLALCHEMY_DATABASE_URI = 'mysql://' + DB_USER + ':' + DB_PASSWORD + '@' + DB_HOST + '/'
+ DB_DB
```

2)因为在数据库迁移和接口实现过程中都会用到数据模型,所以建议把数据模型抽取出来,作为单独文件,以备程序复用。新建文件 model.py,定义 SQLAlchemy 实例及数据模型。文件 model.py 的具体实现代码如下所示。

```
from flask_sqlalchemy import SQLAlchemy
db = SQLAlchemy()
class User(db.Model):
```

```
user_id = db.Column(db.Integer, primary_key=True)
user_name = db.Column(db.String(60), nullable=False)
user_password = db.Column(db.String(30), nullable=False)
user_nickname = db.Column(db.String(50))
user_email = db.Column(db.String(30), nullable=False)
```

通过上述代码，定义一个用户表数据模型 User，其中的每个属性和数据库表 uesr 中的列一一对应。

3）新建数据库迁移配置文件 db.py，使用 Flask-Script 整合 Flask-Migrate，添加自定义操作命令 db 来实现数据库迁移。文件 db.py 的具体实现代码如下所示。

```
from flask import Flask
from flask_script import Manager
from flask_migrate import Migrate, MigrateCommand
from model import db

app = Flask(__name__)
app.config.from_object('config')

migrate = Migrate(app, db)
manager = Manager(app)
manager.add_command('db', MigrateCommand)

if __name__ == '__main__':
    manager.run()
```

4）开始使用如下命令行实现数据库迁移：

```
python db.py dbinit
python db.py db migrate
python db.py db upgrade
```

运行上面的命令后，可以看到数据库 test 中新建了一个 user 表，表结构就是数据模型 model.py 中定义的数据结构。

第 14 章
Flask 高级实战

在本书前面的内容中，已经讲解了开发 Flask 模板、表单和数据库项目的知识。本章将进一步讲解使用 Flask 框架开发高级应用程序的知识，包括邮件发送、用户认证和用户角色等知识，为读者学习本书后面的知识打下基础。

14.1 收发电子邮件

在 Flask Web 程序中，可以使用标准库中的 smtplib 包发送电子邮件。但是对于开发者来说，建议使用包含了 smtplib 的 Flask-Mail 扩展来发送邮件。本节将详细讲解在 Flask Web 程序中收发邮件的核心知识。

14.1.1 使用 Flask-Mail 扩展

通过使用 Flask-Mail 扩展，能够将 Flask 程序连接到简单邮件传输协议（Simple Mail Transfer Protocol，SMTP）服务器，并通过这个服务器发送邮件。如果不配置参数，Flask-Mail 会默认连接本地主机 localhost 上的端口 25，无须验证就能发送电子邮件。

可以使用如下所示的 pip 命令来安装 Flask-Mail。

```
$ pip install flask-mail
```

在 SMTP 服务器中可以设置如下所述的配置选项。

● MAIL_SERVER：表示电子邮件服务器的主机名或 IP 地址，默认值是 localhost（本地服务器）；

● MAIL_PORT：表示电子邮件服务器的端口，默认值是 25；

● MAIL_USE_TLS：表示是否启用传输层安全（Transport Layer Security，TLS）协

议，默认值是 False，表示不启用；

- MAIL_USE_SSL：表示是否启用安全套接层（Secure Sockets Layer，SSL）协议，默认值是 False，表示不启用；
- MAIL_USERNAME：表示邮件账户的用户名，默认值是 None；
- MAIL_PASSWORD：表示邮件账户的密码，默认值是 None。

例如在下面的实例文件 123.py 中，演示了使用 Flask-Mail 扩展发送带有附件邮件的过程。实例文件 123.py 的具体实现代码如下所示。

源码路径：daima\14\14-1\123.py

```python
from flask import Flask
from flask_mail import Mail, Message
import os


app = Flask(__name__)
app.config.update(
    DEBUG = True,
    MAIL_SERVER='smtp.qq.com',
    MAIL_PROT=25,
    MAIL_USE_TLS = True,
    MAIL_USE_SSL = False,
    MAIL_USERNAME = '输入发送者邮箱',
    MAIL_PASSWORD = '这里输入授权码',
    MAIL_DEBUG = True
)


mail = Mail(app)


@app.route('/')
def index():
# sender 发送方哈, recipients 邮件接收方列表
    msg = Message("Hi!This is a test ",sender='输入发送者邮箱', recipients=['输入接收者邮箱'])
# msg.body 邮件正文
    msg.body = "This is a first email"
# msg.attach 邮件附件添加
# msg.attach("文件名", "类型", 读取文件)
    with app.open_resource("123.jpg", 'rb') as fp:
        msg.attach("image.jpg", "image/jpg", fp.read())

    mail.send(msg)
    print("Mail sent")
    return "Sent"


if __name__ == "__main__":
    app.run()
```

在上述代码中，利用 QQ 邮箱实现了邮件发送功能，在邮件附件中发送了一张图片 123.jpg。请读者务必注意，一定要登录 QQ 邮件中心设置邮箱密码，设置开启 POP3/SMTP

服务，如图 14-1 所示。另外，读者一定要注意，MAIL_PASSWORD 的值不是 QQ 邮箱的登录密码，而是在开启 POP3/SMTP 服务时得到的授权密码。

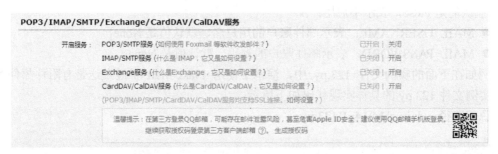

图 14-1　设置开启 POP3/SMTP 服务

通过如下所示的命令运行上述程序。

```
python 123.py runserver
```

然后在浏览器中输入 http://127.0.0.1:5000/，会得到一个简单的网页，并成功实现发送邮件功能，如图 14-2 所示。

图 14-2　成功收到含有附件的邮件

配置 Hotmail 邮箱服务器的基本参数格式如下所示。

```
MAIL_SERVER = 'smtp.live.com',
MAIL_PROT = 25,
MAIL_USE_TLS = True,
MAIL_USE_SSL = False,
MAIL_USERNAME = "邮箱账号",
```

```
MAIL_PASSWORD = "邮箱密码",
MAIL_DEBUG = True
```

配置 126 邮箱服务器的基本参数格式如下所示。

```
MAIL_SERVER = 'smtp.126.com',
MAIL_PROT = 25,
MAIL_USE_TLS = True,
MAIL_USE_SSL = False,
MAIL_USERNAME = "邮箱账号",
MAIL_PASSWORD = "邮箱密码",
MAIL_DEBUG = True
```

下面是一段使用 163 邮箱发送邮件的演示代码。

```python
from flask import Flask
from flask_mail import Mail, Message

app = Flask(__name__)

app.config.update(
    #EMAIL SETTINGS
    MAIL_SERVER='smtp.163.com',
    MAIL_PORT=465,
    MAIL_USE_SSL=True,
    # 账号
    MAIL_USERNAME = 'xxxx@163.com',
    # 授权码
    MAIL_PASSWORD = '填写你的授权码'
    )

mail = Mail(app)

@app.route("/")
def index():
    # 不能乱写发送的信息,否则会被过滤的
    msg = Message(subject="这里不能写英文的你好",
                # 此账号和上面的 MAIL_USERNAME 一样
                sender='xxxx@163.com',
                # 下面是收件人的邮箱
                recipients=['xxx@qq.com'])
    msg.html = "<b>testing 这都不行? </b> html"

    mail.send(msg)

    return '<h1>Sent</h1>'

if __name__ == '__main__':
    app.run(debug=True)
```

14.1.2 使用 SendGrid 发送邮件

SendGrid 是一个著名的电子邮件服务平台，可以帮助人们跟踪并统计电子邮件的数据。SendGrid 为 Python 语言提供了对应的开发库，Python 开发者可以使用 sendgrid 库实现邮件发送功能。可以使用如下所示的 pip 命令安装 sendgrid：

```
pip install sendgrid
```

在安装 sendgrid 库后，需要登录 SendGrid 的官方网站申请自己的 API Key，接下来就可以使用这个 API Key 开发自己的邮件发送程序了。下面的实例演示了在 Flask 程序中使用 SendGrid 发送邮件的过程。

1）编写程序文件 mailPage.py 获取表单中的参数值，根据在表单中输入的邮件信息来发送邮件。文件 mailPage.py 的具体实现代码如下所示。

源码路径：**daima\14\14-1\youjian03\mailPage.py**

```
from flask import Flask,render_template,request
import send2

app = Flask(__name__)

@app.route("/")
def my_form(name=None):
    return render_template("mailForm.html",name=name)

@app.route("/",methods=['POST'])
def my_form_post():
    if request.method=='POST':
        myMailId = request.form.get("myMailId")
        otherMailIds = request.form.get("otherMailIds").strip().split(',')
        sub = request.form.get("sub")
        body = request.form.get("body")
        send2.mailSend(myMailId,otherMailIds,sub,body)
        return "邮件发送成功!"

if __name__=="__main__":
    app.run()
```

2）在程序文件 send2.py 中调用申请的 API Key，并根据从表单中获取的信息实现邮件发送功能。文件 send2.py 的具体实现代码如下所示。

源码路径：**daima\14\14-1\youjian03\send2.py**

```
import sendgrid
import os

def mailSend(mailId,emailList,sub,body):

    sg = sendgrid.SendGridAPIClient(apikey='这里写你的 APIKEY')
```

```
for toMailId in emailList:
    data = {
    "personalizations": [
        {
        "to": [
            {
            "email": toMailId
            }
        ],
        "subject": sub
        }
    ],
    "from": {
        "email": mailId
    },
    "content": [
        {
        "type": "text/plain",
        "value": body
        }
    ]
    }
    response = sg.client.mail.send.post(request_body=data)
    print(response.status_code)
    print(response.body)
    print(response.headers)
```

3）在模板文件 mailForm.html 中创建一个邮件发送表单，要求分别输入发件人的邮箱地址、接收者的邮箱地址、邮件主题和邮件内容。文件 mailForm.html 的具体实现代码如下所示。

源码路径：**daima\14\14-1\youjian03\templates\mailForm.html**

```
<!doctype html>
<head>
    <title>The super awesome mail page!!</title>
</head>
<body>
    <link rel="stylesheet" type="text/css" href='../static/style.css'>
    <div class="top">
        <br>
        <h1>MAIL EXPRESS</h1>
        <br>.....sending e-mails has never been so easy :)
    </div>
    <div class="form1">
        <form method="POST" align=center>
            <br>
            <label>Enter your email address</label>
            <br>
            <input type="text" name="myMailId">
            <p>
```

```
        <label>Send to: (input mail-ids of receivers seperated by ',')</label>
        <br>
        <input type="text" name="otherMailIds">
        <p>
        <label>Subject:</label>
        <br>
        <input type="text" name="sub">
        <p>
        <label>Enter your message here-</label>
        <br>
        <textarea name="body" rows='3' cols='50'></textarea>
        <p>
        <input class="button" type="submit" value="send">
      </form>
    </div>
</body>
```

执行后会显示一个邮件发送表单，分别输入发件人的邮箱地址、接收者的邮箱地址、邮件主题和邮件内容，单击 send 按钮即可实现邮件发送功能，执行效果如图 14-3 所示。

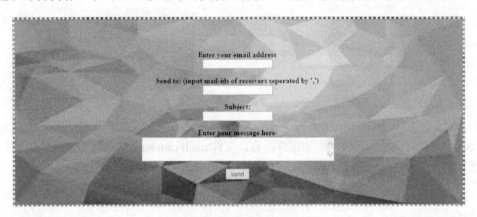

图 14-3　邮件发送表单

14.1.3　异步发送电子邮件

有的读者可能会有这样的体验，在使用函数 mail.send()发送电子邮件时会等待几秒钟才能发送成功，浏览器在这个等待过程中就像死机一样。为了提高邮件程序的效率，可以考虑使用异步方式发送电子邮件。此时可以把发送电子邮件的函数移到后台线程中，使用多线程异步方式实现发送邮件的功能。例如，下面的实例演示了使用 Flask-WTF 异步发送电子邮件的过程。

源码路径：daima\14\14-1\yibu

实例文件 yibu.py 的具体实现代码如下所示。

```
import threading
```

```python
from flask import Flask
from flask_mail import Mail, Message

app = Flask(__name__)

app.config.update(
    #EMAIL SETTINGS
    MAIL_SERVER='smtp.qq.com',
    MAIL_PORT=465,
    MAIL_USE_SSL=True,
    # 发件箱的账号
    MAIL_USERNAME = 'xxxx@qq.com',
    # 发件箱的密码，切记要使用授权码
    MAIL_PASSWORD = ''
    )

mail = Mail(app)

@app.route('/')
def index():
    send_mail()
    print('email send!!')
    return "Sent"

def send_async_email(app, msg):
    with app.app_context():
        mail.send(msg)

def send_mail():
    #sender 表示发件人邮箱      recipients 表示收件人邮箱
    msg = Message("Hi!This is acesh  ",sender='xxx@qq.com', recipients=['xxx@qq.com'])
    msg.body = "This is a first email"
    thr = threading.Thread(target =send_async_email, args = [app,msg])#创建线程
    thr.start()

if __name__ == "__main__":
    app.run()
```

执行后会实现异步发送邮件的功能，如图 14-4 所示。

注意：现实应用中，如果 Web 服务器一直阻塞，此时发送电子邮件到一个服务器的过程是非常缓慢的，甚至有时会暂时处于脱机状态。通过使用多线程异步的方式发送电子邮件，将发送电子邮件的功能函数转移到后台线程中实现，这样会更加流畅地运行整个程序。

Hi!This is acesh ☆

发件人：好人 <371972484@qq.com> 圈
时　间：2018年12月26日(星期三) 下午2:43
收件人：那一夜 <729017304@qq.com>

This is a first email

图 14-4　接收到的邮件

14.1.4　会员利用邮箱找回密码

在现实应用中，经常会用到找回密码的功能，如找回自己的 QQ 密码和微信密码。下面的

335

实例将实现一个完整的用户注册和登录验证系统，并通过邮箱实现找回密码的功能。

源码路径：daima\14\14-1\untitled

1. 系统配置

在配置文件 config.py 中设置使用的数据库名，设置发送邮件的邮箱信息，主要实现代码如下所示。

```
class Config(object):
    SECRET_KEY=os.environ.get('SECRET_KEY') or 'you-will-never-guess'
    SQLALCHEMY_DATABASE_URI = os.environ.get('DATABASE_URL') or \
        'sqlite:///' + os.path.join(basedir, 'app.db')
    SQLALCHEMY_TRACK_MODIFICATIONS = False

    # setting up email server variables
    MAIL_SERVER = 'smtp.qq.com'
    MAIL_PORT = int(25)
    MAIL_USE_TLS = True
    MAIL_USERNAME = '371972484@qq.com'
    MAIL_PASSWORD = ''
    ADMINS = ['371972484@qq.com']
```

2. 数据库模型

在文件 models.py 中创建数据库模型类，在数据库中创建表 User，并分别设置表 User 中的字段属性。文件 models.py 的主要实现代码如下所示。

```
class User(UserMixin, db.Model):
    id = db.Column(db.Integer, primary_key=True)
    username = db.Column(db.String(64), index=True, unique=True)
    email = db.Column(db.String(120), index=True, unique=True)
    password_hash = db.Column(db.String(128))

    def set_password(self, password):
        self.password_hash = generate_password_hash(password)

    def check_password(self, password):
        return check_password_hash(self.password_hash, password)

    def get_reset_password_token(self, expires_in=600):
        return jwt.encode(
            {'reset_password': self.id, 'exp': time() + expires_in},
            app.config['SECRET_KEY'], algorithm='HS256').decode('utf-8')

    @staticmethod
    def verify_reset_password_token(token):
        try:
            id = jwt.decode(token, app.config['SECRET_KEY'], algorithms=['HS256'])['reset_
password']
        except:
            return
        return User.query.get(id)
```

```
   def __repr__(self):
       return '<User {}>'.format(self.username)


@login.user_loader
def load_user(id):
   return User.query.get(int(id))
```

运行上述代码可能会提示下面的错误。解决方法是先使用命令 pip uninstall jwt 卸载 jwt，然后使用 pip install pyjwt 命令安装 pyjwt。

```
module 'jwt' has no attribute 'encode'
```

3. 模板文件

在 templates 目录中保存了本项目所需的模板文件，各个文件的具体说明如下。

1）文件 login.html 实现登录表单界面，主要实现代码如下所示。

```
{% block app_content %}
<div class="row">
<div class="col-md-4 offset-md-4 col-xs-8 offset-xs-2">
<h1>登录</h1>
</div>
</div>

<div class="row">
<div class="col-md-4 offset-md-4 col-xs-8 offset-xs-2">
    {{ wtf.quick_form(form) }}
</div>
</div>

<div class="row">
<div class="col-md-4 offset-md-4 col-xs-8 offset-xs-2">
<p>新用户？ <a href="{{ url_for('register') }}">点击这儿注册!</a>
</p>
<p>
忘记密码?
<a href="{{ url_for('reset_password_request') }}">点击这儿重设密码</a>
</p>
</div>
</div>
{% endblock %}
```

2）文件 register.html 实现新用户注册表单界面，主要实现代码如下所示。

```
{% block app_content %}
<div class="row">
<div class="col-md-4 offset-md-4 col-xs-8 offset-xs-2">
<h1>注册</h1>
</div>
```

```
</div>

<div class="row">
<div class="col-md-4 offset-md-4 col-xs-8 offset-xs-2">
    {{ wtf.quick_form(form) }}
</div>
</div>


<div class="row">
<div class="col-md-4 offset-md-4 col-xs-8 offset-xs-2">
<p>已经有一个账号？ <a href="{{ url_for('login') }}">点击这儿登录!</a>
</p>
</div>
</div>
{% endblock %}
```

3）文件 reset_password_request.html 实现找回密码表单界面，在此页面中显示一个输入邮箱的表单，主要实现代码如下所示。

```
{% block app_content %}
<div class="row">
<div class="col-md-4 offset-md-4 col-xs-8 offset-xs-2">
<h1>重设密码</h1>
</div>
</div>


<div class="row">
<div class="col-md-4 offset-md-4 col-xs-8 offset-xs-2">
    {{ wtf.quick_form(form) }}
</div>
</div>
{% endblock %}
```

4）文件 reset_password.html 实现重设密码表单界面，在此界面的表单中可以输入新的密码，主要实现代码如下所示。

```
{% block app_content %}
<div class="row">
<div class="col-md-4 offset-md-4">
<h1>重设密码</h1>
</div>
</div>
<div class="row">
<div class="col-md-4 offset-md-4">
    {{ wtf.quick_form(form) }}
</div>
</div>
{% endblock %}
```

4. 表单处理

编写文件 forms.py，功能是定义不同的类获取模板文件中各类表单中的数据，具体对应关系如下所述。

- LoginForm：获取用户登录表单中的数据。
- RegistrationForm：获取新用户注册表单中的数据。
- CheckPasswordForm：获取密码验证表单中的数据。
- ResetPasswordRequestForm：获取忘记密码环节中输入邮箱表单中的数据。
- ResetPasswordForm：获取忘记密码环节中重设密码表单中的数据。

文件 forms.py 的主要实现代码如下所示。

```python
class LoginForm(FlaskForm):
    username = StringField('Username', validators=[DataRequired()])
    password = PasswordField('Password', validators=[DataRequired()])
    remember_me = BooleanField('Remember Me')
    submit = SubmitField('Sign In')


class RegistrationForm(FlaskForm):
    username = StringField('Username', validators=[DataRequired()])
    email = StringField('Email', validators=[DataRequired(), Email()])
    password = PasswordField('Password', validators=[DataRequired()])
    password2 = PasswordField(
        'Repeat Password', validators=[DataRequired(), EqualTo('password')])
    submit = SubmitField('Register')

    def validate_username(self, username):
        user = User.query.filter_by(username=username.data).first()
        if user is not None:
            raise ValidationError('Please use a different username.')

    def validate_email(self, email):
        user = User.query.filter_by(email=email.data).first()
        if user is not None:
            raise ValidationError('Please use a different email address.')


class CheckPasswordForm(FlaskForm):
    password = StringField('Password Checker')
    submit = SubmitField('Check')


class ResetPasswordRequestForm(FlaskForm):
    email = StringField('Email', validators=[DataRequired(), Email()])
    submit = SubmitField('Request Password Reset')


class ResetPasswordForm(FlaskForm):
    password = PasswordField('Password', validators=[DataRequired()])
    password2 = PasswordField('Repeat Password', validators=[DataRequired(), EqualTo
('password')])
    submit = SubmitField('Request Password Reset')
```

5. URL 导航

编写文件 routes.py 实现 URL 导航功能，根据用户输入的访问 URL，使用@app.route 导航到对应的模板文件页面，具体实现代码如下所示。

1）如果用户输入/index，判断输入的账户信息是否合法，如果合法则跳转到 index.html 页面，对应的实现代码如下所示。

```
@app.route('/index', methods=['GET', 'POST'])
def index():
    form = CheckPasswordForm()
    password_checker = None
    if form.validate_on_submit():
        if current_user.check_password(form.password.data):
            password_checker = True
        else:
            password_checker = False
    return render_template('index.html', title='Home Page', form=form, password_checker=
password_checker)
```

2）如果用户输入/login，则跳转到 login.html 页面，并判断用户输入的登录信息的合法性，对应的实现代码如下所示。

```
@app.route('/login', methods=['GET', 'POST'])
def login():
    if current_user.is_authenticated:
        return redirect(url_for('index'))
    form = LoginForm()
    if form.validate_on_submit():
        user = User.query.filter_by(username=form.username.data).first()
        if user is None or not user.check_password(form.password.data):
            flash('Invalid username or password')
            return redirect(url_for('login'))
        login_user(user, remember=form.remember_me.data)
        return redirect(url_for('index'))
    return render_template('login.html', title='Sign In', form=form)
```

3）如果用户输入/register，则跳转到注册页面 register.html，并将注册表单中的数据添加到数据库表 user 中，对应的实现代码如下所示。

```
@app.route('/register', methods=['GET', 'POST'])
def register():
    if current_user.is_authenticated:
        return redirect(url_for('index'))
    form = RegistrationForm()
    if form.validate_on_submit():
        user = User(username=form.username.data, email=form.email.data)
        user.set_password(form.password.data)
        db.session.add(user)
        db.session.commit()
```

```
flash('Congratulations, you are now a registered user!')
    return redirect(url_for('login'))
return render_template('register.html', title='Register', form=form)
```

4）如果用户输入/reset_password_request，则跳转到忘记密码页面 reset_password_request. html，并判断用户输入的邮箱是否在数据库中存在，如果存在则向这个邮箱发送邮件。对应的实现代码如下所示。

```
@app.route('/reset_password_request', methods=['GET', 'POST'])
def reset_password_request():
    if current_user.is_authenticated:
        return redirect(url_for('index'))
    form = ResetPasswordRequestForm()
    if form.validate_on_submit():
        user = User.query.filter_by(email=form.email.data).first()
        if user:
            send_password_reset_email(user)
        flash('Check your email for the instructions to reset your password')
        return redirect(url_for('login'))
    return render_template('reset_password_request.html', title='Reset Password', form=form)
```

5）如果用户输入/reset_password/<token>，<token>表示此用户的标识，则跳转到修改密码页面 reset_password.html，并将表单中的新密码数据更新到数据库中。对应的实现代码如下所示。

```
@app.route('/reset_password/<token>', methods=['GET', 'POST'])
def reset_password(token):
    if current_user.is_authenticated:
        return redirect(url_for('index'))
    user = User.verify_reset_password_token(token)
    if not User:
        return redirect(url_for('index'))
    form = ResetPasswordForm()
    if form.validate_on_submit():
        user.set_password(form.password.data)
        db.session.commit()
        flash('Your password has been reset.')
        return redirect(url_for('login'))
    return render_template('reset_password.html', form=form)
```

6. 发送回邮件提醒并重设密码

编写文件 email.py，分别实现忘记密码发送邮件功能和重设密码功能。文件 email.py 的主要实现代码如下所示。

```
def send_email(subject, sender, recipients, text_body, html_body):
    msg = Message(subject, sender=sender, recipients=recipients)
    msg.body = text_body
    msg.html = html_body
```

```
        Thread(target=send_async_email, args=(app, msg)).start()

def send_async_email(app, msg):
    with app.app_context():
        mail.send(msg)


def send_password_reset_email(user):
    token = user.get_reset_password_token()
    send_email('重设密码',
        sender=app.config['ADMINS'][0],
        recipients=[user.email],
        text_body=render_template('email/reset_password.txt',
            user=user, token=token),
        html_body=render_template('email/reset_password.html',
            user=user, token=token))
```

在上述代码中用到了一个模板文件 reset_password.html，当用户输入自己的邮箱找回密码时，系统向这个邮箱中发送一封提醒邮件，这封邮件的内容就是通过这个模板实现的。模板文件 reset_password.html 的主要实现代码如下所示。

```
<p>亲爱的 {{ user.username }},</p>
<p>
点击<a href="{{ url_for('reset_password', token=token, _external=True) }}">这儿</a>重新设置
你的密码!
</p>
<p>或者，您可以将以下链接粘贴到浏览器的地址栏中: </p>
<p>{{ url_for('reset_password', token=token, _external=True) }}</p>
<p>如果您没有请求密码重置，请忽略此消息。</p>
<p>真诚地祝您工作顺利! </p>
```

到此为止，本实例的主要功能全部介绍完毕。在浏览器中输入 http://127.0.0.1:5000/login，执行效果如图 14-5 所示。

图 14-5　登录表单界面

注册表单界面的执行效果如图 14-6 所示。

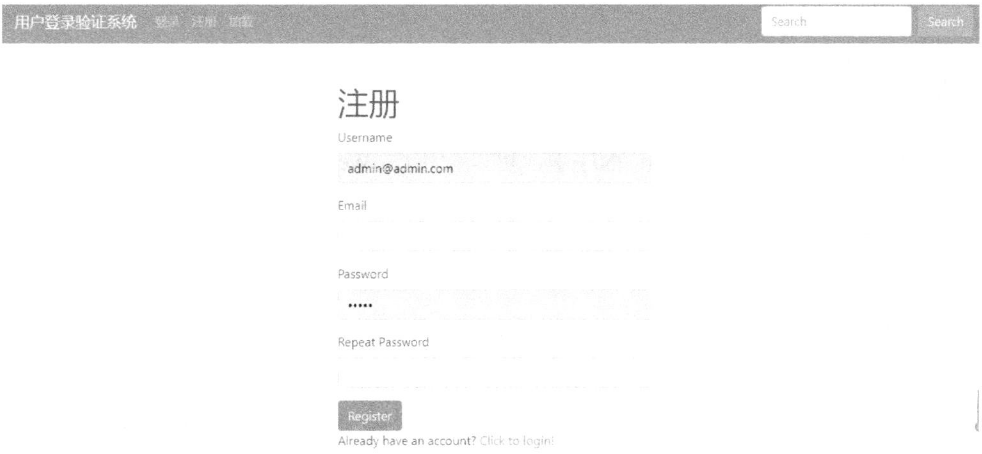

图 14-6　注册表单界面

找回密码界面的执行效果如图 14-7 所示。

图 14-7　找回密码

输入邮箱并单击 Reset Password Reset 按钮，会向输入的邮箱中发送邮件，如图 14-8 所示。

图 14-8　找回密码时发送的邮件

343

14.2 使用 Werkzeug 实现散列密码

在数据库中直接存放明文密码是很危险的，特别是管理员的密码。在 Flask Web 程序中，可以使用库 Werkzeug 将明文密码处理为散列密码。本节将详细讲解使用 Werkzeug 实现散列密码的知识。

14.2.1 Werkzeug 基础

在本书前面的内容中曾经讲解过，Flask 框架主要依赖两个外部库：Werkzeug 和 Jinja2。其中 Werkzeug 是一个 Web 服务器接口协议（Web Server Gateway Interface，WSGI）的工具集。下面的实例演示了使用 Werkzeug 创建一个 WSGI 服务器的过程。

源码路径：**daima\14\14-2\WerkzeugEX**

实例文件 123.py 的具体实现代码如下所示。

```python
import os
from werkzeug.serving import run_simple
from werkzeug.wrappers import Request, Response
from werkzeug.wsgi import SharedDataMiddleware

class Shortly(object):
    def dispatch_request(self, request):
        return Response('你好 Werkzeug!')

    def wsgi_app(self, environ, start_response):
        request = Request(environ)
        response = self.dispatch_request(request)
        return response(environ, start_response)

    def __call__(self, environ, start_response):
        return self.wsgi_app(environ, start_response)

def create_app(with_static=True):
    app = Shortly()
    if with_static:
        app.wsgi_app = SharedDataMiddleware(app.wsgi_app, {
            '/static': os.path.join(os.path.dirname(__file__), 'static')
        })
    return app

if __name__ == '__main__':
    app = create_app()
    run_simple('127.0.0.1', 6666, app, use_debugger=True, use_reloader=True)
```

在 Flask Web 程序中，可以使用 Werkzeug 库中的 security 模块计算密码散列值。在 security 模块中，可以使用如下两个函数分别在用户注册和用户验证阶段实现密码散列功能。

- generate_password_hash(password, method=pbkdf2:sha1, salt_length=8)：功能是处理输入的原始密码，然后以字符串形式输出密码的散列值。现实 Web 应用中，可以将输出的散列值保存在数据库中。
- check_password_hash(hash, password)：功能是验证数据库中保存的 hash 密码与用户输入的明文密码是否相同。其中参数 hash 是从数据库中获取的密码散列值，参数 password 表示用户输入的密码。如果返回值为 True 则表明密码正确。

14.2.2　图书借阅管理系统

下面将通过一个图书借阅管理系统的实现过程，详细讲解使用 Flask+Werkzeug+SQLite3 开发动态 Web 项目的过程。这是一个典型的管理项目，读者可以以此为基础开发出自己需要的管理类系统。

源码路径：daima\14\14-2\jiami

1. 数据库设置

本项目使用的是 SQLite3 数据库，在程序文件 book.py 中通过如下代码实现和数据库操作设置相关的功能。

```
DATABASE = 'book.db'
DEBUG = True
SECRET_KEY = 'development key'
def get_db():
    top = _app_ctx_stack.top
    if not hasattr(top, 'sqlite_db'):
        top.sqlite_db = sqlite3.connect(app.config['DATABASE'])
        top.sqlite_db.row_factory = sqlite3.Row
    return top.sqlite_db


@app.teardown_appcontext
def close_database(exception):
    top = _app_ctx_stack.top
    if hasattr(top, 'sqlite_db'):
        top.sqlite_db.close()


def init_db():
    with app.app_context():
        db = get_db()
        with app.open_resource('book.sql', mode='r') as f:
            db.cursor().executescript(f.read())
        db.commit()


def query_db(query, args=(), one=False):
    cur = get_db().execute(query, args)
```

```
rv = cur.fetchall()
return (rv[0] if rv else None) if one else rv
```

2. 登录验证管理

1）验证用户输入的用户名和密码是否正确，如果正确则通过 Session 存储用户信息，将此用户设置为登录状态。在程序文件 book.py 中通过如下代码实现上述功能。

```
def get_user_id(username):
    rv = query_db('select user_id from users where user_name = ?',
                [username], one=True)
    return rv[0] if rv else None



@app.before_request
def before_request():
    g.user = None
    if 'user_id' in session:
        g.user = session['user_id']
```

2）通过函数 manager_login()判断是否是管理员登录，只要输入的用户名和密码与 app.config 中设置的相同，则说明是管理员登录系统。在程序文件 book.py 中通过如下代码实现上述功能。

```
@app.route('/manager_login', methods=['GET', 'POST'])
def manager_login():
    error = None
    if request.method == 'POST':
        if request.form['username'] != app.config['MANAGER_NAME']:
            error = 'Invalid username'
        elif request.form['password'] != app.config['MANAGER_PWD']:
            error = 'Invalid password'
        else:
            session['user_id'] = app.config['MANAGER_NAME']
            return redirect(url_for('manager'))
    return render_template('manager_login.html', error = error)
```

3）通过函数 reader_login()判断输入的登录信息是否合法，如果非法则显示提示信息。在程序文件 book.py 中通过如下代码实现上述功能。

```
@app.route('/reader_login', methods=['GET', 'POST'])
def reader_login():
    error = None
    if request.method == 'POST':
        user = query_db('''select * from users where user_name = ?''',
                [request.form['username']], one=True)
        if user is None:
            error = 'Invalid username'
        elif not check_password_hash(user['pwd'], request.form['password']):
            error = 'Invalid password'
```

```
    else:
        session['user_id'] = user['user_name']
        return redirect(url_for('reader'))
return render_template('reader_login.html', error = error)
```

4）通过函数 register()实现注册功能，首先判断用户是否在表单中输入合法的用户名和密码数据，如果合法则将表单中的数据插入到数据库中。在程序文件 book.py 中通过如下代码实现上述功能。

```
@app.route('/register', methods=['GET', 'POST'])
def register():
    error = None
    if request.method == 'POST':
        if not request.form['username']:
            error = 'You have to enter a username'
        elif not request.form['password']:
            error = 'You have to enter a password'
        elif request.form['password'] != request.form['password2']:
            error = 'The two passwords do not match'
        elif get_user_id(request.form['username']) is not None:
            error = 'The username is already taken'
        else:
            db = get_db()
            db.execute('''insert into users (user_name, pwd, college, num, email) \
                values (?, ?, ?, ?, ?) ''', [request.form['username'], generate_password_hash(
                request.form['password']), request.form['college'], request.form['number'],
                            request.form['email']])
            db.commit()
            return redirect(url_for('reader_login'))
    return render_template('register.html', error = error)

@app.route('/logout')
```

5）通过函数 logout()实现注销功能，在程序文件 book.py 中通过如下代码实现上述功能。

```
def logout():
    session.pop('user_id', None)
    return redirect(url_for('index'))
```

3. 安全检查页面跳转管理

1）通过函数 manager_judge()实现安全检查，在程序文件 book.py 中通过如下代码实现上述功能。

```
# 添加简单的安全性检查
def manager_judge():
    if not session['user_id']:
        error = 'Invalid manager, please login'
        return render_template('manager_login.html', error = error)
```

```
def reader_judge():
    if not session['user_id']:
        error = 'Invalid reader, please login'
        return render_template('reader_login.html', error = error)
```

2）通过函数 manager_books()获取系统内所有的图书信息，并将页面跳转到模板文件 manager_books.html；通过函数 manager()将页面跳转到模板文件 manager.html；通过函数 reader()将页面跳转到模板文件 reader.html。在程序文件 book.py 中通过如下代码实现上述功能。

```
@app.route('/manager/books')
def manager_books():
    manager_judge()
    return render_template('manager_books.html',
            books = query_db('select * from books', []))


@app.route('/manager')
def manager():
    manager_judge()
    return render_template('manager.html')


@app.route('/reader')
def reader():
    reader_judge()
    return render_template('reader.html')
```

4. 后台用户管理

1）通过函数 manager_users()获取系统数据库中的所有用户信息，在程序文件 book.py 中通过如下代码实现上述功能。

```
def manager_users():
    manager_judge()
    users = query_db('''select * from users''', [])
    return render_template('manager_users.html', users = users)
```

2）通过函数 manger_user_modify()修改系统数据库中某个指定 id 的用户信息，在程序文件 book.py 中通过如下代码实现上述功能。

```
@app.route('/manager/user/modify/<id>', methods=['GET', 'POST'])
def manger_user_modify(id):

    error = None
    user = query_db('''select * from users where user_id = ?''', [id], one=True)
    if request.method == 'POST':
        if not request.form['username']:
            error = 'You have to input your name'
        elif not request.form['password']:
            db = get_db()
```

```
        db.execute('''update users set user_name=?, college=?, num=? \
            , email=? where user_id=? ''', [request.form['username'],
            request.form['college'], request.form['number'],
            request.form['email'], id])
        db.commit()
        return redirect(url_for('manager_user', id = id))
    else:
        db = get_db()
        db.execute('''update users set user_name=?, pwd=?, college=?, num=? \
            , email=? where user_id=? ''', [request.form['username'],
                generate_password_hash(request.form['password']),
            request.form['college'], request.form['number'],
            request.form['email'], id])
        db.commit()
        return redirect(url_for('manager_user', id = id))
    return render_template('manager_user_modify.html', user=user, error = error)
```

3）通过函数 manger_user_delete()删除系统数据库中某个指定 id 的用户信息，在程序文件 book.py 中通过如下代码实现上述功能。

```
@app.route('/manager/user/deleter/<id>', methods=['GET', 'POST'])
def manger_user_delete(id):
    manager_judge()
    db = get_db()
    db.execute('''delete from users where user_id=? ''', [id])
    db.commit()
    return redirect(url_for('manager_users'))
```

5. 图书管理

1）通过函数 manager_books_add()向数据库中添加新的图书信息，在程序文件 book.py 中通过如下代码实现上述功能。

```
@app.route('/manager/books/add', methods=['GET', 'POST'])
def manager_books_add():
    manager_judge()
    error = None
    if request.method == 'POST':
        if not request.form['id']:
            error = 'You have to input the book ISBN'
        elif not request.form['name']:
            error = 'You have to input the book name'
        elif not request.form['author']:
            error = 'You have to input the book author'
        elif not request.form['company']:
            error = 'You have to input the publish company'
        elif not request.form['date']:
            error = 'You have to input the publish date'
        else:
            db = get_db()
```

```
        db.execute('''insert into books (book_id, book_name, author, publish_com,
            publish_date) values (?, ?, ?, ?, ?) ''', [request.form['id'],
                request.form['name'], request.form['author'], request.form['company'],
            request.form['date']])
        db.commit()
        return redirect(url_for('manager_books'))
    return render_template('manager_books_add.html', error = error)
```

2）通过函数 manager_books_delete()在数据库中删除指定 id 号的图书信息。在程序文件 book.py 中通过如下代码实现上述功能。

```
@app.route('/manager/books/delete', methods=['GET', 'POST'])
def manager_books_delete():
    manager_judge()
    error = None
    if request.method == 'POST':
        if not request.form['id']:
            error = 'You have to input the book name'
        else:
            book = query_db('''select * from books where book_id = ?''',
                [request.form['id']], one=True)
            if book is None:
                error = 'Invalid book id'
            else:
                db = get_db()
                db.execute('''delete from books where book_id=? ''', [request.form['id']])
                db.commit()
                return redirect(url_for('manager_books'))
    return render_template('manager_books_delete.html', error = error)
```

3）通过函数 manager_book()在数据库中查询指定 id 号的图书信息，并查询这本图书是否处于借出状态。在程序文件 book.py 中通过如下代码实现上述功能。

```
@app.route('/manager/book/<id>', methods=['GET', 'POST'])
def manager_book(id):
    manager_judge()
    book = query_db('''select * from books where book_id = ?''', [id], one=True)
    reader = query_db('''select * from borrows where book_id = ?''', [id], one=True)
    name = query_db('''select user_name from borrows where book_id = ?''', [id], one=True)

    current_time = time.strftime('%Y-%m-%d',time.localtime(time.time()))
    if request.method == 'POST':
        db = get_db()
        db.execute('''update histroys set status = ?, date_return = ?  where book_id=?
            and user_name=? and status=? ''',
                ['retruned', current_time, id, name[0], 'not return'])
        db.execute('''delete from borrows where book_id = ? ''' , [id])
        db.commit()
        return redirect(url_for('manager_book', id = id))
    return render_template('manager_book.html', book = book, reader = reader)
```

4）通过函数 manager_modify()在数据库中修改指定 id 号的图书信息，在程序文件book.py 中通过如下代码实现上述功能。

```
@app.route('/manager/modify/<id>', methods=['GET', 'POST'])
def manager_modify(id):
    manager_judge()
    error = None
    book = query_db('''select * from books where book_id = ?''', [id], one=True)
    if request.method == 'POST':
        if not request.form['name']:
            error = 'You have to input the book name'
        elif not request.form['author']:
            error = 'You have to input the book author'
        elif not request.form['company']:
            error = 'You have to input the publish company'
        elif not request.form['date']:
            error = 'You have to input the publish date'
        else:
            db = get_db()
            db.execute('''update books set book_name=?, author=?, publish_com=?, publish_
date=? where book_id=? ''', [request.form['name'], request.form['author'], request.form
['company'], request.form['date'], id])
            db.commit()
            return redirect(url_for('manager_book', id = id))
    return render_template('manager_modify.html', book = book, error = error)
```

6. 前台用户管理

1）通过函数 reader_query()在系统数据库中快速查询指定关键字的图书信息，分别通过书名和图书作者两种 SQL 语句进行查询。在程序文件book.py 中通过如下代码实现上述功能。

```
@app.route('/reader/query', methods=['GET', 'POST'])
def reader_query():
    reader_judge()
    error = None
    books = None
    if request.method == 'POST':
        if request.form['item'] == 'name':
            if not request.form['query']:
                error = 'You have to input the book name'
            else:
                books = query_db('''select * from books where book_name = ?''',
                        [request.form['query']])
                if not books:
                    error = 'Invalid book name'
        else:
            if not request.form['query']:
                error = 'You have to input the book author'
            else:
                books = query_db('''select * from books where author = ?''',
                        [request.form['query']])
```

```
        if not books:
            error = 'Invalid book author'
    return render_template('reader_query.html', books = books, error = error)
```

2）通过函数 reader_book()在前台向用户展示某本图书的详细信息，分别用 SQL 图书查询语句、SQL 图书借阅语句和 SQL 统计语句进行查询。在程序文件 book.py 中通过如下代码实现上述功能。

```
@app.route('/reader/book/<id>', methods=['GET', 'POST'])
def reader_book(id):
    reader_judge()
    error = None
    book = query_db('''select * from books where book_id = ?''', [id], one=True)
    reader = query_db('''select * from borrows where book_id = ?''', [id], one=True)
    count = query_db('''select count(book_id) from borrows where user_name = ? ''',
            [g.user], one = True)

    current_time = time.strftime('%Y-%m-%d',time.localtime(time.time()))
    return_time = time.strftime('%Y-%m-%d',time.localtime(time.time() + 2600000))
    if request.method == 'POST':
        if reader:
            error = 'The book has already borrowed.'
        else:
            if count[0] == 3:
                error = 'You can\'t borrow more than three books.'
            else:
                db = get_db()
                db.execute('''insert into borrows (user_name, book_id, date_borrow, \
                    date_return) values (?, ?, ?, ?) ''', [g.user, id,
                                    current_time, return_time])
                db.execute('''insert into histroys (user_name, book_id, date_borrow, \
                    status) values (?, ?, ?, ?) ''', [g.user, id,
                                    current_time, 'not return'])
                db.commit()
            return redirect(url_for('reader_book', id = id))
    return render_template('reader_book.html', book = book, reader = reader, error = error)
```

3）通过函数 reader_histroy()展示当前用户借阅图书的历史记录信息。在程序文件 book.py 中通过如下代码实现上述功能。

```
@app.route('/reader/histroy', methods=['GET', 'POST'])
def reader_histroy():
    reader_judge()
    histroys = query_db('''select * from histroys, books where histroys.book_id = books.
                book_id and histroys.user_name=? ''', [g.user], one = False)

    return render_template('reader_histroy.html', histroys = histroys)
```

读者登录界面的执行效果如图 14-9 所示，图书详情页面的执行效果如图 14-10 所示。

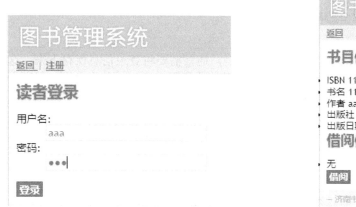

图书管理系统
返回 | 注册
读者登录
用户名:
aaa
密码:
登录

图 14-9　读者登录界面

图书管理系统
返回
书目信息
ISBN 11111111111
书名 111
作者 aaa
出版社 aaa
出版日期 2018-1-1
借阅信息
无
借阅
– 济南书创

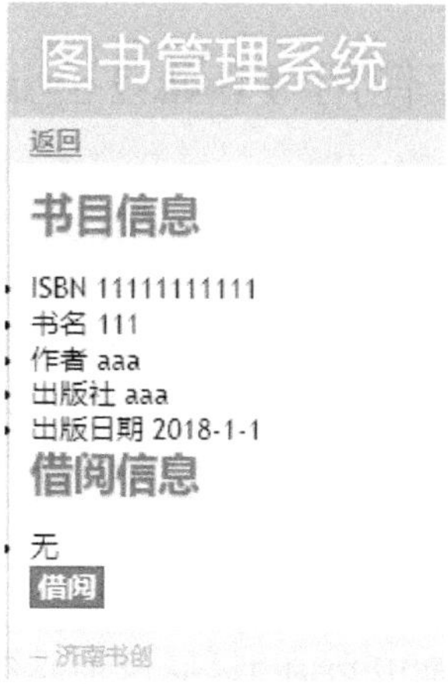

图 14-10　图书详情页面

图书查询页面的执行效果如图 14-11 所示。

图书管理系统
返回
查询
书名
查询
ISBN
书名
作者
出版商
出版时间
查看信息
11111111111
111
aaa
aaa
2018-1-1
点击进入
– 济南书创

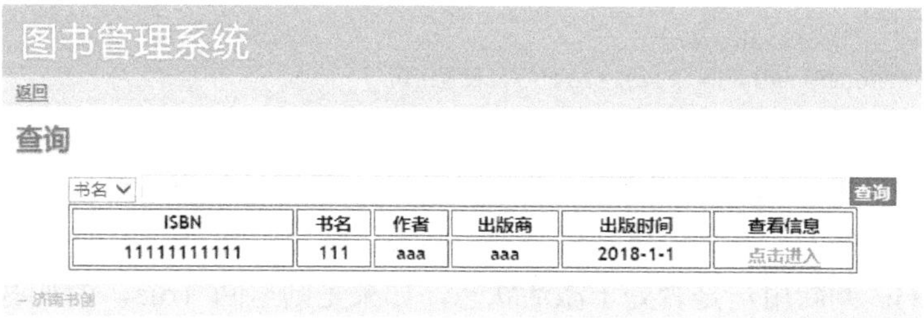

图 14-11　图书查询页面

后台图书管理页面的执行效果如图 14-12 所示。

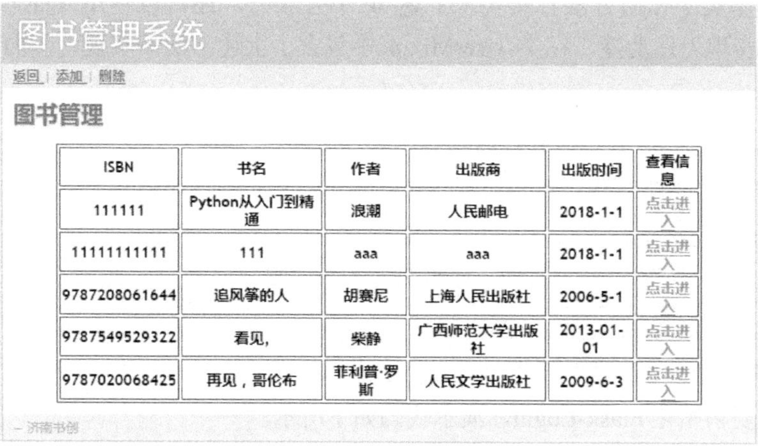

图书管理系统
返回 | 添加 | 删除
图书管理
ISBN
书名
作者
出版商
出版时间
查看信息
111111
Python从入门到精通
浪潮
人民邮电
2018-1-1
点击进入
11111111111
111
aaa
aaa
2018-1-1
点击进入
9787208061644
追风筝的人
胡赛尼
上海人民出版社
2006-5-1
点击进入
9787549529322
看见,
柴静
广西师范大学出版社
2013-01-01
点击进入
9787020068425
再见，哥伦布
菲利普·罗斯
人民文学出版社
2009-6-3
点击进入
– 济南书创

图 14-12　后台图书管理页面

14.3　使用 Flask-Login 认证用户

　　　　　　在会员用户登录系统后，通常需要将登录信息保存下来，这样在浏览不同的页面时才能记住用户的状态，这一功能在 Web 程序中通常通过 Session 和 Cookie 来实现。在 Flask 程序中，可以使用 Flask-Login 扩展来管理用户登录系统中的认证状态。本节将详细讲解使用 Flask-Login 实现用户认证的知识。

14.3.1　Flask-Login 基础

在使用 Flask-Login 之前必须先安装这个扩展，安装命令如下所示。

```
pip install flask-login
```

在 Flask 项目中，在使用 Flask-Login 之前需要先进行配置，配置命令如下所示。

```
login_manager = LoginManager()
app.config[ 'SECRET_KEY ']='234324234'    #设置密钥
login_manager.init_app(app)
```

接下来在使用 Flask-Login 扩展时，必须实现 User 模型的如下方法。

- is_authenticated()：判断用户是否登录，如果已经登录则返回 True，否则返回 False。
- is_active()：判断用户是否处于激活状态，如果是则返回 True，否则返回 False。如果要禁用账户，可以设置为 False。
- is_anonymous()：判断是否是匿名用户，如果是匿名用户则必须返回 False。
- get_id()：用于返回用户唯一的标识符，使用 Unicode 编码字符串。

除了在模型类中作为方法直接实现上述 4 个方法外，还可以使用 Flask-Login 中的类 YonghuMixin 实现上述功能。在类 UserMixin 中包含了上述方法的实现，下面是一个典型的 Yonghu 模型。

```
from flask.ext.login import YonghuMixin
class Yonghu(YonghuMixin, db.Model):
    __tablename__ = 'Yonghus'
    id = db.Column(db.Integer, primary_key = True)
    email = db.Column(db.String(64), unique=True, index=True)
    Yonghuname = db.Column(db.String(64), unique=True, index=True)
    password_hash = db.Column(db.String(128))
    role_id = db.Column(db.Integer, db.ForeignKey('roles.id'))
```

接下来需要初始化 Flask-Login，演示代码如下所示。

```
from flask.ext.login import LoginManager
login_manager = LoginManager()
login_manager.session_protection = 'strong'
```

```
login_manager.login_view = 'auth.login'
def create_app(config_name):
# ...
login_manager.init_app(app)
# ...
```

- 属性 session_protection 值：实例对象 LoginManager 的属性，用于设置安全级别，可以设置为 None、'basic' 或'strong'，这样可以提供不同的安全等级。其中'strong' 的安全级别最高，此时 Flask-Login 会记录登录客户端的 IP 地址和浏览器的用户代理信息，如果发现异常就会强制用户退出。
- 属性 login_view：用于设置登录页面的视图，登录路由在 auth 中定义，因此要在前面加上 auth 的名字。

最后，Flask-Login 要求程序实现一个回调函数，功能是使用指定的标识符加载用户。下面实现了一个回调函数 load_Yonghu()，其功能是接收用 Unicode 字符串形式表示的用户标识符。如果能找到这个用户，则函数 load_Yonghu()返回用户对象的信息，否则返回 None。

```
from . import login_manager
@login_manager.Yonghu_loader
def load_Yonghu(Yonghu_id):
    return Yonghu.query.get(int(Yonghu_id))
```

另外，可以使用 Flask-Login 中的装饰器 login_required 设置只允许认证用户访问站点。

```
from flask.ext.login import login_required
@app.route('/secret')
@login_required
def secret():
    return '只允许通过认证的用户！'
```

此时如果未认证的用户访问这个路由，Flask-Login 会发出拦截请求，将用户转向到登录页面。

14.3.2　简易登录验证系统

下面的实例使用 Flask-Login 实现了一个简易用户登录验证系统。
源码路径：daima\14\14-3\web
1. 数据库连接池
为了提高项目的运行效率，将使用库 DBUtils 实现 Python 数据库连接池，在使用 DBUtils 之前先需要通过如下命令进行安装。

```
pip install DBUtils
```

创建 MySQL 数据库，结构如图 14-13 所示。

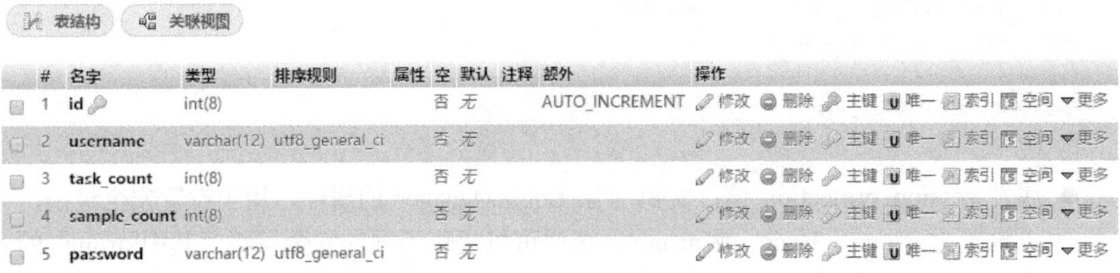

表结构 关联视图

#	名字	类型	排序规则	属性	空	默认	注释	额外	操作
1	id	int(8)			否	无		AUTO_INCREMENT	修改 删除 主键 唯一 索引 空间 更多
2	username	varchar(12)	utf8_general_ci		否	无			修改 删除 主键 唯一 索引 空间 更多
3	task_count	int(8)			否	无			修改 删除 主键 唯一 索引 空间 更多
4	sample_count	int(8)			否	无			修改 删除 主键 唯一 索引 空间 更多
5	password	varchar(12)	utf8_general_ci		否	无			修改 删除 主键 唯一 索引 空间 更多

图 14-13　创建的 MySQL 数据库

在文件 dal.py 中使用 DBUtils 创建连接池，具体实现代码如下所示。

```
import pymysql
from DBUtils.PooledDB import PooledDB

POOL = PooledDB(
    creator=pymysql,          # 使用连接数据库的模块
    maxconnections=6,         # 连接池允许的最大连接数，0 和 None 表示不限制连接数
    mincached=2,              # 初始化时，连接池中至少创建空闲的链接，0 表示不创建
    maxcached=5,              # 连接池中最多闲置的连接，0 和 None 不限制
    maxshared=3,
    # 连接池中最多共享的连接数量，0 和 None 表示全部共享
    #这个选项通常无用，因为 pymysql 和 MySQLdb 等模块的 threadsafety 都为 1

    #所有值无论设置为多少，_maxcached 永远为 0，所以永远是所有连接都共享。
    blocking=True,      # 连接池中如果没有可用连接后，是否阻塞等待。True，等待；False，不等待然后报错
    maxusage=None,      # 一个连接最多被重复使用的次数，None 表示无限制
    setsession=[],      # 开始会话前执行的命令列表。如：["set datestyle to ...", "set time zone ..."]
    ping=0,
    # ping MySQL 服务端，检查服务是否可用。
    # 例如：0 = None = never, 1 = default = whenever it is requested, 2 = when a cursor is
    created, 4 = when a query is executed, 7 = always
    host='127.0.0.1',
    port=3306,
    user='root',
    password='66688888',
    database='mytest',
    charset='utf8'
)
class SQLHelper(object):

    @staticmethod
    def fetch_one(sql,args):
        conn = POOL.connection()     #通过连接池连接数据库
        cursor = conn.cursor()       #创建游标
        cursor.execute(sql, args)    #执行 sql 语句
        result = cursor.fetchone()   #取得 sql 查询结果
```

```
    conn.close()   #关闭连接
    return result

@staticmethod
def fetch_all(self,sql,args):
    conn = POOL.connection()
    cursor = conn.cursor()
    cursor.execute(sql, args)
    result = cursor.fetchone()
    conn.close()
    return result
```

2. 实现 Model

在文件 User_model.py 中创建类 User_mod，功能是通过 SQL 语句查询结果实例化对象，并且还实现了 Flask_Login 中的 4 个方法，分别对应于 4 种验证方式级别。文件 User_model.py 的具体实现代码如下所示。

```
class User_mod():
    def __init__(self):
        self.id=None
        self.username=None
        self.task_count=None
        self.sample_count=None

    def todict(self):
        return self.__dict__

#下面这4个方法是flask_login需要的4个验证方式
    def is_authenticated(self):
        return True

    def is_active(self):
        return True

    def is_anonymous(self):
        return False

    def get_id(self):
        return self.id
```

3. 登录验证和路由导航

1）首先通过模板文件 login.html 实现一个登录表单，具体实现代码如下所示。

```
<!DOCTYPE html>
<html lang="en">
<head>
<meta charset="UTF-8">
<title>Title</title>
```

357

```html
</head>
<body>
<div class="login-content">
<form class="margin-bottom-0" action="{{ action }}" method="{{ method }}" id="{{ formid }}">
                {{ form.hidden_tag() }}
<div class="form-group m-b-20">
                    {{ form.username(class='form-control input-lg',placeholder = "用户名") }}
</div>
<div class="form-group m-b-20">
                    {{ form.password(class='form-control input-lg',placeholder = "密码") }}
</div>
<div class="checkbox m-b-20">
<label>
                    {{ form.remember_me() }} 记住我
</label>
</div>
<div class="login-buttons">
<button type="submit" class="btn btn-success btn-block btn-lg">登录</button>
</div>
</form>
</div>
</body>
</html>
```

2）通过文件 user_dal.py 实现登录验证功能，具体实现代码如下所示。

```python
#通过用户名及密码查询用户对象
@classmethod
def login_auth(cls,username,password):
    print('login_auth')
    result={'isAuth':False}
    model= User_model.User_mod()  #实例化一个对象，将查询结果逐一添加给对象的属性
    sql ="SELECT id,username,sample_count,task_count FROM User WHERE username ='%s' AND
password = '%s'" % (username,password)
    rows = user_dal.User_Dal.query(sql)
    print('查询结果>>>',rows)
    if rows:
        result['isAuth'] = True
        model.id = rows[0]
        model.username = rows[1]
        model.sample_count = rows[2]
        model.task_count = rows[3]
    return result,model


#回调函数执行的函数load_user_byid需要通过用户唯一的id找到用户对象
@classmethod
def load_user_byid(cls,id):
    print('load_user_byid')
    sql="SELECT id,username,sample_count,task_count FROM User WHERE id='%s'" %id
    model= User_model.User_mod()  #实例化一个对象，将查询结果逐一添加给对象的属性
```

358

```
        rows = user_dal.User_Dal.query(sql)
        if rows:
            result = {'isAuth': False}
            result['isAuth'] = True
            model.id = rows[0]
            model.username = rows[1]
            model.sample_count = rows[2]
            model.task_count = rows[3]
        return model


#具体执行 sql 语句的函数
@classmethod
def query(cls,sql,params = None):
    result =dal.SQLHelper.fetch_one(sql,params)
    return result
```

3）在文件 denglu.py 中通过 Flask 的 form 表单验证数据格式，并且分别实现登录成功和登录失败时的 URL 路径导航。文件 denglu.py 的具体实现代码如下所示。

```
app = Flask(__name__)

#项目中设置 flask_login
login_manager = LoginManager()
login_manager.init_app(app)
app.config['SECRET_KEY'] = '234rsdf34523rwsf'
#flask_wtf 表单
class LoginForm(FlaskForm):
    username = StringField('账户名: ', validators=[DataRequired(), Length(1, 30)])
    password = PasswordField('密码: ', validators=[DataRequired(), Length(1, 64)])
    remember_me = BooleanField('记住密码', validators=[Optional()])


@app.route('/login',methods=['GET','POST'])
def login():
    form = LoginForm()
    if form.validate_on_submit():
        username = form.username.data
        password = form.password.data
        result = user_dal.User_Dal.login_auth(username,password)
        model=result[1]
        if result[0]['isAuth']:
            login_user(model)
            print('登录成功')
            print(current_user.username) #登录成功之后可以用 current_user 来获取该用户的其他属性，这
些属性都是由 sql 语句查询获得并赋值给对象。
            return redirect('/t')
        else:
            print('登录失败')
            return  render_template('login.html',formid='loginForm',action='/login',method=
'post',form=form)
    return  render_template('login.html',formid='loginForm',action='/login',method='post',
```

```
form=form)
    '''登录函数，首先实例化 form 对象
    通过 form 对象验证 POST 接收到的数据格式是否正确
    然后通过 login_auth 函数，用 username 与 password 向数据库查询这个用户，并将状态码以及对象返回
    判断状态码，如果正确则将对象传入 login_user 中，跳转到正确页面'''


    @login_manager.user_loader
    def load_user(id):
        return user_dal.User_Dal.load_user_byid(id)
    '''
    load_user 是一个 flask_login 的回调函数，在登录之后，每当访问带@Login_required 装饰器的视图时就执行
load_user 函数一次，
    该函数返回一个用户对象，通过 id 来用 sql 语句查寻用户数据，然后实例化一个对象，并返回。
    '''

    #登录成功跳转的视图函数
    @app.route('/t')
    @login_required
    def hello_world():
        print('登录跳转')
        return 'Hello World!'

    #编写的另一个视图函数
    @app.route('/b')
    @login_required
    def hello():
        print('视图函数b')
        return 'Hello b!'

    if __name__ == '__main__':
        app.run()
```

在登录验证功能中，首先通过 Flask 的 form 表单验证数据格式，然后根据输入的用户名、密码从数据库中获取用户对象，将 SQL 执行结果赋值给一个实例化的对象，并将这个对象传给 login_user，如果登录信息正确则跳转到指定 URL 导航页面。在此需要注意，必须编写一个 load_user 回调函数，返回的是通过 id 取到的数据库中合法的用户对象。这个回调函数每次访问带有@login_required 装饰器的视图函数时都会被执行。另外，current_user 相当于实例化的用户对象，可以获取用户的其他属性，但是其他属性仅限于 SQL 语句查到的字段并添加给实例化对象的属性。

运行程序，在浏览器中输入 http://127.0.0.1:5000/login，显示登录表单界面，如图 14-4 所示。输入在数据库中保存的合法数据后可以成功登录。

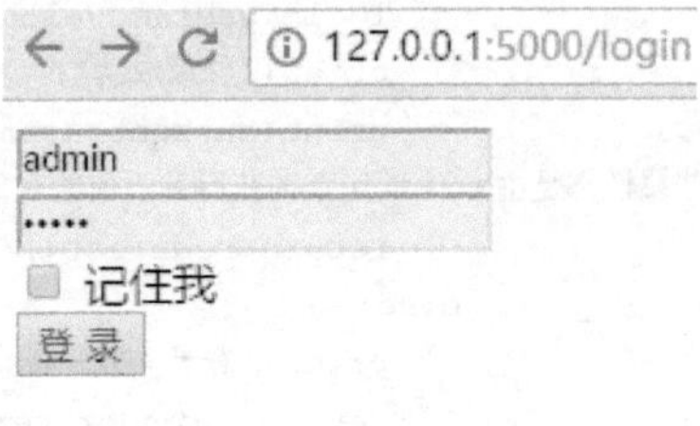

图 14-4　登录表单界面

14.4　用户注册、登录验证系统

本节将通过一个具体实例的实现过程，详细讲解使用 Flask 框架开发一个完整的用户注册和登录验证系统的过程。本实例的实现文件保存在 daima\14\14-4\目录中。

14.4.1　使用 WTForms 处理表单

编写文件 forms.py，功能是使用 Flask 扩展 WTForms 来处理表单，其中类 LoginForm 用于获取登录表单中的数据并进行验证，类 RegisterForm 用于获取注册表单中的数据并进行验证。文件 forms.py 的主要实现代码如下所示。

```
class LoginForm(Form):
    email = StringField("邮箱", validators=[validators.Length(min=7, max=50), validators.
DataRequired(message="数据非法！")])
    password = PasswordField("密码", validators=[validators.DataRequired(message="数据非法！")])


# Kullanıcı kayıt formu


class RegisterForm(Form):
    name = StringField("账号", validators=[validators.Length(min=3, max=25), validators.
DataRequired(message="数据非法！")])
    username = StringField("名字", validators=[validators.Length(min=3, max=25), validators.
DataRequired(message="数据非法！")])
    email = StringField("邮箱", validators=[validators.Email(message="数据非法！")])
    password = PasswordField("密码", validators=[
        validators.DataRequired(message="数据非法！"),
        validators.EqualTo(fieldname="confirm", message="数据非法！")
    ])
    confirm = PasswordField("确认密码", validators=[validators.DataRequired(message="数据非
法！")])
```

14.4.2　路径导航和视图处理

编写文件 app.py，具体实现流程如下所述。

1）分别设置要连接的数据库文件和 SECRET_KEY，对应的实现代码如下所示。

```
app = Flask(__name__)
app.config['SECRET_KEY'] = 'linuxdegilgnulinux'
app.config['SQLALCHEMY_DATABASE_URI'] = 'sqlite:////data.db'
db = SQLAlchemy(app)
```

2）定义类 User 用于创建数据库表 User，分别设置数据库表的各个字段，对应的实现代

码如下所示。

```
class User(db.Model):
    id = db.Column(db.Integer, primary_key=True)
    name= db.Column(db.String(15), unique=True)
    username = db.Column(db.String(15), unique=True)
    email = db.Column(db.String(50), unique=True)
    password = db.Column(db.String(25), unique=True)
```

3）实现路径导航功能，分别指向主页、注册页面和登录验证页面，对应的实现代码如下所示。

```
@app.route('/')
def home():
    return render_template('index.html')

@app.route('/login/', methods = ['GET', 'POST'])
def login():
    form = LoginForm(request.form)
    if request.method == 'POST' and form.validate:
        user = User.query.filter_by(email = form.email.data).first()
        if user:
            if check_password_hash(user.password, form.password.data):
                flash("Başarıyla Giriş Yaptınız", "success")

                session['logged_in'] = True
                session['email'] = user.email

                return redirect(url_for('home'))
            else:
                flash("Kullanıcı Adı veya Parola Yanlış", "danger")
                return redirect(url_for('login'))

    return render_template('login.html', form = form)


@app.route('/register/', methods = ['GET', 'POST'])
def register():
    form = RegisterForm(request.form)
    if request.method == 'POST' and form.validate():
        hashed_password = generate_password_hash(form.password.data, method='sha256')
        new_user = User(name = form.name.data, username = form.username.data, email =
form.email.data, password = hashed_password)
        db.session.add(new_user)
        db.session.commit()
        flash('Başarılı bir şekilde kayıt oldunuz', 'success')
        return redirect(url_for('login'))
    else:
        return render_template('register.html', form = form)
```

14.4.3 模板文件

1）编写文件 index.html 实现主页界面，主要实现代码如下所示。

```
{% extends "base.html" %}
{% block body %}
<h4>
<a href="/register">注册</a>
</h4>
<h4>
<a href="/login">登录</a>
</h4>
<h5>
你好：{{ session['email'] }}
</h5>
{% endblock body %}
```

2）编写文件 login.html 实现登录表单界面，具体实现代码如下所示。

```
{% extends "base.html" %}
{% block body %}
{% from "includes/formhelpers.html" import render_field %}
<h4>
<strong>
登录系统
</strong>
</h4>
<hr>
<form method="POST">

    {{ render_field(form.email, class="form-control") }}
    {{ render_field(form.password, class="form-control") }}

<button type="submit" class="btn btn-primary">提交</button>
</form>
{% endblock body %}
```

3）编写文件 register.html 实现注册表单界面，具体实现代码如下所示。

```
{% extends "base.html" %}
{% block body %}
{% from "includes/formhelpers.html" import render_field %}

<h4>
<strong>
注册
</strong>
</h4>
<hr>
<form method="POST">
```

```
    {{ render_field(form.name, class="form-control") }}
    {{ render_field(form.username, class="form-control") }}
    {{ render_field(form.email, class="form-control") }}
    {{ render_field(form.password, class="form-control") }}
    {{ render_field(form.confirm, class="form-control") }}

<button type="submit" class="btn btn-primary">提交</button>
</form>
{% endblock body %}
```

在浏览器中输入 http://127.0.0.1:5000/register/，显示注册表单界面，输入 http://127.0.0.1: 5000/login/，显示登录表单界面，执行效果如图 14-15 所示。

图 14-15 执行效果

第 15 章
在线博客+商城系统

信息时代，网络已经成为人们工作和学习的一部分，不断充实和改变着人们的生活。在网络中，构建一个个性化的日志系统，可以充分地表达自己的思想，通过发布文章可以展示个人才能，抒发个人情感；网友则可以根据主题发表个人的意见，表达自己的想法，与博主进行思想交流。本章将详细讲解使用 Flask 开发个人博客系统的知识，对本书前面所学的 Flask 知识进行回顾。

15.1 新的项目

本章项目的客户是一家民营图书销售公司，为了扩大销售渠道，想开通网上商城，利用在线博客和电子商城来销售他们的图书。客户提出了如下 3 点基本要求。

- 每个商品可以留言。
- 实现在线购物车处理和订单处理。
- 实现对产品、购物车和订单的管理功能。

本项目开发团队的具体职能说明如下所述。

- 项目经理：负责前期功能分析、选择第三方模块、策划构建系统模块、检查项目进度、质量检查。
- 软件工程师 PrA：配置系统文件、搭建数据库实现数据访问层。
- 软件工程师 PrB：负责购物车处理模块、订单处理模块、商品评论模块、商品搜索模块的编码工作。
- 软件工程师 PrC：样式设计、系统测试、后期调试，并负责商品显示模块、商品分类模块、商品管理模块的编码工作。

整个项目的具体开发流程如图 15-1 所示。

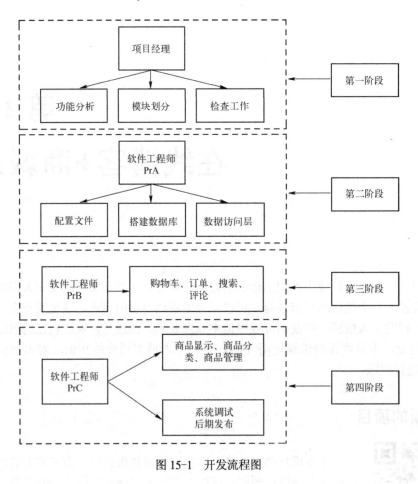

图 15-1　开发流程图

15.2　项目规划分析

　　在具体编码工作开始之前，需要进行项目规划分析，为后期的编码工作打好基础。

15.2.1　电子商务的简要介绍

　　电子商务的范围很大，概括起来主要有两类，一类是 B2B，另一类是 B2C。B2B 的全称是 Business to Business，主要是为企业与企业，或是大型的商业买卖而提供的交易平台，公司企业可以通过这个平台来进行采购、销售、结算等，可降低成本，提高效率。

但这种平台对性能、安全和服务要求比较高。B2C 的全称是 Business to Customer，它直接面向终端的大众消费者，其经营有两种形式：一种是类似大型超市，里面提供大量的货物商品，消费者可以浏览挑选商品，直接在线结账，如当当网上书店、亚马逊网上商城等，都是采用这种形式；另一种是类似城市里面的大商场，如华联等，在这个商城里面有许多柜台或专柜，消费者可以根据自己的需求直接到相应柜台购买商品，然后去商城服务台结账，在电子商城中是按类别或经营范围来划分的，如天猫商城，就是这种形式。不管是 B2B 还是 B2C，其基本模式是相同的，即浏览商品，然后下订单，双方确认后付款交货，完成交易。

电子商城类的网站由于经常涉及输入商品信息，所以有必要开发一套内容管理系统（Content Manager System，CMS）。CMS 系统由后台人工输入信息，然后系统自动将信息整理保存进数据库，用户在前台浏览到的均为系统自动产生的网页，所有的过程都无须手工制作 HTML 网页而是自动进行信息发布及管理。CMS 系统又可分为两大类：第一类是将内容生成静态网页，如一些新闻站点；第二类是从数据库实时读取。本实例属于第一类。

15.2.2　在线博客+商城系统构成模块

（1）博客系统模块

为了提高系统的用户体验，可以在系统中发布和产品相关的日志信息，如商品评测、新品发布和商品试用体验等信息。

（2）会员处理模块

为了方便用户购买图书，提高系统人气，设立了会员功能。用户成为系统会员后，可以对自己的资料进行管理，并且可以集中管理自己的订单。

（3）购物车处理模块

作为网上商城系统必不可少的环节，为满足用户的购物需求，设立了购物车功能。用户可以把需要的商品放到购物车保存，提交在线订单后即可完成在线商品的购买。

（4）商品查寻模块

为了方便用户购买，系统设立了商品快速查寻模块，用户可以根据商品的信息快速找到自己需要的商品。

（5）订单处理模块

为方便商家处理用户的购买信息，系统设立了订单处理功能。通过该功能可以及时处理用户的购物车信息，使用户尽快地买到自己的商品。

（6）商品分类模块

为了便于用户浏览系统商品，将系统的商品划分为不同的类别，以便用户迅速找到自己需要的商品类别。

（7）商品管理模块

为方便对系统的升级和维护，建立专用的商品管理模块实现商品的添加、删除和修改功能，以满足系统更新的需求。

上述应用模块的具体运行流程如图 15-2 所示。

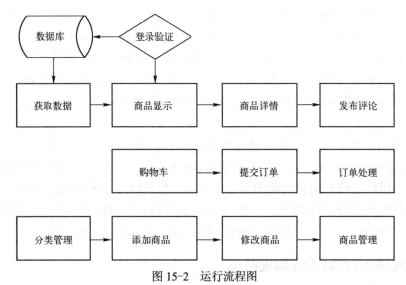

图 15-2　运行流程图

15.3　规划项目文件

在开发一个大型应用程序时，规划项目文件是一个非常重要的前期准备工作，是关系到整个项目的实现流程是否能顺利完成的关键。本节将根据严格的市场需求分析，规划出本项目的项目文件结构。

为整个项目规划具体实现文件，各构成模块文件的具体说明分别如下所述。

- 系统配置文件：功能是对项目程序进行总体配置。
- 路径导航模块：功能是设置 URL 路径的导航链接。
- 商品显示模块：功能是将系统内的商品逐一显示出来。
- 购物车处理模块：功能是将满意的系统商品放在购物车内。
- 订单处理模块：功能是实现对系统内购物订单的处理。
- 商品评论模块：功能是供用户对系统内的某商品发布评论。
- 商品搜索模块：功能是使用户迅速地搜索出自己需要的商品。
- 商品分类模块：功能是将系统内的商品类别以指定样式显示出来。
- 系统管理模块：功能是对系统内的数据进行管理维护。

注意：在此声明规划阶段的重要性，开发一个全新的项目，开发者需要先分析了解网络中的一些在线购物系统，了解其基本功能。任何购物系统都需要几个核心功能：商品展示、购物车处理、订单处理。只要设计好上述必需的核心功能，再在此基础上进行扩充即可。

15.4 使用第三方库 Mezzanine 和 Cartridge

为了提高开发效率，本项目将使用第三方库 Mezzanine 和 Cartridge。本节将简要介绍库 Mezzanine 和 Cartridge 的基本用法。

15.4.1 使用库 Mezzanine

Mezzanine 是一款著名的开源、基于 Django 的 CMS 框架。其实可以将任何一个网站看作是一个特定的内容管理系统，只不过每个网站发布和管理的具体内容不一样。例如，携程发布的是航班、酒店和用户的订单信息，而淘宝发布的是商品和用户的订单信息。下面将详细讲解框架 Mezzanine 的使用知识。

在安装 Mezzanine 之前需要先确保已经安装了 Django，然后使用如下命令安装 Mezzanine。

```
pip install mezzanine
```

接下来便可以使用 Mezzanine 快速创建一个 CMS 内容管理系统，具体实现流程如下所述。

1）使用如下命令创建一个 Mezzanine 工程，项目名是 testing。

```
mezzanine-project testing
```

2）使用如下 CD 命令进入项目目录。

```
cd testing
```

3）使用如下命令创建一个数据库。

```
python manage.py createdb
```

在这个过程需要填写如下所述的基本信息。
- 域名和端口：默认为 http://127.0.0.1:8000/。
- 默认的超级管理员用户的账号和密码。
- 默认主页

4）使用如下命令启动这个项目。

```
python manage.py runserver
```

当显示如下所示的信息时，说明成功运行新建的 Mezzanine 项目 testing。

```
          .....
       _d^^^^^^^^^b_
    .d''          ``b.
  .p'                `q.
 .d'                  `b.
 .d'                   `b.    * Mezzanine 4.2.3
 ::                    ::   * Django 1.10.8
 ::   M E Z Z A N I N E  ::  * Python 3.6.0
 ::                    ::   * SQLite 3.2.2
  `p.                .q'   * Windows 10
   `p.              .q'
    `b.            .d'
     `q..        ..p'
       ^q........p^
          ''''

Performing system checks...

System check identified no issues (0 silenced).
April 17, 2019 - 14:07:33
Django version 1.10.8, using settings 'testing.settings'
Starting development server at http://127.0.0.1:8000/
```

在浏览器中输入 http://127.0.0.1:8000/，跳转到系统主页，如图 15-3 所示。

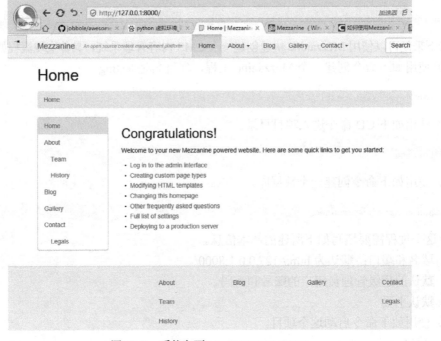

图 15-3　系统主页 http://127.0.0.1:8000/

5）后台管理首页是：http://127.0.0.1:8000/admin，如图 15-4 所示。在登录后台管理页面时，使用在创建数据库时设置的管理员账号登录。

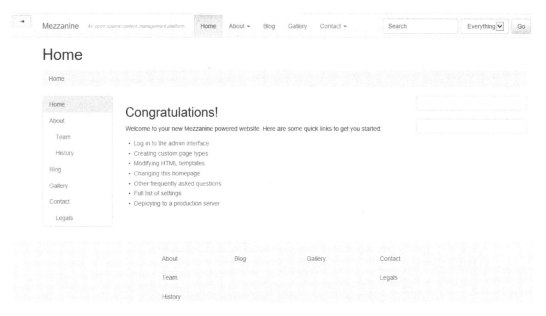

图 15-4　后台管理首页 http://127.0.0.1:8000/admin

后台管理系统的主要功能如下所述。

● 进入 Content→Pages：配置导航、页脚信息。

● 进入 Content→Blog posts：添加分类、发布文章。

● 进入 Site→Settings：配置网站 Site Title、Tagline。

6）系统主页默认显示 Home 页面，如果想让 Blog 的列表页面作为主页，只需将文件 url.py 中的代码行 un-comment 修改为如下内容即可。

```
url("^$", "mezzanine.blog.views.blog_post_list", name="home")
```

也就是将文件 url.py 中的如下代码注释掉。

```
#url("^$", direct_to_template, {"template": "index.html"}, name="home")
```

然后将文件 url.py 中的如下代码取消注释。

```
url("^$", "mezzanine.blog.views.blog_post_list", name="home")
```

7）如果想删除导航栏中的 Search 输入框可选项，需要添加如下所示的配置项。

```
SEARCH_MODEL_CHOICES = []
```

如果想删除左侧边栏目和页脚：则需要添加如下所示的配置项：

```
PAGE_MENU_TEMPLATES = ( (1, "Top navigation bar", "pages/menus/dropdown.html"), )
```

8）Mezzanine 默认支持 4 种数据库，分别是 postgresql_psycopg2、MySQL、SQLite3 和 Oracle，默认情况下使用 SQLite3。可以在文件 local_settings.py 中的如下代码段中进行修改设置。

```
DATABASES = {
    "default": {
        # Ends with "postgresql_psycopg2", "mysql", "sqlite3" or "oracle".
        "ENGINE": "django.db.backends.sqlite3",
        # DB name or path to database file if using sqlite3.
        "NAME": "dev.db",
        # Not used with sqlite3.
        "USER": "",
        # Not used with sqlite3.
        "PASSWORD": "",
        # Set to empty string for localhost. Not used with sqlite3.
        "HOST": "",
        # Set to empty string for default. Not used with sqlite3.
        "PORT": "",
    }
}
```

15.4.2 使用库 Cartridge

库 Cartridge 是一个基于 Mezzanine 构建的购物车应用框架，通过它可以快速实现电子商务应用中的购物车程序。在安装 Cartridge 之前需要先确保已经安装 Mezzanine，然后使用如下命令安装 Cartridge。

```
pip install Cartridge
```

接下来便可以使用 Cartridge 快速创建一个购物车应用程序系统，具体实现流程如下所述。

1）使用如下命令创建一个 Cartridge 工程，项目名称是 car。

```
mezzanine-project -a cartridge car
```

2）使用如下 CD 命令进入项目目录。

```
cd car
```

3）使用如下命令创建一个数据库，默认数据库类型是 SQLite。

```
python manage.py createdb --noinput
```

在这个过程需要注意系统默认的管理员账号信息，其中默认用户名为 admin，默认密码为 default。

4）使用如下命令启动这个项目。

```
python manage.py runserver
```

当显示如下所示的信息时，说明成功运行新建的 Cartridge 项目 car。

```
            .....
       _d^^^^^^^^^b_
    .d''          ``b.
  .p'                `q.
 .d'                  `b.
.d'                    `b.   * Mezzanine 4.2.3
::                    ::  * Django 1.10.8
 ::   M E Z Z A N I N E   ::  * Python 3.6.0
::                    ::  * SQLite 3.2.2
`p.                  .q'  * Windows 10
 `p.                .q'
  `b.              .d'
   `q..          ..p'
     ^q........p^
        ''''

Performing system checks...

System check identified no issues (0 silenced).
April 17, 2019 - 21:05:02
Django version 1.10.8, using settings 'car.settings'
Starting development server at http://127.0.0.1:8000/
Quit the server with CTRL-BREAK.
```

在浏览器中输入 http://127.0.0.1:8000/，跳转到系统主页，如图 15-5 所示。

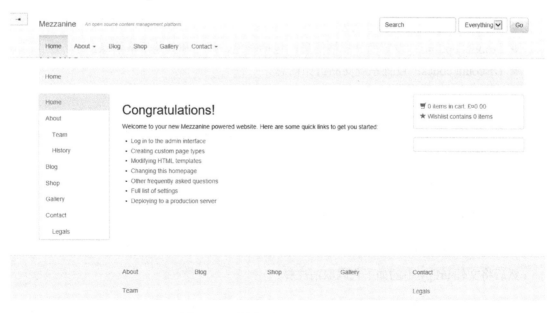

图 15-5　系统主页 http://127.0.0.1:8000/

5）后台管理首页是 http://127.0.0.1:8000/admin，如图 15-6 所示。在登录后台管理页面时，使用在创建数据库时提供的默认账号信息登录。

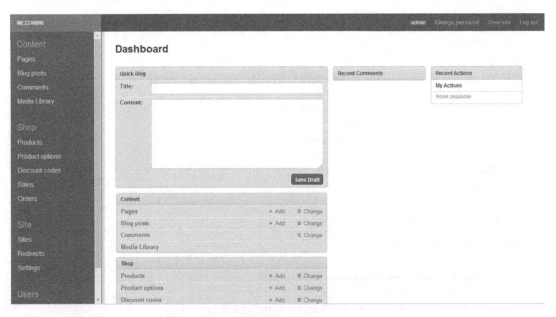

图 15-6　后台管理首页 http://127.0.0.1:8000/admin

跟传统的 Django 和 Mezzanine 项目相比，Cartridge 提供了和电子商务功能密切相关的模块，具体说明如下所述。

- Products：实现商品管理功能。
- Product options：设置商品规格信息，包括颜色、尺寸和其他规格信息。
- Discount codes：设置系统商品折扣信息。
- Sales：设置销售信息。
- Orders：实现订单管理功能。

6）系统主页默认显示 Home 页面，如果想让 Blog 的列表页面作为主页，只需将文件 url.py 中的代码行 un-comment 修改为如下内容即可。

```
url("^$", "mezzanine.blog.views.blog_post_list", name="home")
```

也就是将文件 url.py 中的如下代码注释掉。

```
#url("^$", direct_to_template, {"template": "index.html"}, name="home")
```

然后将文件 url.py 中的如下代码取消注释。

```
url("^$", "mezzanine.blog.views.blog_post_list", name="home")
```

7）如果想删除导航栏中的 Search 输入框可选项，需要添加如下所示的配置项。

```
SEARCH_MODEL_CHOICES = []
```

如果想删除左侧边栏目和页脚：则需要添加如下所示的配置项。

```
PAGE_MENU_TEMPLATES = ( (1, "Top navigation bar", "pages/menus/dropdown.html"), )
```

8）Mezzanine 默认支持 4 种数据库，分别是 postgresql_psycopg2、MySQL、SQLte3 和 Oracle，默认情况下使用 SQLite3。可以在文件 local_settings.py 中的如下代码段中进行修改设置。

```
DATABASES = {
    "default": {
        # Ends with "postgresql_psycopg2", "mysql", "sqlite3" or "oracle".
        "ENGINE": "django.db.backends.sqlite3",
        # DB name or path to database file if using sqlite3.
        "NAME": "dev.db",
        # Not used with sqlite3.
        "USER": "",
        # Not used with sqlite3.
        "PASSWORD": "",
        # Set to empty string for localhost. Not used with sqlite3.
        "HOST": "",
        # Set to empty string for default. Not used with sqlite3.
        "PORT": "",
    }
}
```

15.5　实现基本功能

接下来将详细介绍使用第三方库 Mezzanine 和 Cartridge 实现本系统基本功能的过程，主要包括实现项目配置、后台模块、在线博客模块和商品展示模块等功能。

15.5.1　项目配置

1）使用如下命令创建一个 Mezzanine 工程，项目名是 bookshop。

```
mezzanine-projectbookshop
```

2）在配置文件 settings.py 的 INSTALLED_APPS 中安装库 Mezzanine 和库 Cartridge 的模块。

```
INSTALLED_APPS = (
    "django.contrib.admin",
    "django.contrib.auth",
    "django.contrib.contenttypes",
    "django.contrib.redirects",
    "django.contrib.sessions",
    "django.contrib.sites",
    "django.contrib.sitemaps",
    "django.contrib.staticfiles",
    "mezzanine.boot",
    "mezzanine.conf",
    "mezzanine.core",
    "mezzanine.generic",
    "mezzanine.pages",
    "cartridge.shop",
    "mezzanine.blog",
    "mezzanine.forms",
    "mezzanine.galleries",
    "mezzanine.twitter",
    # "mezzanine.accounts",
    # "mezzanine.mobile",
)
```

3）文件 urls.py 实现 URL 链接页面的路径导航功能，主要实现代码如下所示。

```
urlpatterns += [

    # Cartridge URLs.
    url("^shop/", include("cartridge.shop.urls")),
    url("^account/orders/$", order_history, name="shop_order_history"),
    url("^$", direct_to_template, {"template": "index.html"}, name="home"),
    url("^", include("mezzanine.urls")),
]
```

15.5.2 后台模块

1）通过如下所示的命令更新系统数据库。

```
python manage.py migrate
```

2）通过如下所示的命令新建一个管理员账户。

```
python manage.py createsuperuser
```

在浏览器中输入 http://127.0.0.1:8000/admin/，跳转到后台登录页面，输入上面创建的用户名和密码登录后台，后台管理主页效果如图 15-7 所示。

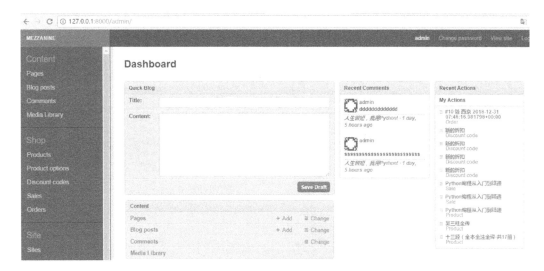

图 15-7　后台管理主页面

因为使用了第三方库 Cartridge，所以在后台会显示商城模块的功能，如添加商品页面的效果如图 15-8 所示。

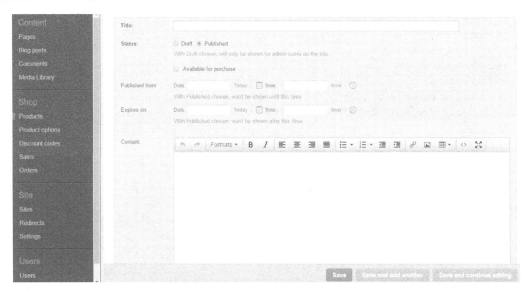

图 15-8　添加商品页面

15.5.3　博客模块

1）模板文件 blog_post_list.html 的功能是列表显示系统内的博客信息，主要实现代码如下所示。

```
{% block title %}
```

```
{% if page %}
{% editable page.title %}{{ page.title }}{% endeditable %}
{% else %}
{% trans "Blog 日志" %}
{% endif %}
{% endblock %}

{% block breadcrumb_menu %}
{{ block.super }}
{% if tag or category or year or month or author %}
<li>{% spaceless %}
{% if tag %}
   {% trans "Tag:" %} {{ tag }}
{% else %}{% if category %}
   {% trans "Category:" %} {{ category }}
{% else %}{% if year or month %}
   {% if month %}{{ month }}, {% endif %}{{ year }}
{% else %}{% if author %}
   {% trans "Author:" %} {{ author.get_full_name|default:author.username }}
{% endif %}{% endif %}{% endif %}{% endif %}
{% endspaceless %}
</li>
{% endif %}
{% endblock %}

{% block main %}

{% if tag or category or year or month or author %}
   {% block blog_post_list_filterinfo %}
<p>
   {% if tag %}
      {% trans "Viewing posts tagged" %} {{ tag }}
   {% else %}{% if category %}
      {% trans "Viewing posts for the category" %} {{ category }}
   {% else %}{% if year or month %}
      {% trans "Viewing posts from" %} {% if month %}{{ month }}, {% endif %}
      {{ year }}
   {% else %}{% if author %}
      {% trans "Viewing posts by" %}
      {{ author.get_full_name|default:author.username }}
   {% endif %}{% endif %}{% endif %}{% endif %}
   {% endblock %}
</p>
{% else %}
   {% if page %}
   {% block blog_post_list_pagecontent %}
   {% if page.get_content_model.content %}
      {% editable page.get_content_model.content %}
      {{ page.get_content_model.content|richtext_filters|safe }}
      {% endeditable %}
```

378

```
        {% endif %}
        {% endblock %}
        {% endif %}
    {% endif %}


    {% for blog_post in blog_posts.object_list %}
    {% block blog_post_list_post_title %}
    {% editable blog_post.title %}
    <h2>
    <a href="{{ blog_post.get_absolute_url }}">{{ blog_post.title }}</a>
    </h2>
    {% endeditable %}
    {% endblock %}
    {% block blog_post_list_post_metainfo %}
    {% editable blog_post.publish_date %}
    <h6 class="post-meta">
        {% trans "发布者" %}:
        {% with blog_post.user as author %}
    <a href="{% url "blog_post_list_author" author %}">{{ author.get_full_name|default:author.
username }}</a>
        {% endwith %}
        {% with blog_post.categories.all as categories %}
        {% if categories %}
        {% trans "所属类别: " %}
        {% for category in categories %}
    <a href="{% url "blog_post_list_category" category.slug %}">{{ category }}</a>{% if not
forloop.last %}, {% endif %}
        {% endfor %}
        {% endif %}
        {% endwith %}
        {% blocktrans with sometime=blog_post.publish_date|timesince %}{{ sometime }} ago{%
endblocktrans %}
    </h6>
    {% endeditable %}
    {% endblock %}


    {% if settings.BLOG_USE_FEATURED_IMAGE and blog_post.featured_image %}
    {% block blog_post_list_post_featured_image %}
    <a href="{{ blog_post.get_absolute_url }}">
    <img  class="img-thumbnail  pull-left"  src="{{  MEDIA_URL  }}{%  thumbnail  blog_post.
featured_image 90 90 %}">
    </a>
    {% endblock %}
    {% endif %}


    {% block blog_post_list_post_content %}
    {% editable blog_post.content %}
    {{ blog_post.description_from_content|safe }}
    {% endeditable %}
    {% endblock %}
```

```
{% block blog_post_list_post_links %}
<div class="blog-list-detail">
    {% keywords_forblog_post as tags %}
    {% if tags %}
<ul class="list-inline tags">
    {% trans "Tags" %}:
    {% spaceless %}
    {% for tag in tags %}
<li><a href="{% url "blog_post_list_tag" tag.slug %}" class="tag">{{ tag }}</a>{% if not
forloop.last %}, {% endif %}</li>
    {% endfor %}
    {% endspaceless %}
</ul>
    {% endif %}
<p>
<a href="{{ blog_post.get_absolute_url }}">{% trans "详情" %}</a>
    {% if blog_post.allow_comments %}
    /
    {% if settings.COMMENTS_DISQUS_SHORTNAME %}
```

在浏览器中输入 http://127.0.0.1:8000/blog/，会显示系统内的博客信息，如图 15-9 所示。

图 15-9　博客列表

2）模板文件 blog_post_detail.html 的功能是显示某一条博客的详细信息，主要实现代码如下所示。

```
{% block breadcrumb_menu %}
{{ block.super }}
```

```
    <li class="active">{{ blog_post.title }}</li>
    {% endblock %}


    {% block main %}


    {% block blog_post_detail_postedby %}
    {% editable blog_post.publish_date %}
    <h6 class="post-meta">
        {% trans "发布者" %}:
        {% with blog_post.user as author %}
    <a href="{% url "blog_post_list_author" author %}">{{ author.get_full_name|default:
author.username }}</a>
        {% endwith %}
        {% blocktrans with sometime=blog_post.publish_date|timesince %}{{ sometime }}之前发布{%
endblocktrans %}
    </h6>
    {% endeditable %}
    {% endblock %}
    {% block blog_post_detail_commentlink %}
    <p>
        {% if blog_post.allow_comments %}
            {% if settings.COMMENTS_DISQUS_SHORTNAME %}
                (<a href="{{ blog_post.get_absolute_url }}#disqus_thread"
    data-disqus-identifier="{% disqus_id forblog_post %}">{% spaceless %}
                    {% trans "评论" %}
                {% endspaceless %}</a>)
            {% else %}(<a href="#comments">{% spaceless %}
                {% blocktrans count comments_count=blog_post.comments_count %}{{ comments_
count }} comment{% plural %}{{ comments_count }} comments{% endblocktrans %}
                {% endspaceless %}</a>)
            {% endif %}
        {% endif %}
    </p>
    {% endblock %}


    {% block blog_post_detail_featured_image %}
    {% if settings.BLOG_USE_FEATURED_IMAGE and blog_post.featured_image %}
    <p><img class="img-responsive" src="{{ MEDIA_URL }}{% thumbnail blog_post.featured_image
600 0 %}"></p>
    {% endif %}
    {% endblock %}


    {% if settings.COMMENTS_DISQUS_SHORTNAME %}
    {% include "generic/includes/disqus_counts.html" %}
    {% endif %}


    {% block blog_post_detail_content %}
    {% editable blog_post.content %}
    {{ blog_post.content|richtext_filters|safe }}
    {% endeditable %}
```

```
{% endblock %}

{% block blog_post_detail_keywords %}
{% keywords_forblog_post as tags %}
{% if tags %}
{% spaceless %}
<ul class="list-inline tags">
<li>{% trans "Tags" %}:</li>
    {% for tag in tags %}
<li><a href="{% url "blog_post_list_tag" tag.slug %}">{{ tag }}</a>{% if not forloop.
last %}, {% endif %}</li>
    {% endfor %}
</ul>
{% endspaceless %}
{% endif %}
{% endblock %}

{% block blog_post_detail_rating %}
<div class="panel panel-default rating">
<div class="panel-body">
    {% rating_forblog_post %}
</div>
</div>
{% endblock %}

{% block blog_post_detail_sharebuttons %}
{% set_short_url_forblog_post %}
<a class="btnbtn-sm share-twitter" target="_blank" href="https://twitter.com/intent/tweet?
url={{ blog_post.short_url|urlencode }}&amp;text={{ blog_post.title|urlencode }}">{% trans
"Share on Twitter" %}</a>
    <a class="btnbtn-sm share-facebook" target="_blank" href="https://www.facebook.com/sharer/
sharer. php?u={{ request.build_absolute_uri }}">{% trans "Share on Facebook" %}</a>
    {% endblock %}

{% block blog_post_previous_next %}
<ul class="pager">
{% with blog_post.get_previous_by_publish_date as previous %}
{% if previous %}
<li class="previous">
<a href="{{ previous.get_absolute_url }}">&larr; {{ previous }}</a>
</li>
{% endif %}
{% endwith %}
{% with blog_post.get_next_by_publish_date as next %}
{% if next %}
<li class="next">
<a href="{{ next.get_absolute_url }}">{{ next }} &rarr;</a>
</li>
{% endif %}
{% endwith %}
```

```
</ul>
{% endblock %}

{% block blog_post_detail_related_posts %}
{% if related_posts %}
<div id="related-posts">
<h3>{% trans 'Related posts' %}</h3>
<ul class="list-unstyled">
{% for post in related_posts %}
<li><a href="{{ post.get_absolute_url }}">{{ post.title }}</a></li>
{% endfor %}
</ul>
</div>
{% endif %}
```

为了节省服务器的开支，本系统使用静态技术生成每一个博客详情页面，例如，某篇博客的标题是"本站郑重承诺，所有商品，假一赔十"，则在浏览器中输入"http://127.0.0.1:8000/blog/本站郑重承诺所有商品假一赔十/"，会显示这篇博客的详情页面，如图 15-10 所示。

图 15-10　博客详情页面

15.5.4　商品展示模块

在后台添加一个商品后，在前台可以显示这个商品的详细信息。在模本目录 shop 中保存了商品展示模块的实现文件，具体说明如下所述。

1）模板文件 product.html 的功能是展示某个商品的详细信息，包括名称、图片、售价、评分和购买数量，主要实现代码如下所示。

```
{% block breadcrumb_menu %}
{{ block.super }}
<li>{{ product.title }}</li>
{% endblock %}

{% block title %}
{% editable product.title %}{{ product.title }}{% endeditable %}
{% endblock %}

{% block main %}

{% if images %}
{% spaceless %}
<ul id="product-images-large" class="list-unstyled list-inline">
    {% for image in images %}
<li id="image-{{ image.id }}-large"{% if not forloop.first %}style="display:none;"{%
endif %}>
    <a class="product-image-large" href="{{ MEDIA_URL }}{{ image.file }}">
    <img alt="{{ image.description }}" src="{{ MEDIA_URL }}{% thumbnail image.file 0 300 %}"
class="img-thumbnail img-responsive col-xs-12">
    </a>
    </li>
        {% endfor %}
    </ul>

{% if images|length != 1 %}
<ul id="product-images-thumb" class="list-unstyled list-inline">
    {% for image in images %}
<li>
<a class="thumbnail" id="image-{{ image.id }}" href="{{ MEDIA_URL }}{{ image.file }}">
<img alt="{{ image.description }}" src="{{ MEDIA_URL }}{% thumbnail image.file 75 75 %}">
</a>
</li>
    {% endfor %}
</ul>
{% endif %}

{% endspaceless %}
{% endif %}

{% editable product.content %}
{{ product.content|richtext_filters|safe }}
{% endeditable %}

{% if product.available and has_available_variations %}
<ul id="variations" class="list-unstyled">
    {% for variation in variations %}
<li id="variation-{{ variation.sku }}"
    {% if not variation.default %}style="display:none;"{% endif %}>
    {% if variation.has_price %}
```

```
            {% if variation.on_sale %}
<span class="old-price">{{ variation.unit_price|currency }}</span>
                {% trans "售价:" %}
            {% endif %}
<span class="price">{{ variation.price|currency }}</span>
        {% else %}
            {% if has_available_variations %}
<span class="error-msg">
            {% trans "所选的选项当前不可用" %}
</span>
            {% endif %}
        {% endif %}
</li>
    {% endfor %}
</ul>

{% errors_foradd_product_form %}

<form method="post" id="add-cart" class="shop-form">
    {% fields_foradd_product_form %}
<div class="form-actions">
<input type="submit" class="btnbtn-primary btn-lg pull-right" name="add_cart" value="{%
trans "直接购买" %}">
        {% if settings.SHOP_USE_WISHLIST %}
<input    type="submit"    class="btnbtn-default    btn-lg    pull-left"    name="add_wishlist"
value="{% trans "先保存再购买" %}">
        {% endif %}
</div>
</form>
{% else %}
<p class="error-msg">{% trans "当前产品不可购买" %}</p>
{% endif %}

{% if settings.SHOP_USE_RATINGS %}
<div class="panel panel-default rating">
<div class="panel-body">{% rating_for product %}</div>
</div>
{% endif %}

{% if settings.SHOP_USE_RELATED_PRODUCTS and related_products %}
<h2>{% trans "相关产品" %}</h2>
<div class="row related-products">
    {% for product in related_products %}
<div class="col-xs-6 col-sm-4 col-md-3 product-thumb">
<a class="thumbnail" href="{{ product.get_absolute_url }}">
        {% if product.image %}
<imgsrc="{{ MEDIA_URL }}{% thumbnail product.image 90 90 %}">
        {% endif %}
<div class="caption">
<h6>{{ product }}</h6>
```

```
<div class="price-info">
        {% if product.has_price %}
            {% if product.on_sale %}
<span class="old-price">{{ product.unit_price|currency }}</span>
            {% trans "售价:" %}
            {% endif %}
<span class="price">{{ product.price|currency }}</span>
        {% else %}
<span class="coming-soon">{% trans "马上" %}</span>
        {% endif %}
</div>
</div>
</a>
</div>
    {% endfor %}
```

商品展示页面的执行效果如图 15-11 所示。

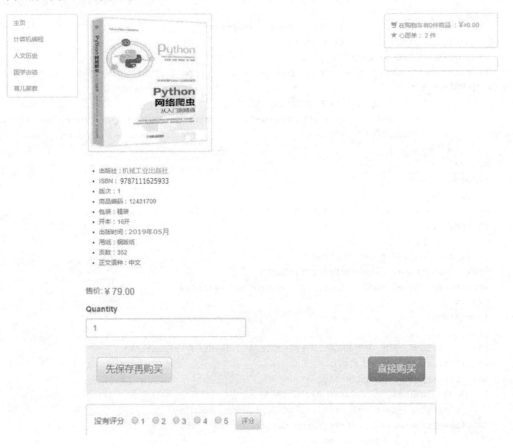

图 15-11 商品展示页面

15.6　在线购物

　　在线商城系统的最大特色是实现在线购物，基于在线购物模块的重要性，本系统的购物功能将在本节进行单独讲解。因为第三方库 Cartridge 为开发者提供了完整的购物车功能，所以整个开发过程非常简单，下面将按照本系统的购物流程来讲解在线购物模块的实现过程。

15.6.1　购物车页面

　　单击某商品下面的"直接购买"按钮，跳转到购物车页面，模板文件 cart.html 实现了购物车页面，在此页面显示购物车中的商品名、购买数量、单价、总价、删除按钮和折扣信息，主要实现代码如下所示。

```
{{ cart_formset.management_form }}
<table class="table table-striped">
    <thead>
    <tr>
        <th colspan="2" class="left">{% trans "商品" %}</th>
        <th>{% trans "单价" %}</th>
        <th class="center">{% trans "数量" %}</th>
        <th>{% trans "总价" %}</th>
        <th class="center">{% trans "删除?" %}</th>
    </tr>
    </thead>
    <tbody>
    {% for form in cart_formset.forms %}
    {% with form.instance as item %}
    <tr>
        <td width="30">
            {{ form.id }}
            {% if item.image %}
            <a href="{{ item.get_absolute_url }}">
                <img alt="{{ item.description }}" src="{{ MEDIA_URL }}{% thumbnail item.
image 30 30 %}">
            </a>
            {% endif %}
        </td>
        <td class="left">
            <a href="{{ item.get_absolute_url }}">{{ item.description }}</a>
        </td>
        <td>{{ item.unit_price|currency }}</td>
        <td class="quantity">{{ form.quantity }}</td>
        <td>{{ item.total_price|currency }}</td>
        <td class="center">{{ form.DELETE }}</td>
    </tr>
```

```
    {% endwith %}
    {% endfor %}
    <tr>
        <td colspan="5">{% order_totals %}</td>
        <td> </td>
    </tr>
    </tbody>
</table>

<div class="form-actions">
    <a href="{% url "shop_checkout" %}" class="btn btn-primary btn-lg pull-right">
        {% if request.session.order.step %}{% trans "去结账" %}{% else %}{% trans "去结账
" %}{% endif %}
    </a>
    <input type="submit" name="update_cart" class="btn btn-default btn-lg pull-left"
value="{% trans "更新购物车" %}">
    </div>
</form>

{% if discount_form %}
<form method="post" class="discount-form col-md-12 text-right">
    {% fields_for discount_form %}
    <input type="submit" class="btn btn-default" value="{% trans "支付" %}">
</form>
{% endif %}

{% if settings.SHOP_USE_UPSELL_PRODUCTS %}
{% with request.cart.upsell_products as upsell_products %}
{% if upsell_products %}
<h2>{% trans "You may also like:" %}</h2>
<div class="row">
    {% for product in upsell_products %}
    <div class="col-xs-6 col-sm-4 col-md-3 product-thumb">
        <a class="thumbnail" href="{{ product.get_absolute_url }}">
            {% if product.image %}
            <img src="{{ MEDIA_URL }}{% thumbnail product.image 90 90 %}">
            {% endif %}
            <div class="caption">
            <h6>{{ product }}</h6>
            <div class="price-info">
            {% if product.has_price %}
                {% if product.on_sale %}
                <span class="old-price">{{ product.unit_price|currency }}</span>
                {% trans "On sale:" %}
                {% endif %}
                <span class="price">{{ product.price|currency }}</span>
            {% else %}
                <span class="coming-soon">{% trans "Coming soon" %}</span>
            {% endif %}
            </div>
```

```
        </div>
      </a>
    </div>
    {% endfor %}
</div>
{% endif %}
{% endwith %}
{% endif %}
```

购物车页面的执行效果如图 15-12 所示。

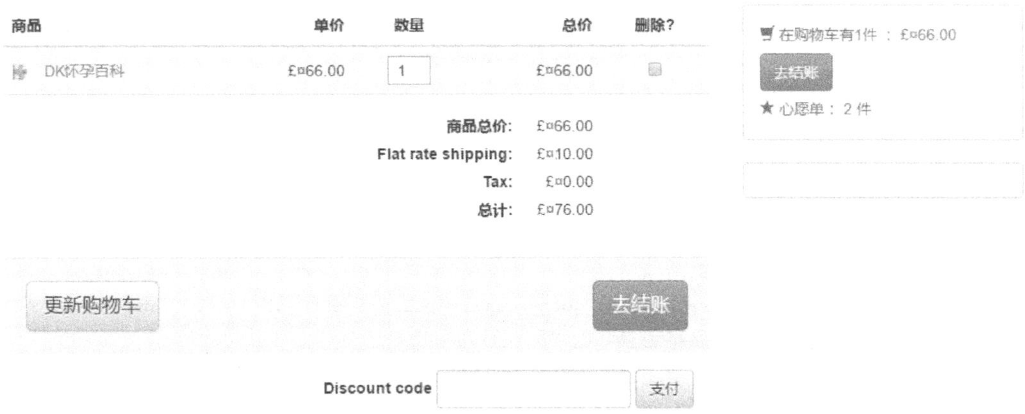

图 15-12　购物车页面

15.6.2　订单详情页面

单击"去结账"按钮，跳转到订单详情页面 checkout.html，在此页面设置收货人的详细联系信息。文件 checkout.html 的主要实现代码如下所示。

```
{% block meta_title %}{% trans "结账" %} - {{ step_title }}{% endblock %}
{% block title %}{% trans "订单支付" %} - {% trans "步" %} {{ step }} {% trans "/" %}
{{ steps|length }}{% endblock %}
{% block body_id %}checkout{% endblock %}

{% block extra_head %}
<script>
var _gaq = [['_trackPageview', '{{ request.path }}{{ step_url }}/']];
$(function() {$('.middle :input:visible:enabled:first').focus();});
</script>
{% endblock %}

{% block breadcrumb_menu %}
{% for step in steps %}
<li>
    {% if step.title == step_title %}
<strong>{{ step.title }}</strong>
```

```
    {% else %}
    {{ step.title }}
    {% endif %}
</li>
{% endfor %}
<li>{% trans "完成" %}</li>
{% endblock %}

{% block main %}

{% block before-form %}{% endblock %}
<div class="row">
<form method="post" class="col-md-8 checkout-form">
    {% csrf_token %}

    {% block fields %}{% endblock %}

    {% block nav-buttons %}
        {% if request.cart.has_items %}
<div class="form-actions">
<input type="submit" class="btnbtn-lgbtn-primary pull-right" value="{% trans "下一步" %}">
            {% if not CHECKOUT_STEP_FIRST %}
<input type="submit" class="btnbtn-lgbtn-default pull-left" name="back" value="{% trans "后退" %}">
            {% endif %}
</div>
        {% else %}
<p>{% trans "你的购物车为空" %}</p>
<p>{% trans "会话超时" %}</p>
<p>{% trans "给您带来的不便，我们深表歉意。" %}</p>
<br>
<p><a class="btnbtn-lgbtn-primary" href="{% url "page" "shop" %}">{% trans "继续购物" %}</a></p>
        {% endif %}
    {% endblock %}

</form>

{% if request.cart.has_items %}
<div class="col-md-4">
<div class="panel panel-default checkout-panel">
<div class="panel-body">
<ul class="media-list">
    {% for item in request.cart %}
<li class="media">
        {% if item.image %}
<img class="pull-left" alt="{{ item.description }}" src="{{ MEDIA_URL }}{% thumbnail item.image 30 30 %}">
        {% endif %}
```

```
<div class="media-body">
          {{ item.quantity }} x {{ item.description }}
<span class="price">{{ item.total_price|currency }}</span>
</div>
</li>
    {% endfor %}
</ul>
    {% order_totals %}
<br style="clear:both;">
<a class="btnbtn-default" href="{% url "shop_cart" %}">{% trans "修改购物车" %}</a>
</div>
</div>
</div>
{% endif %}
```

订单详情页面的执行效果如图 15-13 所示。

图 15-13　订单详情页面

15.6.3 在线支付页面

单击"下一步"按钮，跳转到在线支付页面 payment_fields.html，在此页面设置使用的银行卡信息。文件 payment_fields.html 的具体实现代码如下所示。

```
{% load i18n mezzanine_tags %}
<fieldset>
<legend>{% trans "支付信息" %}</legend>
    {% fields_forform.card_name_field %}
    {% fields_forform.card_type_field %}
    {% with form.card_expiry_fields as card_expiry_fields %}
    <div class="form-group card-expiry-fields{% if card_expiry_fields.errors.card_expiry_
year %} error{% endif %}">
        <label class="control-label">{% trans "您的银行卡已经过期" %}</label>
        {% fields_forcard_expiry_fields %}
    </div>
    <div class="clearfix"></div>
    {% endwith %}
    {% fields_forform.card_fields %}
</fieldset>
```

支付信息页面的执行效果如图 15-14 所示。

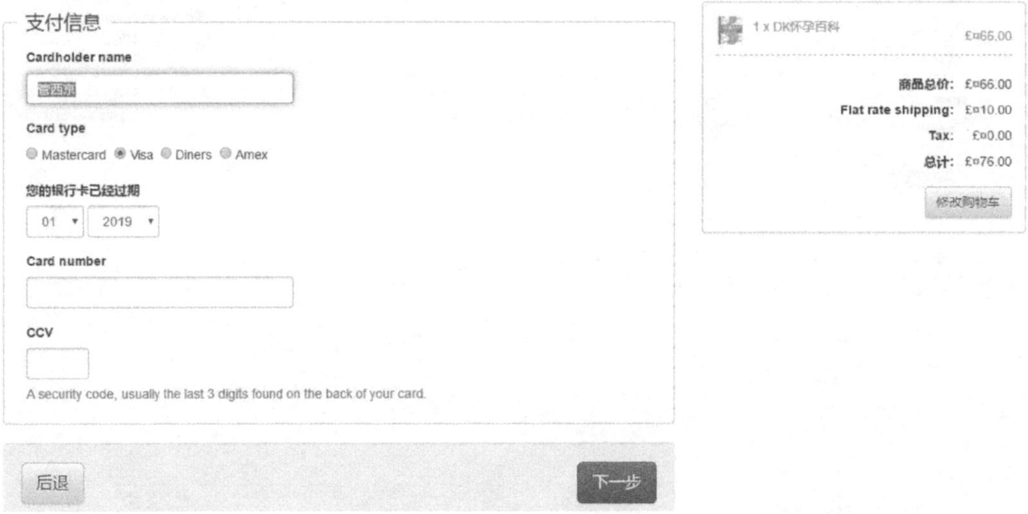

图 15-14　支付信息页面

15.6.4 订单确认页面

单击"下一步"按钮，跳转到订单确认页面 confirmation.html，在此页面显示订单信息、快递信息和购物车信息，购物者完成购物前的最后确认工作。文件 confirmation.html 的主要实现代码如下所示。

```
<div class="panel panel-default">
<div class="panel-body">
<h3>{% trans "订单信息" %}</h3>
<ul class="list-unstyled">

    {% for field, value in form.billing_detail_fields.values %}
    <li><label>{{ field }}:</label> {{ value }}</li>
    {% endfor %}


</ul>
</div>
</div>
</div>

<div class="confirmation col-md-6">
    <div class="panel panel-default">
    <div class="panel-body">
    <h3>{% trans "快递信息" %}</h3>
    <ul class="list-unstyled">

        {% for field, value in form.shipping_detail_fields.values %}
        <li><label>{{ field }}:</label> {{ value }}</li>
        {% endfor %}

        {% for field, value in form.additional_instructions_field.values %}
        <li><label>{{ field }}:</label> {{ value }}</li>
        {% endfor %}

    </ul>
    </div>
    </div>
</div>
{% if settings.SHOP_PAYMENT_STEP_ENABLED %}
{% comment %}
<br style="clear:both;">
<div class="confirmation col-md-6">
    <div class="panel panel-default">
    <div class="panel-body">
    <h3>{% trans "支付信息" %}</h3>
    <ul class="list-unstyled">

        {% for field, value in form.card_name_field.values %}
        <li><label>{{ field }}:</label> {{ value }}</li>
        {% endfor %}

        {% for field, value in form.card_type_field.values %}
        <li><label>{{ field }}:</label> {{ value }}</li>
        {% endfor %}

        <li>
```

```
        {% with form.card_expiry_fields.values as expiry_fields %}
        {% with expiry_fields.next as month_field %}
        <label>{{ month_field.0 }}:</label> {{ month_field.1 }}/{{ expiry_fields.next.1 }}
        {% endwith %}
        {% endwith %}
    </li>

        {% for field, value in form.card_fields.values %}
        <li><label>{{ field }}:</label> {{ value }}</li>
        {% endfor %}

    </ul>
    </div>
    </div>
</div>
```

订单确认页面的执行效果如图 15-15 所示。

图 15-15　订单确认页面

15.6.5　订单完成发送邮件提醒

单击"下一步"按钮，跳转到订单完成页面 complete.html，在此页面不但可以查看订单信息，而且可以发送一封邮件提醒到会员用户邮箱。文件 complete.html 的主要实现代码如下所示。

```
{% block title %}{% trans "完成订单" %}{% endblock %}

{% block breadcrumb_menu %}
{% for step in steps %}
<li>{{ step.title }}</li>
```

```
{% endfor %}
<li><strong>{% trans "完成" %}</strong></li>
{% endblock %}



{% block main %}
<p>{% trans "感谢您的购物，您的订单已完成" %}</p>
<p>{% trans "我们已通过电子邮件向您发送了订单信息" %}</p>
<p>{% trans "您也可以使用以下链接之一查看订单信息" %}</p>
<br>
<form  class="order-complete-form"  method="post"  action="{%  url  "shop_invoice_resend"
order.id %}?next={{ request.path }}">
    {% csrf_token %}
    {% if has_pdf %}
    <a class="btnbtn-primary" href="{% url "shop_invoice" order.id %}?format=pdf">{% trans
"下载 PDF 格式的订单" %}</a>
    {% endif %}
    <input type="submit" class="btnbtn-default" value="{% trans "重新发送提醒邮件" %}">
</form>
{% endblock %}
```

在文件 settings.py 中设置邮件服务器的信息，主要代码如下所示。

```
EMAIL_HOST='smtp.qq.com'
EMAIL_HOST_PASSWORD=''
EMAIL_HOST_USER='729017304@qq.com'
EMAIL_PORT=25

EMAIL_SUBJECT_PREFIX='[Django] '
EMAIL_USE_TLS=True
```

订单完成页面的执行效果如图 15-16 所示。

图 15-16　订单完成页面

395

在发送的提醒邮件中会显示订单的详细信息，如图 15-17 所示。

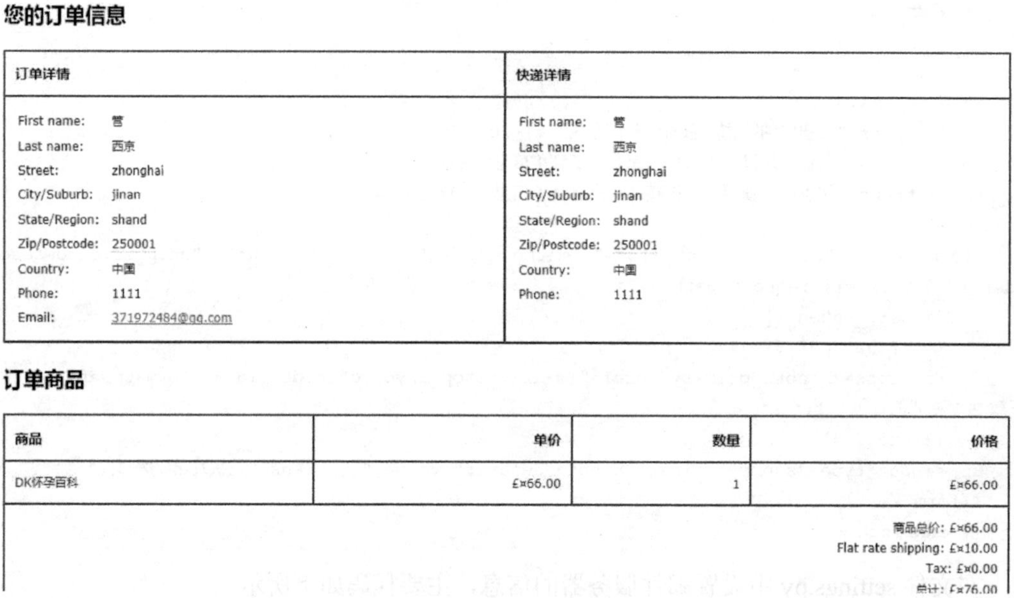

您的订单信息

订单详情		快递详情	
First name:	营	First name:	营
Last name:	西京	Last name:	西京
Street:	zhonghai	Street:	zhonghai
City/Suburb:	jinan	City/Suburb:	jinan
State/Region:	shand	State/Region:	shand
Zip/Postcode:	250001	Zip/Postcode:	250001
Country:	中国	Country:	中国
Phone:	1111	Phone:	1111
Email:	371972484@qq.com		

订单商品

商品	单价	数量	价格
DK怀孕百科	£×66.00	1	£×66.00

商品总价: £×66.00
Flat rate shipping: £×10.00
Tax: £×0.00
总计: £×76.00

图 15-17　提醒邮件中的订单信息